柠条发酵饲料
加工调制及应用

温学飞　主　著

张　琇　徐小春　李浩霞　副主著

U0306088

中国农业科学技术出版社

图书在版编目（CIP）数据

柠条发酵饲料加工调制及应用／温学飞等著．

北京：中国农业科学技术出版社，2025.1. --ISBN

978-7-5116-7256-8

Ⅰ. S816.6

中国国家版本馆 CIP 数据核字第 2025LD0530 号

责任编辑　陶　莲
责任校对　王　彦
责任印制　姜义伟　王思文

出 版 者　中国农业科学技术出版社
　　　　　北京市中关村南大街 12 号　　邮编：100081
电　　话　(010) 82109705 (编辑室)　　　(010) 82106624 (发行部)
　　　　　(010) 82109709 (读者服务部)
网　　址　https://castp.caas.cn
经 销 者　各地新华书店
印 刷 者　中煤(北京)印务有限公司
开　　本　185 mm×260 mm　1/16
印　　张　12.5　彩插　8 面
字　　数　300 千字
版　　次　2025 年 1 月第 1 版　2025 年 1 月第 1 次印刷
定　　价　80.00 元

《柠条发酵饲料加工调制及应用》
著者名单

主　　著：温学飞

副 主 著：张　琇　徐小春　李浩霞

参著人员：(按姓氏笔画排序)

马　丁　马　优　马锋茂　王　锦

左　忠　田巧环　乔　茜　寻立之

杨国峰　辛国省　宋晶晶　陈莉君

罗洪林　周光熙　赵向峰　赵海霞

冒秀凤　段亚莉　高　强　温淑红

资助项目

1. 宁夏回族自治区重大成果转化项目"柠条林可持续利用及饲料化应用技术示范"（2023CJE09047）

2. 宁夏回族自治区农业科技自主创新专项"柠条单宁生物降解及功能性发酵饲料开发研究与应用"（NKYG-24-07）

前　　言

我国柠条资源丰富，柠条作为一种重要的饲用植物资源，具有较高的营养价值和生态价值。近几年，饲料原料价格上涨，养殖业的饲料成本增加了70%~80%，因此新的低成本饲料原料的研发与生产引起了人们的关注。柠条饲料的开发利用是国内外新兴的一项研究课题，也是畜牧业扩大饲草料生产量、改善饲草料适口性的重要途径。拓展柠条加工技术研究领域，成为柠条饲用研究的重点和今后发展趋势。随着柠条饲用价值逐步被认知，柠条饲料加工成为新型产业逐渐兴起，各种加工技术广泛应用于柠条饲料化利用中，取得了良好的效果。

针对柠条饲料开发利用，饲料研究者们提出了一些新的构思和设想。一是在预处理上，对柠条原料实行枝叶分离技术，分别加工成叶粉和枝条粉，叶粉营养价值较高，可作为单胃动物蛋白质补充料及维生素来源，同时可作为肉羊、肉牛快速育肥的饲料原料，枝条粉也可作为粗饲料供反刍动物利用，实现资源和效益利用最大化。二是与其他学科交叉结合，特别是生物工程技术，开发出能降解纤维素和木质素的酶类，如纤维素酶、半纤维素酶和木质素酶等，但因其对环境条件要求极高，目前仅局限于实验室研究。三是深化加工技术，热加工处理中的膨化技术就是其中之一，膨化过程中会产生特有的糊香味，可改善饲料适口性，且膨化具有显著降低粗纤维和木质素含量等优点，使该技术逐渐被延伸到粗饲料加工上，为柠条饲料膨化提供了一定的借鉴与理论依据，成为研究的热点。四是制作全混合发酵日粮，柠条木质素和难降解纤维物质含量较高，可将柠条与其他饲料原料混合后，用专业青贮打捆机压实，然后使用青贮裹包机利用塑料拉伸膜将其紧紧密封形成密封厌氧的环境，进行无氧发酵而制作出营养搭配合理、能够长期贮存的日粮。通过发酵提高柠条营养价值及适口性，也是推进柠条进一步应用于动物生产中的重要途径。

生物发酵饲料由于饲用价值高、价格低廉，逐渐成为研究热点。生物发酵饲料可以有效改善饲料的风味，提高饲料的干物质消化率，促进动物肠道的微生态平衡，维持肠道 pH 值稳定，产生维生素并且能够降解抗营养因子，从而提高畜禽的生产性能。全混合发酵日粮作为畜牧养殖业的一项新的饲喂技术应用于家庭牧场或者中小型牧场，使一定销售半径内可以直接应用商品化的全混合日粮成为可能。不仅为优质青饲料及非常规饲料资源的保存和利用提供了有效的方法，还可以显著提高反刍动物生产效率，改善动物产品质量，提高饲料的利用率；减少饲料的浪费，增加养殖户的经济收入；同时可以减少饲料浪费和过多氮、磷排放造成的环境污染，具有巨大的生态效益。通过生物发酵技术，可以利用特定的微生物将柠条中的纤维素等难以消化的物质转化为易于动物吸收利用的营养物质，提高柠条饲料的品质和营养价值。

本书的撰写，得到了项目组成员及家人的大力支持，他们帮我承担了很多任务和工作，使我在写作上有了更多的信心，在此表示感谢。书中引用到部分作者的观点和认识，未能参考标识的敬请谅解。

温学飞

2024 年 12 月 26 日

目 录

第一章 柠条饲料的特点

第一节 宁夏柠条资源状况

柠条是豆科锦鸡儿属植物栽培种的通称，锦鸡儿属（*Caragana* Fabr.）隶属于豆科山羊豆族［Galegeae（Br.）Torrey et Grar］，落叶灌木，广泛分布于欧亚大陆温带及亚热带高寒山区，是温带荒漠、半荒漠及亚热带高寒山区的重要组成物种。柠条的分布很广，东起西伯利亚，西至我国新疆均有生长。通常呈块状分布在固定、半固定沙地和剥蚀丘陵低山上，并常与沙蒿、沙冬青等混生。

一、柠条资源面积及生物量

宁夏全区柠条资源面积已达 43.95 万 hm^2（2018 年），生物量为 177.16 万 t。根据林分、林龄、资源量的区域分布来看，具有开发利用面积大、生物贮量多和可持续利用的优势和特点（表 1-1）。天然柠条存林面积为 2.60 万 hm^2，占全区柠条资源面积的 5.92%；人工种植的柠条面积累计达到 41.35 万 hm^2，占全区柠条总面积的 94.08%。柠条成林面积 72.67%，未成林地占 27.33%。柠条成林生物量为 153.63 万 t，占所有生物量的 86.72%。若以 3 年为一个平茬复壮更新周期，未成林不可利用，柠条成林可利用面积为 10.60 万 hm^2，生产柠条饲料 51.21 万 t。加工利用率为 80% 和每只羊补饲量以 500 kg/年计算，可补饲羊只 81.94 万只。到 2025 年全区可利用面积达到 14.65 万 hm^2，年生产柠条饲料约 70.78 万 t，可满足 113 万只羊的补饲利用。因此，开发柠条资源，发展柠条饲料产业，使其成为推动宁夏特别是中部干旱带农牧业、农村经济建设的重要产业，已具备良好的物质条件。

二、柠条资源区域分布情况

柠条林主要集中在盐池县、同心县、灵武市，存林面积分别为 16.21 万 hm^2、5.70 万 hm^2、5.22 万 hm^2，分别占全区天然柠条的 36.88%、12.97%、11.88%，3 个县市柠条林面积占宁夏总面积的 61.73%；其他县市柠条林面积占全区的 38.27%。由此看出，宁夏柠条资源主要分布在中、东部干旱风沙区，其次是南部黄土丘陵沟壑区。中部干旱带是宁夏农牧交错带，草畜业较为发达，同时又是宁夏生态最为脆弱的地区之一，主要包括 10 个县（市、区）的干旱荒漠地区，土地面积 3.035 万 km^2，占全区总面积的 58.6%，

表 1-1　宁夏 2018 年柠条林地面积及分布情况统计

县（市、区）	面积/hm²			地上生物量/t		
	柠条林地	未成林地	总计	柠条林地	未成林地	总计
1　兴庆区	12.95	224.92	237.87	62.29	440.84	503.13
2　永宁县	36.02	25.30	61.32	173.26	49.59	222.85
3　贺兰县	13.68	349.43	363.11	65.80	684.88	750.68
4　灵武市	27 306.93	24 870.55	52 177.48	131 346.33	48 746.28	180 092.61
5　大武口区	11.68	14.30	25.98	56.18	28.03	84.21
6　惠农区	36.63	96.36	132.98	176.19	188.87	365.06
7　平罗县	2.91	1.11	4.02	14.00	2.18	16.18
8　利通区	1136.60	4720.10	5856.70	5467.05	9251.40	14 718.45
9　红寺堡区	23 571.47	6020.87	29 592.34	113 378.77	11 800.91	125 179.68
10　盐池县	129 274.28	32 811.28	162 085.56	621 809.29	64 310.11	686 119.40
11　同心县	33 175.84	23 790.35	56 966.19	159 575.79	46 629.09	206 204.88
12　青铜峡市	31.74	0	31.74	152.67	0	152.67
13　原州区	28 280.67	827.85	29 108.52	136 030.02	1622.59	137 652.61
14　西吉县	8198.48	1069.87	9268.34	39 434.69	2096.95	41 531.64
15　隆德县	22.74	1.76	24.50	109.38	3.45	112.83
16　泾源县	0.49	0	0.49	2.36	0	2.36
17　彭阳县	13 144.78	739.59	13 884.37	63 226.39	1449.60	64 675.99
18　沙坡头区	21 458.60	13 927.25	35 385.85	103 215.87	27 297.41	130 513.28
19　中宁县	4099.00	966.59	5065.60	19 716.19	1894.52	21 610.71
20　海原县	29 574.68	9618.72	39 193.41	142 254.21	18 852.69	161 106.90
合计	319 390.17	120 076.20	439 466.37	1 536 266.72	235 349.35	1 771 616.07

草原面积 205.1 万 hm²，占全区总面积的 63%，沙漠化土地面积达 110.08 万 hm²，占全区土地总面积的 24.3% 左右。柠条作为中部干旱带防风固沙林、水土保持林、薪炭林、荒漠草原植被恢复和立体复合草场建设的先锋树种，对于稳定本地区生态环境、保护农田和确保畜牧业的可持续发展起到了积极作用，并且全区 60% 的羊只集中在中部干旱带，因此开发柠条饲料和发展舍饲养殖业，对促进中部干旱带区域经济的发展和农民增收意义重大。

第二节　柠条资源对养殖业的影响

一、宁夏中部干旱带羊只生产状况

宁夏羊只集中分布在盐池、灵武、利通区、同心、海原、红寺堡、原州、彭阳、沙坡头等12个县（市、区），2016年羊只存栏量481.46万只，占全区总存栏量（580.73万只）的82.91%。宁夏中部干旱带是宁夏中部地区多年平均降水量在200～400 mm的区域。涉及盐池县、海原县、同心县、红寺堡区、原陶乐县的全部，固原东八乡和灵武市、利通区、中宁县、中卫市的山区部分，土地面积为30 347 km²。该区域的平均海拔1100～1600 m，处于毛乌素沙地和腾格里沙漠的边缘，为典型荒漠草原带。地形南高北低东高西低，南部以黄土丘陵沟壑区为主，北部丘陵台地沟壑纵横、梁峁起伏、地形支离破碎。羊只存栏量在300万只。占全区的一半。中部干旱带也是宁夏滩羊主要产区。宁夏滩羊具有典型的生态地理分布特征，生活区域狭窄。其气候特点是温带大陆气候，冬长夏短、春迟秋早、风大沙多、寒暑并烈、日照充足是这个地区的明显特征。

2003年宁夏开始封山禁牧后，羊只生产由放牧、半放牧转变为全舍饲饲养，羊只的生存空间、养殖模式发生了很大变化，饲养成本增加、农户对舍饲养殖的不适应、生产性能下降，导致效益进一步降低，存栏量大幅度下滑。因此宁夏羊只生产对饲草料的需求，提高到前所未有的高度。禁牧前，以放养为主，饲草料投入较少，饲料投入主要以自产玉米为主，投入多少取决于耕地产出量。禁牧后，由于在草原生态保护与畜牧业可持续发展过程中，精力主要放在了生态恢复上，致使饲草料的种植面积及草产量远远不能满足畜牧业对其的需要。在禁牧同时，各级政府借助尽可能的途径和配套措施，调整养殖方式和作物种植结构，推广人工种草、柠条饲料利用等。玉米种植面积由2004年的18.78万 hm²增加到2016年的29.69万 hm²，增加了10.91万 hm²；玉米产量由2004年的117.69万 t增加到2016年的221.47万 t，增加了103.78万 t。青饲料种植由2004年的5.04万 hm²增加到2016年的8.35万 hm²，增加了3.31万 hm²。通过多种措施引导，使农民舍饲养技术不断提升，羊只存栏量由2004年的493.49万只增加到2016年的580.73万只，增加了87.24万只。尽管采取多种措施来提高舍饲养殖技术和水平，但饲草料不足的现状依然存在。肉牛、家禽饲养量不断增加，也导致与羊争料的现象越来越严重。

二、中部干旱带柠条饲料开发的必要性

柠条由于其枝繁叶茂、营养丰富，富含10多种生物活性物质，尤其是氨基酸含量丰富，因此也是良好的饲用植物。合理开发、科学利用柠条这一饲料资源，对于发展草食畜牧业，尤其是解决羊只饲草料紧缺的问题，具有重要的意义。根据表1-2可知，柠条林主要集中在中部干旱带：2018年，盐池县、同心县、灵武市存林面积分别为16.209万 hm²、5.697万 hm²、5.218万 hm²，分别占全区天然柠条的36.88%、12.97%、11.88%，3个县（市）柠条林面积占宁夏总面积的61.73%。因此发展柠条

饲料解决饲草不足的问题，势在必行。

通过表 1-2、图 1-1 可以看出，2016 全区羊只生物量占有量为 299.36 kg/只，2018 年为 345.83 kg/只，增加了 46.47 kg/只。2016 年柠条生物量羊只平均拥有量最高的是盐池县为 665.53 kg/只，其次是灵武市为 559.31 kg/只，沙坡头区第三为 558.66 kg/只，原州区第四为 446.75 kg/只，红寺堡区第五为 411.22 kg/只，同心县第六为 312.82 kg/只。数据也反映出中部干旱带发展柠条饲料的优势所在。银川市、永宁县、贺兰县、青铜峡市、平罗县、惠农区羊只平均柠条生物占有量不足 10 kg。这几个县（市、区）属于引黄灌区，也是宁夏粮食主要产区，因此发展羊只养殖业，主要依靠粮食作物及其副产物来生产。灌木的物种属性，决定其在中部干旱带适生范围广，耗水量低。即使在年降水量 70~100 mm 的特大旱年，仍能顽强生存，在气温低至 −39 ℃或地表高达 74 ℃时，也能存活下来。

表 1-2　宁夏各县（市、区）柠条林面积、生物量及羊只存栏

序号	县（市、区）	2016 年				2018 年			
		柠条林地/万 hm²	生物量/万 t	羊只存栏/万只	羊只均量/（kg/只）	柠条林地/万 hm²	生物量/万 t	羊只存栏/万只	羊只均量/（kg/只）
1	银川市	0.027	0.060	8.76	6.85	0.024	0.050	8.12	6.16
2	永宁县	0.006	0.029	14.57	1.99	0.006	0.022	14.99	1.47
3	贺兰县	0.007	0.034	11.01	3.09	0.036	0.075	11.05	6.79
4	灵武市	5.322	17.758	31.75	559.31	5.218	18.009	31.24	576.47
5	平罗县	0.002	0.010	1.04	9.62	0.003	0.008	1.18	6.78
6	惠农区	0.026	0.111	21.69	5.12	0.013	0.037	22.86	1.62
7	利通区	0.622	1.244	30.86	40.31	0.586	1.472	27.52	53.49
8	红寺堡区	4.194	13.085	31.82	411.22	2.959	12.518	31.13	402.12
9	盐池县	16.122	60.650	91.13	665.53	16.209	68.612	83.13	825.36
10	同心县	5.538	19.742	63.11	312.82	5.697	20.620	61.85	333.39
11	青铜峡市	0.002	0.011	18.17	0.61	0.003	0.015	17.66	0.85
12	原州区	4.050	14.314	32.04	446.75	2.911	13.765	29.07	473.51
13	西吉县	0.409	1.811	37.02	48.92	0.927	4.153	34.09	121.82
14	隆德县	0.001	0.006	4.20	1.43	0.002	0.011	3.69	2.98
15	彭阳县	0.968	4.344	25.98	167.21	1.388	6.468	24.34	265.74
16	沙坡头区	4.300	13.447	24.07	558.66	3.539	13.051	24.74	527.53
17	中宁县	0.408	1.622	30.59	53.02	0.507	2.161	30.74	70.30
18	海原县	3.355	13.142	61.40	214.04	3.919	16.111	54.88	293.57
合计		45.359	161.420	539.21	299.36	43.947	177.162	512.28	345.83

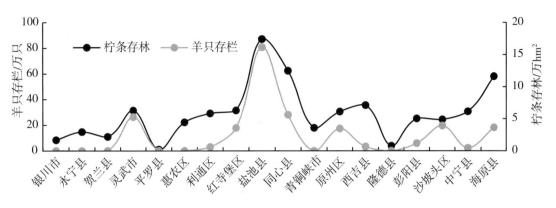

图1-1 宁夏各县（市、区）柠条存林面积与羊只存栏关系

2016年和2018年柠条存林和羊只存栏分别进行平均后，绘制曲线关系图。从图1-2可以看出，宁夏各县（市、区）羊只存栏与柠条林面积波动曲线一致。也表明两者之间存在线性关系。对2016年和2018年柠条生物量、柠条存林面积分别与羊只存栏进行线性回归。

通过对柠条生物量、存林面积与羊只存栏进行线性回归后（图1-2）可知：

$$y_{(羊只存栏)} = 1.1718x_{(柠条生物量)} + 18.188 \quad (R^2 = 0.7082)$$

$$y_{(羊只存栏)} = 4.6193x_{(柠条存林面积)} + 17.749 \quad (R^2 = 0.7115)$$

柠条生物量每增加1万t，羊只存栏可增加1.1718万只。柠条存林面积每增加1万hm²，羊只存栏可增加4.6193万只。两个数学模型相关系数都在0.71以上，表明数学模型极显著，可以用来预测柠条林与羊只存栏之间的关系。也表明柠条林地对促进宁夏中部干旱带羊只舍饲养殖业发挥了重要作用。

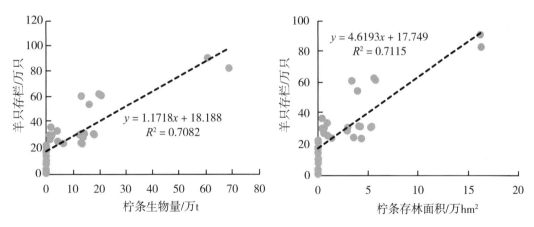

图1-2 宁夏各县（市、区）柠条生物量和存林面积与羊只存栏关系

第三节 柠条饲料的营养特点

柠条营养价值高，物质含量丰富，特别是粗蛋白质含量非常高，氨基酸齐全。作为

畜禽全价配合饲料中的能量饲料，在满足畜禽营养标准的条件下，柠条草粉可替代部分精饲料，蛋白饲料用量也相应减少（刘国谦，2003）；此外柠条还富含各种微量元素和维生素，钙、磷比例协调。将新鲜、幼嫩柠条枝条加工成草粉，其营养物质仅次于紫花苜蓿，可与玉米和羊草等相媲美，是良好的饲用植物（牛西午，2003；王峰，2005）。

一、营养成分

柠条中的营养成分比一般秸秆要高出很多，即使冬春季平茬的枝条，粗蛋白质只占花期的37.1%（黄鹤羽，1984），也可作为冬春缺草季节补饲牲畜的饲草。柠条营养成分主要是粗蛋白质、粗纤维、粗脂肪、粗灰分等；另外还含有少量的果糖、葡萄糖以及多种氨基酸，这些成分在家畜营养上均起着不同作用。具体各营养成分含量因品种、生长期、采收部位、生长年限、平茬间隔期等的不同而差别非常大。

1. 不同品种之间的营养差异

柠条种类繁多，不同的生长发育环境中生活型也不同。不同种之间相同器官的发育程度和代谢机理都有差别，因而体内营养成分也有差别（周进军，2005）。格根图（2005）将许多学者对此类研究进行综合，罗列出7种柠条的常规营养成分（表1-3）。可以看出，柠条虽然均处于开花、结果期，营养成分却有很大差异。其中小叶锦鸡儿粗蛋白质含量最高，达23.09%，是毛刺锦鸡儿的6倍；毛刺锦鸡儿的粗脂肪、粗灰分含量最高；中间锦鸡儿的粗纤维最高（格根图，2005）。

表1-3 几种柠条开花结果期的营养成分对比 单位:%

柠条种类	拉丁名	粗蛋白质	粗脂肪	粗纤维	粗灰分
小叶锦鸡儿	*Caragana microphylla* Lam	23.09	4.07	23.20	4.93
狭叶锦鸡儿	*Caragana stenophylla* Pojark	17.29	4.52	28.11	4.79
矮锦鸡儿	*C. pygmaea* （Linn）DC	14.90	4.56	35.53	6.35
毛刺锦鸡儿	*Caragana tibetica* Kom.	3.86	7.46	24.73	16.02
鬼箭锦鸡儿	*Caragana jubata* （Pall.）Poir.	18.96	6.06	31.86	4.76
柠条锦鸡儿	*Caragana korshinskii* Kom.	17.42	5.14	32.41	4.85
中间锦鸡儿	*Caragana intermedia* Kuang et H. C. Fu	16.80	1.90	53.10	—
平均		16.05	4.82	32.71	6.95

资料来源：格根图，2005。

2. 不同生育时期之间的营养差异

不同生育时期柠条的营养成分含量差异较大（表1-4），其中在开花期粗蛋白质含量最高为15.84%，随后逐渐下降，越冬休眠期（12月）粗脂肪含量最高为4.30%。中性洗涤纤维和酸性洗涤纤维含量均在12月越冬休眠期最高，分别为65.56%和53.07%。而木质素含量在开花期仅为14.38%，最高是在2月的休眠期为19.52%。因此，对柠条刈割利用在开花期较为适宜（马文智，2004）。

表1-4　柠条不同时期营养成分比较　　　　　　　　单位：%

生育期	有机物	粗蛋白质	粗脂肪	中性洗涤纤维	酸性洗涤纤维	木质素
营养期	93.49	13.71	3.93	62.25	51.83	19.37
开花期	94.24	15.84	3.59	60.42	50.18	14.38
结实期	92.66	14.47	3.40	53.57	42.98	12.84
越冬休眠期	95.88	12.50	4.30	65.56	53.07	19.00
休眠期	95.36	12.01	3.61	50.20	52.24	19.52

3. 不同生长年限之间的营养差异

柠条的营养价值与生长年限有很大关系（表1-5）。随着生长年限的延长，各种有益营养成分的含量有所下降，粗纤维等难以消化利用的物质含量增加，尤其是生长期间未平茬利用的植株粗纤维含量高达49.31%，是1年生柠条的2倍，而粗蛋白质含量却较1年生枝条减少48.18%。因此，适时平茬刈割，可以改善柠条的质量，提高其利用价值。

表1-5　不同生长年限柠条枝条的营养成分　　　　　　单位：%

生长年限	氮	磷	钾	钙	镁	铁	粗蛋白质	粗纤维	粗脂肪
1年生	2.66	0.41	0.98	0.69	0.27	0.134	17.29	28.60	2.65
2年生	1.85	0.36	0.84	0.64	0.25	0.139	12.10	32.50	2.62
3年生	1.64	0.26	0.73	0.64	0.25	0.148	10.66	35.20	2.76
4年生	1.52	0.20	0.71	0.62	0.21	0.116	9.85	43.60	2.04
多年生	1.50	0.63	0.68	0.61	0.22	0.104	8.96	49.31	1.80

4. 不同部位之间的营养差异

柠条不同部位的营养物质含量也有很大差异（表1-6）。据许冬梅（2004）报道，中间锦鸡儿不同部位粗蛋白质含量由高到低的顺序为叶>花>果>细枝>粗枝，而纤维性物质含量的顺序为粗枝>细枝>果>叶>花。粗枝中粗蛋白质含量约为叶片的1/3，而纤维类物质含量却比叶片高2倍多。

表1-6　中间锦鸡儿不同部位养分含量　　　　　　　　单位：%

部位	粗蛋白质	粗脂肪	中性洗涤纤维	酸性洗涤纤维	木质素
叶	31.76	3.16	30.48	23.81	8.49
花	28.92	2.19	24.76	20.98	5.26

（续表）

部位	粗蛋白质	粗脂肪	中性洗涤纤维	酸性洗涤纤维	木质素
果	17.11	1.54	51.28	38.33	14.22
细枝	10.71	2.92	70.10	56.65	21.17
粗枝	9.04	2.68	74.83	61.40	28.00

5. 其他因素之间营养差异

除上述因素外，平茬过程中不同刈割高度、平茬间隔期、平茬季节等也会显著影响柠条的营养成分含量，差异明显。一般地，越往基部，直径越粗，木质化程度越高，难以消化利用的成分越高；平茬间隔期越短，柠条就越鲜嫩，营养成分含量越高，间隔期越长，粗纤维、粗灰分等相对就越高，营养价值越低（牛西午，2003）；而在冬春季利用时，其粗蛋白质等可利用营养成分含量远不及夏秋季。

二、营养特点

从上文中可知，柠条的品种、采收时间和部位不同，营养成分含量有很大差异，但柠条具有共同的营养特点：①有机物质中粗纤维和无氮浸出物占有相当大的比例，在80%左右，无氮浸出物中可溶性碳水化合物的比例较少，主要是粗纤维、酸性洗涤纤维和粗灰分。②蛋白质含量较高，品质好。与所有豆科植物一样，柠条的粗蛋白质含量要高于其他秸秆，家畜采食这种饲料可以补充其他饲料蛋白质吸收不足的缺点；而且氨基酸齐全，含有丰富的必需氨基酸，高于一般的禾谷类饲料，尤以赖氨酸、异亮氨酸、苏氨酸和缬氨酸最为丰富，赖氨酸含量甚至比脱水苜蓿（约0.6%）还高。③酸性洗涤纤维和难降解纤维物质粗纤维含量高。柠条在生长过程中，随着生育期的推进，植株逐渐老化，粗纤维含量增加，粗蛋白质、可溶性碳水化合物含量急剧下降，植物细胞壁木质化，柠条中因含有大量的酸性洗涤木质素和硅酸盐，这些物质家畜难以利用，还影响其他营养物质的消化，从而降低了整个饲料的营养价值。④适口性差。当直径超过1.5 cm时，枝条粗硬，家畜采食有限，一般难以利用。

第四节 柠条饲料化利用现状

传统方法只是将柠条作为生态林，其利用仅仅局限在幼嫩枝条的放牧上。柠条生长在干旱山区和丘陵区，而这些地区多饲养牛羊等草食家畜，这些家畜主要靠放牧采食，在实行退耕还林前，粗放条件下的放牧、补饲就成为柠条饲料化利用的主要方式。柠条的萌蘖力很强，耐啃食，一年四季均可放牧。绵羊、山羊和骆驼均乐意采食其嫩枝，是牲畜的"接口草"（张中启，2002）。但传统方式存在诸多不足：①利用率低。牛羊主要采食柠条的细枝嫩叶，其他部分得不到充分利用。②主枝老化。由于主枝得不到很好的采食，枝条越来越粗，出现老化现象。③牲畜采食过程中极易破坏柠条的正常生长，出现"活剥皮"的现象，放牧不当容易引起大面积死亡。随着"禁牧舍养"工程的实施，该方式逐渐被限制，加上长期以来，在传统饲养方式及观念的束缚下，人们对这部分植物资源关注度不高，缺乏相关更新复壮和加工转化成熟技术，忽视封育期间的管理利用。因此，柠条资源一直未得到科学合理的保护开发和加工利用，应有的饲用价值被忽视，利用率极低，仅为20%~30%（左忠，2005）。

一、柠条饲料化利用的限制因素

柠条作为饲料用，之所以利用率很低，就其自身而言，主要存在以下限制因素：①含有特殊化学成分。柠条鲜草含有鞣酸和一些挥发性化学物质，有较重的苦味，口感差，一般动物采食几口后就不愿继续进食。②形态构造的影响。柠条成熟枝条上宿存有硬化的托叶刺，家畜采食后易刺破口腔黏膜，直接限制其利用。③酸性洗涤木质素的影响。组织、细胞中含有大量难以消化的酸性洗涤木质素，且随生育期的延长木质化程度加重，当年生嫩枝在5月所含酸性洗涤纤维为31.77%，而7月就达36.64%（王珍喜，2004），外形粗硬，适口性很差。使得柠条的利用受到了很大的限制，造成了柠条的利用率低，使相当大的一部分柠条资源浪费。因此，为了改善柠条的饲用价值，许多研究人员进行了有益的探索。

二、各种加工处理技术的应用

柠条枝条粗硬，适口性差，必须经过特定的加工处理才能利于饲喂，这是柠条饲料高效利用的根本途径。目前已在粉碎制粒、氨化、青贮、微贮等加工研究方面，取得了一定的进展。

1. 物理处理

物理处理是利用水、机械、热力等作用，使粗饲料软化、破碎、降解，便于家畜咀嚼和消化利用，包括机械加工、热加工、浸泡、照射等处理，机械加工是最简便、常用的方法，主要有切短、粉碎和揉碎等方式。

饲喂试验表明，柠条经过粉碎后饲喂家畜，利用率提高50%，家畜采食量增加20%~30%，增重提高15%左右（赵广永，1998）。王聪等（2006）研究了揉碎、切短和粉碎3种加工方法对柠条营养价值的影响，发现揉碎处理后干物质采食量、采食率、日增重均明显优于其他加工方法。据张平（2000）报道：滩羊对不同加工处理后的柠条采食率大小依次为粉碎>揉碎>切短；在补添相同其他饲料的条件下对滩羊增重贡献率大小顺序则是揉碎>切短>粉碎。

物理处理可以提高柠条饲草的采食率，但没有改变化学成分含量，对消化率几乎无影响。因此，常作为基本的处理方式，用于其他加工方法的预处理中。

2. 化学处理

化学处理是应用酸、碱等化学试剂处理饲草，分解饲草中难以消化的部分，以提高饲草的营养价值和消化率（张秀芬，1991）。化学处理主要包括钙化处理、碱化处理、氨化处理和复合化学处理。

柠条经氨化处理后，反刍动物的采食量提高15%，消化率提高20%左右，粗蛋白质含量提高6.2%，但粗纤维素和酸性洗涤木质素含量没有明显变化（王峰，2005）。

碱化处理同样可使粗饲料中粗纤维素、半纤维素和酸性洗涤木质素之间的化学键断开，有利于提高粗饲料的消化率（齐智利，2002）。

3. 生物学处理

无论是揉碎还是氨化加工处理，都不能从根本上解决粗饲料品质差的问题，真正能提高粗饲料营养价值的是生物学处理方法（刘学剑，1995）。生物学处理是向饲料中添加纤维素酶等复合酶制剂或用细菌、真菌对粗饲料加以处理。常见的有青贮、微贮、酶解等方式。

田晋梅等（2000）研究表明，柠条当年发出的幼嫩枝条用常规单独青贮是可以获得成功的。青贮后质量良好，有效地保存了营养成分，青贮后针刺得到软化，适口性和利用率大大提高，家畜表现出较好的日增重效果，饲用价值高于野干草。王峰（2005）研究了 5 年生平茬整株经过青贮处理后营养成分变化，青贮处理可有效改变柠条营养成分含量，其中粗蛋白质含量降低 0.06%，粗纤维含量降低 1.6%，酸性洗涤木质素含量降低 2.68%，有利于家畜消化吸收。青贮柠条饲料具有酸香味，能够刺激家畜食欲，有助于消化，是家畜的优良饲料，一般每天饲喂量可达饲料总量 1/3 左右（王峰等，2004）。

微贮就是在柠条草粉中加入微生物活性菌种，放入缸中或水泥池中经过一定的发酵过程，是目前柠条加工利用最为常用的方式。经调制后的柠条，带有酸香味，明显改善了适口性，成为家畜喜食的粗饲料。王峰等（2004）的研究表明，柠条经微贮后，粗蛋白质含量增加 6.6%，粗纤维含量降低 6.1%，酸性洗涤木质素基本没有变化。笔者研究发现，新鲜柠条微贮后粗蛋白质含量增加 6.62%，粗纤维含量降低 7.64%，酸性洗涤木质素含量降低 5.30%；风干柠条微贮后粗蛋白质含量增加 6.01%，粗纤维含量降低 3.64%，酸性洗涤木质素含量降低 5.34%。微贮饲料饲喂滩羊，增重效果明显。出现上述柠条微贮效果有差异的原因可能是在研究对象上选择了生长年限不同的柠条植株所致。

4. 综合加工处理

综合加工处理的方法之一是将粉碎的柠条原料进行二次加工，制成草粉或草颗粒等成型产品。李连友等（2000）用柠条草粉替代 25%～30% 奶牛粗饲料，饲喂效果良好，牛乳中的乳脂肪、乳蛋白、乳糖及干物质含量均明显增高。任克良（2004）认为，在生长肉兔日粮中添加 10%～20% 的柠条粉是可行的，饲养成本较低。刘志刚（2009）发现柠条与苜蓿混合制粒后，不仅能改善柠条适口性，还能显著影响瘤胃内环境各项指标。另一种方法是将各种加工方法结合使用，如碱化后制成颗粒，切碎后碱化或氨化等。针对柠条草粉中纤维含量高的缺点，在柠条草粉中加入 0.1%～0.3% 酶制剂，解决了适口性差和消化率、利用率不高的问题（马文智，2004）。该方法对柠条进行了多次处理，对加工机械要求比较高，相应成本也增加，难以在生产实践中推广。

三、提高柠条饲料利用的途径

1. 利用营养特点进行开发利用

柠条因品种、采收时间、采收部位等的不同，营养成分含量有很大差异，可以利用这一特性进行开发利用。张平等（2004）将柠条当年生嫩枝叶和往年老枝叶进行饲喂对比试验，从饲喂效果及保护柠条生态效益角度出发，提出：采收柠条时最好刈割上端40~60 cm嫩枝叶比例高的部分。姚志刚（2005）通过分析柠条营养期、开花期、分枝期和秋后落叶期4个阶段的营养成分，得出柠条利用率较高时期主要是春秋两季，枝梢和叶子可作饲料的结论。弓剑（2004）提出，用柠条叶粉饲喂山羊，消化率高达81.20%，饲用价值甚至高于苜蓿草粉。该方式对柠条饲用价值相对较高的时期和部位进行了合理利用，本质上没有改变其化学成分。因此，常与加工处理技术结合起来应用。

2. 柠条饲料化利用现状

柠条饲料的开发利用是国内外新兴的一项研究课题，是畜牧业扩大饲草料生产量、改善适口性的利用途径，拓展柠条加工技术研究领域，成为柠条饲用研究的重点和今后的发展趋势。饲料研究者继而提出了一些新的构思和设想：一是在预处理上，对柠条原料实行枝叶分离技术，分别加工成叶粉和枝条粉，叶粉营养价值较高，可作为单胃动物蛋白质补充料及维生素来源，同时可作为肉羊、肉牛快速育肥的饲料原料，枝条粉也可作为粗饲料供反刍动物利用，实现资源和效益利用最大化。二是与其他学科交叉结合，特别是生物工程技术，开发出能降解纤维素和木质素的酶类，如纤维素酶、半纤维素酶和木质素酶等，但因其对环境条件要求极高，目前仅局限于实验室研究。三是深化加工技术，热加工处理中的膨化技术就是其中之一，膨化过程中会产生特有的糊香味，可改善饲料适口性，且膨化具有显著降低粗纤维和木质素含量等优点，使该技术逐渐被延伸到粗饲料加工上，为柠条饲料膨化提供了一定的借鉴与理论依据，成为研究的热点。四是全混合发酵日粮，柠条木质素和难降解纤维物质含量较高，可将柠条与其他饲料原料混合后，用专业青贮打捆机压实，然后使用青贮裹包机利用塑料拉伸膜将其紧紧密封形成密封厌氧的环境，进行无氧发酵而制作出营养搭配合理、能够长期贮存的日粮。通过发酵提高柠条营养价值及适口性，也是推进柠条进一步应用于动物生产中的重要途径。

3. 柠条饲料加工利用发展趋势

我国柠条资源丰富，随着饲用价值逐步被认知，柠条饲料加工成为新型产业逐渐兴起，各种加工技术广泛应用于柠条饲料化利用中，取得了良好的效果。经加工后，柠条利用率可提高到80%（弓剑，2004），饲喂效果良好。

柠条加工利用研究起步较晚，基本上处于试验探索阶段，加工技术也集中在常规研究上，尚未有一项成熟的技术。一方面，与其他饲草相比，柠条有其特殊性，不但茎秆十分坚硬并具刺，木质化程度高，而且随着生育期和生长年限的不同营养价值差异非常大，即使是同一植株也有明显不同，这给加工利用带来巨大的困难，常会导致在幼嫩枝条取得较好效果的加工技术用于处理年限稍长的植株或者是枝条上老枝时，效果却不明显或没影响，成为限制加工利用中一个至关重要的因素；另一方面，柠条的适口性较差又是利用上的一个关键难题。因此，一直以来，柠条饲料化加工没能形成一定规模，应用范围很小，即使一些基础加工处理技术，也没有在生产上得到广泛推广。

随着对柠条饲料加工技术研究的不断深入，寻找适用范围广、可有效降低粗纤维和木质素含量的相关技术越来越重要。刘兴元（1998）认为，经热喷处理后的秸秆饲料粗蛋白质含量提高了 0.71%，粗纤维含量降低了 2.9%，中性洗涤纤维消化率由 37.93%提高到 68.82%，有机物消化率由 38.65%提高到 75.12%，经济效益得到显著提高。热喷粗饲料的经济价值比原始秸秆增值 8 倍多。热喷麦秸的饲喂效果明显优于普通麦秸（于振洋，2006），可使家畜平均采食量提高 11.30%，平均增重提高 105.31%，每千克增重少耗料 45.51%。据侯桂芝等（1987）试验分析，饲喂热喷处理麦秸的育成羊比饲喂单纯粉碎处理麦秸的育成羊的日增重提高了 22%。贺健等（1987）研究发现，热喷麦秸、热喷玉米秸和热喷稻草的有机物离体消化率比原始样分别提高了 16.81%、23.42%和 19.47%；用热喷麦秸比用原始样每千克增重节约精饲料 5.95 kg，增重率提高 119.6%。生产实践表明，利用热喷膨化秸秆养畜具有良好的经济效益。辽宁省阜新市农场用热喷化秸秆代替 28.5%的羊草喂饲奶牛，不仅不会降低产奶量和乳脂率，每头成年母牛每年还可节约羊草 1000 kg（余伯良，1997）。

第二章　我国生物发酵饲料研究与应用进展

第一节　生物发酵饲料的发展与应用

一、生物饲料的定义与分类

2018 年 1 月 1 日由生物饲料开发国家工程研究中心起草发布的团体标准《生物饲料产品分类》（T/CSWSL 001—2018）将生物饲料定义为：使用农业农村部饲料原料目录和饲料添加剂品种目录等国家相关法规允许使用的饲料原料和添加剂，通过发酵工程、酶工程、蛋白质工程和基因工程等生物工程技术开发的饲料产品总称，包括发酵饲料、酶解饲料、菌酶协同发酵饲料和生物饲料添加剂等。根据原料组成、菌种或酶制剂组成、原料干物质的主要营养特性，生物饲料可分为发酵饲料、酶解饲料、菌酶协同发酵饲料和生物饲料添加剂等 4 个主类、10 个亚类、17 个次亚类、50 个小类和 112 个产品类别。

二、我国生物发酵饲料的现状

1. 发酵饲料的现状

目前我国从事生物饲料行业的企业数量达 1000 余家。虽然微生物制剂和酶制剂趋于饱和，而发酵豆粕、酿酒酵母培养物、发酵糟渣和构树叶等发酵产品则稳定增长、逐渐成规模，且在饲料企业和养殖场得到广泛应用，发展势头保持稳定。如果发酵饲料在猪料、肉禽料、蛋禽料、水产料、反刍料和其他饲料中的用量分别以 5%、2%、5%、5%、10% 和 5% 估计，2018 年发酵饲料总量约 195 万 t。

2. 发酵饲料应用存在的问题

我国生物发酵饲料整体研发和产业化水平不高，还存在一些亟待解决的问题。在产品研究方面：发酵过程中小分子营养物质流失，总能下降，发酵菌种、菌剂的协同或拮抗还有待研究，产品质量标准存有争议，产品质量和应用效果受菌种、工艺、养殖品种和饲喂模式的影响较大；在生产制备方面：存在菌种、原料的安全性等问题；在应用技术方面：对动物营养和微生物营养的协同性和安全性认识需要提高，营养数据库和适宜添加量尚需完善；在发酵菌种生物安全方面：常见菌株来源不明、不纯和菌种退化现象，耐药基因转移、有害代谢产物、黏膜损伤、超敏反应等来自菌种的威胁也不断增加；在发酵饲料标准方面：除明确的营养常规指标外，酸溶蛋白、乳酸、益生菌活菌数等有益指标和挥发性盐基氮、霉菌和霉菌毒素等有害指标均应纳入产品标准。

三、生物发酵饲料在不同领域的研究进展

1. 发酵菌种研究进展

我国饲料原料种类繁多，物理、化学性质差异较大，而不同的菌种又具备不同的生理特性，在生产实践中应根据不同的饲料原料以及不同的生产目的选择适当的菌种组合以生产合格的生物发酵饲料。例如，新鲜马铃薯渣含水量高达90%以上，适合利用黑曲霉和啤酒酵母等微生物发酵生产蛋白质饲料。目前菌种筛选主要有3个方向：一是改变饲料原料的理化性质，包括提高消化吸收率、延长贮存时间和解毒脱毒等；二是获得微生物中间代谢产物，包括酶制剂、氨基酸和维生素等；三是培养繁殖饲用的微生物体，用于制备活菌制剂。李如珍等（2017）以中文专利数据库中的检索结果为样本，对生物发酵饲料领域进行了统计分析，发现在588件申请中，涉及菌种23种，使用较多的菌种有枯草芽孢杆菌、黑曲霉、酿酒酵母和地衣芽孢杆菌。侍宝路等（2018）研究表明，以豆渣为原料，添加麸皮作为辅料，以植物乳杆菌与酿酒酵母菌混合接种发酵，发酵产物降低了中性洗涤纤维含量，并提高了总酸含量，产品耐贮存。解淀粉芽孢杆菌具有繁殖速度快、稳定性好、生命力强、富含多种酶的特点，在固态发酵饲料中取得了较好的效果。

2. 生物发酵原料与工艺研究进展

发酵饲料原料的选择已从豆粕、棉籽粕、菜籽粕等的发酵以提供高品质蛋白质饲料，发展到聚焦鲜糟渣、果渣和蔬菜尾菜等非常规饲料原料发酵，以提供优质、优价的发酵能量饲料和粗饲料等。

实际生产过程中，根据菌种特性主要分为好氧、厌氧和兼性厌氧发酵。根据菌种数量选择，主要分为单一菌种、多菌种、菌酶协同发酵等种类。饲用酶制剂的生产以单一菌种液体深层发酵为主，发酵饲料原料和混合饲料的生产以复合菌种发酵为主。岙常华（2018）研究了淀粉芽孢杆菌单菌固态发酵豆粕的最佳工艺，发现豆粕经过微生物发酵后小肽含量得到显著提高，营养价值得到明显改善；蛋白质分子质量显著下降；酸碱度也发生了明显变化，且单菌与混菌发酵效果存在显著差异；提出了枯草芽孢杆菌单菌固态发酵玉米的最佳工艺，玉米经过微生物发酵后，可溶性糖含量显著增加，淀粉总量和支链淀粉含量显著下降，直链淀粉含量显著升高，营养物质含量发生明显变化，总酸含量显著提高，pH值发生明显变化，单菌发酵和混菌发酵效果具有差异性；提出了多黏类芽孢杆菌固态发酵小麦的最佳工艺，与未发酵相比，经单菌、混菌发酵后，小麦提取液黏度均显著降低，营养物质发生显著变化，粗蛋白质、粗纤维、粗灰分、粗脂肪含量有升高趋势，酸碱度发生明显变化，且单菌和混菌发酵效果差异显著。

3. 酶解饲料研究进展

酶解饲料已被广泛应用于畜禽养殖中，加酶饲料预消化的工艺参数及处理效果已被证实。无机磷、酸性洗涤纤维和还原糖含量是反映加酶饲料体外预消化效果的重要指标。在体外条件下，根据饲用酶制剂反应需要的条件，对饲料进行酶解预消化可以大幅

提高饲料利用率，降低配方成本，提高动物的生产性能。

研究表明，加酶预消化饲料能显著改善饲料品质，提高断奶仔猪对饲料养分的消化率，促进其生长；显著提高绵羊日粮中养分的表观消化率，显著减少羊粪中养分的排泄量；提高绵羊日增重，减少料重比，提高经济效益；显著提高奶牛的标准乳量、平均乳脂率、中性洗涤纤维和酸性洗涤纤维的排出量和表观消化率。

4. 菌酶协同发酵饲料研究进展

近年来研究结果表明，菌酶协同处理的结果优于菌和酶单独作用的结果。在发酵过程中，微生物与酶有很好的协同作用，能使大分子物质降解更加彻底，微生物的发酵效率更高。所以利用微生物和酶的协同作用制备发酵饲料的相关报道逐渐增多。利用菌酶协同作用，既能缩短发酵周期，又能利用芽孢杆菌或乳酸菌抵抗其他杂菌的影响，提高效率，降低生产成本，还能通过产品中含有的大量的芽孢杆菌、乳酸菌和酵母菌等活菌体改变动物肠道内的微生态环境，增强动物对疾病的抵抗能力，减少抗生素的使用。

5. 地源饲料发酵应用技术研究进展

地源饲料成为当前农副产物饲料资源利用化的热门概念，是指经过饲料化加工处理后可规模化饲用的地方性饲料资源的总称，具有特色的营养价值、不易加工处理、流通成本高、易变质、季节性强和有一定地理范围等特点。地源饲料发酵后采用湿喂或液体饲喂的代表性应用模式诞生，如山东繁育母猪发酵饲料湿喂技术模式、山东中裕酒糟液体饲喂模式和重庆荣昌生长肥育猪固体发酵地源饲料液体饲喂模式等，创新性地加强了饲料资源利用效率。在当今我国畜牧业转型升级过程中，地源性饲料资源研究与应用具有重大意义。

近年来生物饲料开发国家工程研究中心就地源饲料的有效应用提出了5个关键集成技术：针对不同地源饲料的菌+酶发酵菌剂集成技术；针对不同产地的发酵设备和工艺技术；针对地源饲料营养数据库技术和以某一地源饲料为核心的不同养殖品种的饲料配方技术；针对不同养殖规模的自动化液体及湿料饲喂设备和工艺技术；针对畜禽粪污氮、磷减排生物处理技术。通过以上五大技术集成，降低了饲料成本、猪群整齐度好。但地源饲料存在质量不稳定、营养数据库不完善、液体饲喂料线设备成本高等不容忽视的问题，同时安全有效地应用研究和技术推广任重道远。

6. 发酵饲料在动物养殖中的应用

近年来酒糟、尾菜和桑叶等饲用资源发酵后饲用效果的研究报道不少，发酵饲料在配合日粮中添加量在2%~50%，也有全发酵日粮的应用，饲养动物涵盖了猪、禽、羊、牛。在生长性能方面，总体表现为日增重增加、料重比降低、育肥动物每千克增重的日粮成本降低、养殖经济效益增加。近年来，发酵饲料的作用机理研究渐趋深入。诸多研究发现，微生物活菌发酵饲料对猪、鸡、鸭、奶牛等养殖动物的肠道微生态和血清生化指标产生多种影响，总体具有促进有益活性菌在宿主肠道的定植、改善肠道形态结构、促进肠道发育、提高生产性能的效果。

关于发酵饲料对动物免疫性能的影响研究报道较少，大多数研究集中在血浆免疫球蛋白、肠道分泌型免疫球蛋白含量等表观指标测定。饲喂发酵豆粕提高了动物对蛋白质的利用效率，降低了回肠、盲肠、结肠中残留蛋白质的含量，进而降低后肠道与蛋白质分解相关菌群丰度和蛋白质发酵的代谢产物，后肠道微生物发酵肠道残余的蛋白质可产生吲哚、组胺、硫化氢、粪臭素等有害物质，破坏肠道细胞结构，引发机体免疫反应。发酵饲料的作用机理研究还表明，动物肠道微生物菌群与宿主肠道代谢轴、肠道免疫功能存在相互作用并对机体健康产生影响。由于发酵饲料的应用可提高饲料利用率，减少氨气排放，降低锌、铜等重金属的添加，因此可缓解畜禽养殖对环境的污染。

四、生物发酵饲料研究的发展趋势

1. 特色功能菌株的筛选

未来功能菌株的筛选仍然是生物饲料研究的核心，即针对饼粕类原料中存在的抗营养因子、玉米深加工副产物中的霉菌毒素和含硫物质，筛选高效降解菌；针对不同畜种的肠道特点及同一畜种不同发育时期的肠道特点等，筛选适应性好、定植能力强的菌株；以及根据其他特定功能性代谢产物，筛选高效表达菌株。随着科研工作者对发酵饲料技术的不断探索，发酵饲料菌株的筛选也日益多元化，筛选出来的功能菌株也越来越丰富，从高产蛋白酶、纤维酶、脂肪酶、淀粉酶菌株进而到降解棉酚、硫苷等毒素菌株和抗菌抗病毒菌株的筛选，研究者们正致力于筛选高性能、高耐受性、高稳定性的菌株。

2. 菌株的组合效果

目前很多生物饲料的菌种应用组合比较粗糙，多停留在种的层面，甚至是属的层面，随着菌株筛选及功能研究的不断深入，菌株的功能不断明确，菌株之间的组合研究将开启一个新的发展局面，并实现与肠道微生物组学、代谢组学等前沿研究的同步发展。不同菌种按照不同的比例组合发酵出来的饲料质量也不相同，有的混合菌发酵效果表现优于单个菌株，有的却不如单个菌株。进行发酵前，要充分了解原料特点、菌种的生存条件、代谢途径、发酵产物和混合菌种之间可能存在的相互关系并根据发酵目的，结合菌种发酵效果，选用菌种的种类和添加比例。有科学家在酒糟发酵蛋白质饲料菌种的筛选研究中，以粗蛋白质、真蛋白质、粗纤维为指标，选用 8 种酵母菌和霉菌反复结合进行试验，最终确定出最佳发酵菌种组合。

3. 生物发酵饲料价值评价指标

未来生物发酵饲料的功能将更进一步明确，其对原料的预消化程度、对饲料利用率的提高程度、对畜体肠道健康的改善程度、对畜产品品质的改善效果，甚至对畜禽粪污资源化利用中限制因子的去除程度，及对畜禽舍内氨气的去除程度等都将进一步量化，评价方法将进一步标准化。

4. 生物饲料质量安全实施动态预警监测

生物饲料的质量安全性，首先，要依据饲料卫生标准，生物饲料因其微生物学属性，还应对其微生物安全性进行监测。检测内容应包括所用菌种是否合法合规，遵循"法无许可即禁止"的原则，严格禁止《饲料添加剂品种目录（2013）》中规定以外的菌种的使用。此外，还包括因发酵工艺等控制不严而导致的有害菌，甚至是致病菌的污染，也应对其进行监测。利用新一代测序技术，通过宏基因组测序等手段，对生物饲料的全部微生物组成进行监测。此外，生物饲料往往还具有动态变化的性质，所以生物饲料质量安全监测也应是一个动态监测的过程。2018 年 3 月，农业农村部成立了生物饲料质量安全预警监测工作组，委托中国农业科学院饲料研究所和生物饲料开发国家工程究中心牵头，联合国内顶级监测机构共同承担生物饲料质量安全预警监测项目，对全国范围内 18 个省、市生物饲料生产、经营、使用和养殖环节的生物饲料进行动态监测，为生物发酵饲料产业的健康发展提供了有力保障。

第二节　生物发酵饲料在反刍动物生产中的应用

近几年，饲料原料价格上涨，养殖业的饲料成本增加了 70%~80%，因此新的低成本饲料原料的研发与生产引起关注。生物发酵饲料由于饲用价值高、价格低廉逐渐成为研究热点。生物发酵饲料可以有效改善饲料的风味，提高饲料的干物质消化率，促进动物肠道的微生态平衡，维持肠道 pH 值稳定，产生维生素并且能够降解抗营养因子，从而提高畜禽的生产性能。

一、生物发酵饲料的作用机理

微生物发酵不仅可以提高饲料的营养价值和利用率，而且还能够改善动物肠道微生物区系，发挥促生长作用。

1. 产生生物屏障

微生物发酵过程中的有益菌主要分为细菌和真菌 2 种，其中有益菌可以与病原菌竞争并附着在肠道上皮细胞上，从而抑制有害菌在肠道上皮的定植。其中酵母菌可以与肠杆菌结合从而阻止肠杆菌与肠道上皮的结合。除此之外，有益菌还能够增大细胞间隙，刺激巨噬细胞产生 IgA、IgM，有效抑制感染。发酵饲料中的微生物还可以通过消耗氧气从而制造厌氧环境来抑制有害微生物的生长。这种生物竞争抑制成为生物屏障。

2. 产生化学屏障

发酵饲料中的有益微生物在发酵过程中能够产生有机酸，从而抑制有害菌（如大肠杆菌和沙门氏菌）的生长繁殖，进而促进动物肠道内的微生态平衡。而且在发酵过程中，有益微生物还可以产生抗菌物质（如细菌素）从而抑制细菌扩张，这种效应称为化学屏障。

3. 产生营养屏障

微生物在发酵过程中还能够产生酶类和 B 族维生素、小肽以及多种营养因子，从而促进饲料的消化吸收，这种作用称为营养屏障。如枯草杆菌能够产生胞外酶从而促进酸性洗涤纤维的降解。此外，饲料在发酵过程中，大分子的蛋白质物质会降解为多肽类物质。部分多肽类物质有较强的氧化性，能够保护动物机体的健康，最终促进动物健康生长，提高经济效益。

二、生物发酵对动物日粮营养成分的影响

1. 生物发酵能够提高日粮的营养价值和适口性

有益菌在发酵过程中可以降解饲料中原本难以被动物消化的纤维类物质的同时产生香味，进而提高日粮的适口性。李龙等（2010）研究表明，乳酸菌发酵后的饲料中游

离氨基酸含量比对照组增加22.84%。李维炯等（2010）研究表明，微生物发酵后的饲料中维生素A和B族维生素含量相应提高，并且饲料中的氨基酸含量比发酵前明显提高，其中限制性氨基酸提高了13.2%，氨基酸总量提高了11.2%。徐祗瑞等（2017）研究表明，微生物发酵后饲料中的干物质、有机物、无氮浸出物、粗纤维及钙的含量降低，粗脂肪、粗蛋白质、总能及磷含量升高。综上研究报道可知，生物发酵饲料可以提升饲料的适口性和营养价值。

2. 可将含有毒性物质的饲料转化为无毒、低毒的饲料

孙宏（2009）研究发现，发酵后的菜粕硫苷降解率达到70.28%，单宁降解率达31%左右，发酵后菜粕的粗蛋白质含量达到40.91%，从而大大增加了饲喂安全性。Zheng等（2017）研究显示，发酵过程中豆粕中的抗营养因子能够被降解，从而提高了豆粕的营养价值。这可能是因为发酵饲料中有益微生物在发酵过程中所产生的代谢产物和营养因子的作用。

三、影响生物发酵饲料品质的因素

1. 发酵微生物的种类

良好的菌种是保证发酵饲料营养价值和经济价值的基础因素，其中与发酵饲料有关的有益微生物主要包括乳酸菌、芽孢杆菌、活性酵母菌、双歧杆菌、肠球菌和链球菌等。《饲料添加剂品种目录（2013）》中，允许在动物养殖中添加的微生物有29种，其中包括乳酸菌、酵母菌和芽孢杆菌等常见菌种。

除此之外，科研工作者也正在积极研发新的高性能菌种和基因工程菌。如今在应用中存在由单一菌种向混合菌种发展的趋势，其中对于混合菌种的相互作用以及适宜的添加比例的相关研究比较少，且对于混合菌种发酵过程中的作用机理研究还不成熟。王小明等（2017）研究显示，混合菌种可以加快发酵速度，提高发酵饲料中还原糖含量，能够发挥出组合正效应，并且在相同时间内乳酸菌、酵母菌和枯草芽孢杆菌添加比例为2∶2∶2或2∶2∶3时饲料pH值最低，发酵进程最快；添加比例为2∶2∶3或3∶3∶3时能够显著提高饲料发酵后的还原糖含量。程方等（2015）在利用多菌种混合发酵马铃薯渣的试验中发现，黑曲霉Z9和啤酒酵母PJ组合为最佳菌种配伍，且2菌种比例为1∶1时，效果较单一菌种更佳。因此，不同的菌种类型和菌种配比都会对发酵饲料的效果和营养价值产生影响。

2. 饲料原料和发酵条件

目前，发酵饲料的原料已经由最初富含纤维的农作物秸秆（稻草、秸秆等）发展为农业与食品加工副产物（玉米皮、甜菜渣和薯渣等）。其中发酵原料的干物质含量、颗粒大小以及营养成分含量都会对发酵饲料的质量产生影响。如禾本科牧草含有较多的碳水化合物，是良好的青贮原料。而豆科类牧草碳水化合物含量比较低，不宜做单一青贮。林标声等（2013）研究表明，高糖分、低蛋白的饲料配方、34%～36%含水量、较高的发酵温度更有利于菌株生产。除此之外，发酵过程中的pH值、温度和湿度都会对最终的结果产生影响。胡瑞等（2013）研究表明，利用优化复合益生菌发酵豆粕时随着水分含量的不断增加，发酵体系中的温度、pH值和真蛋白含量均呈递增趋势。在不同 pH 值条件下培养乳酸球菌发现，控制发酵体系 pH 值为 6.0 时菌体的发酵活力最高。这表明不同的发酵原料和发酵条件对发酵饲料的品质有很大影响。

3. 发酵饲料的生产工艺与贮存条件

生物发酵饲料的生产工艺主要分为液态发酵和固态发酵 2 种工艺。当前我国国内的主要发酵方式是固态厌氧微生物发酵，其中一种模式是适合养殖户自己操作的袋装发酵，另一种模式是规模化生产线的袋装发酵饲料。目前科研工作者也在不断研发新的固态、液态以及多菌种组合发酵方式，从而提高发酵效率和饲料质量。除此之外，发酵饲料的贮存条件也决定了发酵饲料的使用寿命。一般情况下发酵饲料应该在室温下密闭保存。禁止暴露于空气中，以防止感染霉菌等有害菌从而影响饲料品质。发酵饲料在贮存过程中仍然会发酵产生气体，因此，如果饲料可以短期用完，可以采用普通塑料袋进行包装，如果长期使用最好在发酵时采用有气阀的呼吸膜袋发酵贮存，在贮存过程中尽量不要开袋检查。除此之外，还要注意防止老鼠、蟑螂等生物的破坏。

四、生物发酵饲料在反刍动物生产中的应用

1. 生物发酵饲料对反刍动物生长性能的影响

采食量、采食速率和日增重直接影响饲料的利用率和养殖效益，是动物养殖中十分重要的指标。目前对于生物发酵饲料对反刍动物采食量和采食速率影响的研究结果并不一致。有研究表明，用发酵的番茄渣替代 10% 精饲料饲喂肉牛可以提高采食量和采食速率，可能是由于发酵饲料改善了动物肠道的微生物区系，增加了肠道中有益菌的数量所致，但其对于干物质以及营养物质的消化率没有太大影响，可能是影响营养物质消化率的因素比较多，产生了抵消效应。Promkot 等（2017）研究显示，在干物质基础上分别向日粮中添加 10%、20% 和 30% 的酿酒酵母发酵的木薯渣饲喂婆罗门肉牛，其干物质采食量也没有显著变化，但中性洗涤纤维和酸性洗涤纤维的消化率提高。虽然如此，多数研究表明生物发酵饲料可以有效提高反刍动物的采食量和采食速率。目前还没有研究发现生物发酵饲料会降低反刍动物的采食量。大部分研究表明生物发酵饲料可以提高动物日增重。曲强（2018）研究表明，利用平菇菌糠发酵饲料饲喂肉羊能够显著提高肉羊的食欲，对促进育成羊的增重有显著效果。这可能与生物发酵饲料可以提高饲料的消化率，进而提高动物的日增重有关。此外还有研究表明生物发酵饲料能够提高乐至黑山羊生长性能，山羊精饲料中添加 50% 的生物发酵饲料，可提高乐至黑山羊日增重，提高经济效益，具有推广应用价值。

综上研究结果可知，生物发酵饲料对反刍动物采食量的影响与发酵的技术和发酵的原料、动物的生理状态和品种有关。

2. 生物发酵饲料对反刍动物产品质量的影响

在反刍动物养殖中，肉品质和产奶量是核心指标。Kim 等（2017）研究表明，用发酵的全混合日粮（Total mixed ration，TMR）饲喂肉牛可以提高牛肉中大理石花纹评分。这可能是由于发酵饲料促进了机体的代谢平衡，提高了肌肉中粗脂肪含量。Faucitano 等（2011）研究表明，生物发酵饲料可以提高牛肉胴体等级评分和肌间脂肪含量。也有研究表明，生物发酵饲料能够提高肌肉内脂肪酸含量，但是降低了棕榈酸的

含量，能够提高肉牛的胴体品质，改善牛肉的风味和品质。此外，在奶牛饲养中生物发酵饲料也有积极效果。吴小燕等（2014）研究表明，生物发酵饲料能够提高泌乳奶牛的产奶量，改善乳品质。其原因可能是生物发酵饲料中的酵母菌和乳酸杆菌等有益菌群能够促进特定瘤胃菌群的生长繁殖，有利于瘤胃微生物对氨的利用，提高氨的利用效率从而提高菌体蛋白的合成，进而提高产奶量和乳蛋白含量。生物发酵饲料不仅能够提高产奶量，对乳品质也有一定影响。卢慧（2017）研究表明，饲喂生物发酵饲料可显著提高奶牛乳脂肪和乳蛋白含量，且奶牛平均日产标准乳提高了11.5%。通过以上研究结果可以得出，生物发酵饲料可以提高反刍动物的肉品质以及泌乳奶牛的乳产量和乳品质。

3. 生物发酵饲料对反刍动物机体免疫功能的影响

生物发酵饲料可以提高动物的免疫机能。余淼等（2013）研究表明，在肉牛日粮中添加经过乳酸菌、酵母菌、芽孢杆菌等有益菌混合发酵制成的生物发酵饲料能够提高肉牛血液中总蛋白、白蛋白、IgA、IgG、IgM含量，降低丙二醛浓度、谷草转氨酶以及谷丙转氨酶活性，提高总抗氧化能力，增强超氧化物歧化酶活性进而改善肉牛的抗病能力。李林等（2017）研究表明，生物发酵饲料可以提高肉羊的免疫性能，提高血清中总蛋白含量，促进肉羊的生长发育和生理健康。这可能是由于发酵饲料中的益生菌以及发酵过程中菌种的次生代谢产物提高了动物的健康水平。除此之外，饲喂生物发酵饲料还可以降低动物机体血液中尿素氮含量从而促进动物机体蛋白质的合成，提高动物的免疫机能。陈帅（2017）研究表明，生物发酵饲料可以促进动物机体肠道内纤维分解菌、淀粉降解菌、丁酸产生菌等功能菌群增加，从而促进动物对营养物质的消化吸收，提高动物的免疫机能，并且对机体的肝脏、心脏无损害作用。陈光吉等（2015）研究发现，用发酵酒糟饲喂舍饲牦牛可以显著提高瘤胃液中纤维素酶活性，同时还能通过改善瘤胃微生物菌群结构让纤维素酶成为优势菌，进而提高内源酶活性，促进机体健康。挥发性脂肪酸是反刍动物重要的能量来源，其浓度是反映瘤胃内营养物质消化代谢的重要指标。麻名汉（2017）研究表明，利用酒糟秸秆生物发酵饲料饲喂肉牛可以改善瘤胃内的挥发性脂肪酸浓度，进而提高动物机体免疫力，降低耗料增重比。

第三节　全混合日粮发酵技术

全混合日粮是以不同生长发育和生产阶段反刍动物的营养需求为依据，按照一定的比例将精饲料、粗饲料、维生素、矿物质等日粮原料用搅拌机混合均匀，制作成营养平衡的日粮。全混合日粮发酵后可以使动物每次采食到的都是营养均衡、比例适宜的饲料，对饲料适口性有着很大的改善，反刍动物因挑食、采食不均而造成的营养不良的状况有所减少，提高了饲料的转化率和动物的生产性能。因此全混合发酵日粮已成为大型奶牛养殖场的主要饲养技术，在我国得到了较为广泛的应用，但全混合发酵日粮也存在一些不足之处，由于全混合发酵日粮中含有一定量的水分且微生物活动较为强烈，因此全混合发酵日粮非常容易变质造成营养损失，所以在生产中要求现配现喂，而且全混合发酵日粮的制作也需要大量专业的价格高昂的机器设备，需要较多的固定资本投入，这不利于全混合发酵日粮在规模较小养殖场的推广。将全混合日粮发酵不仅可以提高全混合日粮的有氧稳定性、利于长期储存，还便于商品化流通、推广。

一、全混合发酵日粮的概念及研究现状

全混合发酵日粮（Fermented total mixed rations，FTMR）技术，由日本率先开发，其是将制作好的全混合日粮使用拉伸膜裹包或袋状青贮等技术进行密封，创造出厌氧环境，进行厌氧发酵，从而制作出的营养平衡、能够长期贮存的日粮。全混合发酵日粮是普通青贮发酵技术和全混合日粮技术的结合，具有如下优点：①有氧稳定性较好。普通的全混合日粮在有氧暴露过程中容易变质，而徐晓明等（2017）的研究表明，以全株玉米为主的发酵全混合发酵日粮在有氧暴露第 9 d，其 pH 值提升幅度不大，具有一定的有氧稳定性。②饲料的利用率及营养价值较高。发酵全混合日粮技术可以通过发酵提高日粮的适口性，改善相关工农业副产品原料的品质及利用率，使得较多营养物质得以保存。Kim 等（2017）使用全混合发酵日粮饲喂公牛后发现，饲喂全混合发酵日粮的动物的干物质摄入量，平均体重和日增重更好，且具有更高的肉质等级。周振峰等（2010）在用全混合发酵日粮饲喂绵羊时发现，与未发酵的全混合日粮相比，全混合发酵日粮提高了消化率，并降低了瘤胃中的甲烷排放量和能量损失，并且全混合发酵日粮对甲烷排放的抑制作用可以促进瘤胃中乳酸向丙酸的转化。③可以扩大饲料来源，开发利用非常规饲料。在我国，块根块茎、甜菜渣、酒糟、豆渣等工农业副产物大量存在。这些副产物有着较高的营养价值，如果不能被利用，不但会污染环境，而且也是极大的浪费。而如果将这些副产物添加进全混合发酵日粮，经过发酵后利用，则可以提高工农业副产物的利用率，扩大饲料的来源。有研究者将 5%稻壳加入以王草为主的全混合发酵日粮中，发现添加稻壳提升全混合发酵日粮的产品品质和适口性，具有较好的增重效果；以 20%的木薯茎叶作全混合发酵日粮的原料可以有效提升蛋白质利用。邱小燕等（2019）研究发现，用 40%秸秆替代全混合发酵日粮中四棱豆，发现可用于饲喂奶牛的生产实践中。④机械参与程度较高，可以节约人力成本。在全混合发酵日粮制作的整个过程中，搅拌、粉碎等过程有专门的全混合发酵日粮搅拌机，而打捆、裹包等过程有也专门的裹膜机器。整个过程中机械化程度较高，节约人力，且效率较高。⑤可长距离运输，实现商品化流通。可以通过打捆、裹包的过程将全混合发酵日粮制作成裹包，从而使得全混合发酵日粮可以长距离运输，商品化流转，可以使得规模较小，负担不起耗资巨大的配套机械的畜牧场使用品质优良的全混合发酵日粮，利于全混合发酵日粮技术的进一步推广。

二、全混合发酵日粮的配方

全混合发酵日粮的配方是依据反刍动物的饲养标准而制定的，理论上来说只要满足饲喂对象在特定时期的营养需要，具体配方的内容可以是非常多样的，这也是全混合发酵日粮可以扩大饲料来源，开发利用非常规饲料的理论基础。丁良（2016）使用不同比例的酒糟替代全混合发酵日粮中的箭筈豌豆，发现酒糟 30%FW（Fresh weight，鲜重）、箭筈豌豆 15%FW、燕麦 15%FW、青稞秸秆 10%FW 和精饲料 30%FW 比例的效

果最佳。在开发利用稻壳资源的过程中，以干物质为基础时，王草50%、稻壳5%、玉米25%、麸皮11%、豆粕7%、食盐0.5%、碳酸钙0.3%、小苏打0.2%、预混料1%比例全混合发酵日粮的适口性和增重效果最好。研究指出，以干物质为基础时，王草40%、木薯茎叶20%、玉米26%、麸皮5%、豆粕6%、食盐1%、碳酸钙0.6%、小苏打0.4%、预混料1%比例全混合发酵日粮的饲养效率和蛋白质利用较高。在饲用油菜替代全混合日粮中全株玉米青贮的研究中发现，以干物质为基础时，饲用油菜49.5%、稻草15.4%、菌渣19.8%、玉米10.5%、豆粕3.3%、磷酸氢钙0.3%、预混料1.2%比例的全混合发酵日粮在湖羊的屠宰率和胴体瘦肉率方面与饲喂青贮玉米全混合发酵日粮组没有显著差异。

三、全混合发酵日粮中的添加剂种类及作用

1. 微生物添加剂

大量研究表明，添加乳酸菌对青贮饲料的保存及防止霉菌污染具有显著作用。丁良等（2016）对西藏啤酒糟全混合发酵日粮青贮的研究表明，添加布氏乳杆菌（*Lactobacillus buchneri*）降低了霉菌和酵母菌数量，对啤酒糟全混合发酵日粮有氧稳定性有积极的改善效果。崔彦召（2013）的研究表明，乳酸菌可以改善感官评定效果，对全混合发酵日粮的发酵指标影响显著，对全混合发酵日粮营养成分无显著影响，但对粗蛋白质影响较大，而且添加乳酸菌后能够显著降低了全混合发酵日粮中霉菌毒素含量，提高了全混合发酵日粮的安全性。郭盼盼等（2015）认为添加乳酸菌和糖蜜的全混合发酵日粮的发酵品质优于单独添加乳酸菌，因此建议在生产过程中添加0.5%乳酸菌和5%糖蜜较为适宜。也有研究人员发现鼠李糖乳杆菌（*Lactobacillus rhamnosus* GG，LGG）有效降低了全混合发酵日粮在发酵过程中3种常见霉菌毒素玉米赤霉烯酮（ZEN）、黄曲霉毒素（AFB1）和脱氧雪腐镰刀菌烯醇（DON）的浓度，提高了全混合发酵日粮常规营养价值，迅速降低了pH值，提高了发酵品质，增加了瘤胃有效降解率。尹晓燕等（2019）向全混合发酵日粮中加入了由鼠李糖乳杆菌、植物乳杆菌（*Lactobacillus plantarum*）和屎肠球菌（*Enterococcus faecium*）组成的复合乳酸菌制剂，发现其能够提高全混合发酵日粮的发酵品质，减少发酵过程中的营养损失，且对霉菌有抑制作用。

有报道指出，复合益生菌参与发酵时，每种益生菌从底物中各取所需，使发酵更为彻底。研究者向全混合发酵日粮中加入复合益生菌〔乳酸菌、枯草芽孢杆菌（*Bacillus subtilis*）、蜡样芽孢杆菌（*Bacillus cereus. Frankland*）、酵母菌（Yeast）、纤维分解菌〕，发现添加复合益生菌可以提高其有氧稳定性、延长贮存时间，降低pH值，减少了氨态氮产生。研究表明，添加混合益生菌（酿酒酵母、枯草芽孢杆菌）显著降低了氨态氮的产生，混合益生菌和酿酒酵母可以显著降低全混合发酵日粮中酸性洗涤木质素的含量。添加混合益生菌混合发酵秸秆型全混合日粮21 d，不但可以保证秸秆发酵饲料的安全性，而且营养价值较高又有一定的经济价值。

2. 酶制剂

饲料酶制剂是通过特定生产工艺加工而成的含单一酶或混合酶的工业产品。饲料用酶多为水解系列酶，如蛋白酶、果胶酶、淀粉酶、纤维素酶、戊聚糖酶、β-葡聚糖酶、

植酸酶和糖化淀粉酶等。经过试验，添加饲用酶制剂能补充动物体内酶源不足的情况，通过增加动物自身不能合成的酶，从而促进畜禽对养分的消化、吸收，提高饲料的利用率，促进生长。生产同样的动物产品，可以减少日粮的投入，这显示了饲用酶制剂为节粮型饲料添加剂的特点。添加外源纤维素酶可促进全混合发酵日粮中纤维类物质的降解、有机酸的积累和自身纤维类物质的酶活力，抑制羧基肽酶活力和酸性蛋白酶活力，减少蛋白质的损失。

3. 酸制剂

乙酸和丙酸是青贮发酵过程中的产物，许多研究认为乙酸和丙酸可以通过抑制酵母菌等有害微生物，减少其对乳酸、水溶性碳水化合物和粗蛋白质的降解，从而提高青贮饲料开窖运输和饲喂过程中的营养损失，提高有氧稳定性。研究发现，全混合发酵日粮中添加丙酸不仅抑制了梭菌等有害微生物的活性，减少了对水溶性碳水化合物和蛋白质等营养成分的降解，从而减少了丁酸和氨态氮的生成，也对乳酸菌产生了一定的抑制作用，但发酵品质仍属良好，添加丙酸大大提高了发酵全混合发酵日粮的有氧稳定性，可使发酵全混合发酵日粮良好保存 12 d 以上。添加乙酸的结果与丙酸类似，添加乙酸提高了全混合发酵日粮饲料的有氧稳定性和 pH 值、好氧性微生物和酵母菌数量在整个有氧暴露的过程始终维持在较低水平，使得全混合发酵日粮良好地保存 12 d 以上。丙酸与乳酸菌接种剂且一起使用时，尽管它们降低了全混合发酵日粮青贮饲料的乳酸产量，但它们改善了全混合发酵日粮青贮饲料的有氧稳定性和体外营养消化率。

4. 化学添加剂

霉菌和酵母菌是青贮饲料中主要存在的真菌，而真菌对于生产优质青贮饲料是十分不利的。霉菌可以分解糖、乳酸、纤维素和其他细胞壁成分，是导致青贮饲料变质的主要微生物。而酵母菌以糖为底物发酵生成乙醇和二氧化碳，造成糖分和干物质的损失，还可以利用乳酸导致青贮饲料的 pH 值升高，促进其他杂菌的生长。丁良对 3 种抗真菌化学添加剂（丙酸钙、双乙酸钠和山梨酸钾）的研究表明，在以箭筈豌豆、燕麦和青稞秸秆为主要粗饲料的全混合发酵日粮中，添加 0.5% 丙酸钙的剂量偏高，抑制好氧性微生物生长的同时，也抑制了乳酸菌活性，造成发酵品质略有下降。添加 0.5% 的双乙酸钠和 0.1% 山梨酸钾对全混合发酵日粮的品质均有一定的改善作用，且能提高全混合发酵日粮有氧稳定性。邱小燕等（2019）的研究也表明，添加 0.5% 的双乙酸钠能提高秸秆全混合发酵日粮青贮饲料有氧稳定性且不影响发酵品质。另外，饲喂牛时以新鲜木薯根为基础的全混合发酵日粮中添加 2% 的硫，微生物粗蛋白质和微生物蛋白的合成效率更高。

四、全混合发酵日粮中的加工与调控技术

全混合发酵日粮是将充分混合的全混合发酵日粮装入发酵设备中压实，密封，进行厌氧发酵而调制出的营养平衡、能够长期贮存的日粮。它是利用半干青贮（低水分青贮）原理制作的一种日粮：当饲料含水量为 45%~50% 时，植物细胞的渗透压可达 $(5.5 \sim 6.0) \times 10^{6} Pa$。在此情况下，饲料中的腐败菌、酪酸菌、醋酸菌甚至乳酸菌均处于生理干燥状态，其生长繁殖受到抑制。而霉菌、酵母菌等虽然在半干植物体上仍可大

量繁殖，但它们均为好氧菌，在压实、密封的厌氧条件下，其活动也很快停止，从而使饲料得以长期保存。生产和调制全混合发酵日粮时，除了要遵循常规全混合发酵日粮相关生产技术外，特别应注意以下几点。

1. 含水量

全混合发酵日粮生产的关键是控制原料含水量。水分含量过高、过低，均会影响全混合发酵日粮发酵的品质。水分过低，原料比较粗硬，不易压实，原料间存留空气较多，导致好氧细菌大量繁殖使饲料发霉变质；同时水分过低会使全混合发酵日粮中精、粗饲料混合不均匀，反刍动物出现挑食现象。水分过高，往往引起乳酸菌发酵导致可溶性碳水化合物损失，同时利于酪酸菌的繁殖活动，产生大量丁酸，使饲料发臭、变黏。马晓宇等（2020）的研究表明，新鲜稻草型全混合发酵日粮发酵的适宜含水率为45%和50%，有研究表明全株玉米全混合发酵日粮的适宜含水率也为45%和50%。徐晓明等（2011）研究，在全混合发酵日粮中，45%处理组和50%处理组 ADF 和 NDF 有效降解率高于55%处理组，45%含水率和50%含水率的全混合发酵日粮对奶牛的营养价值优于55%含水率。王晶等（2009）研究了不同含水量（40%、50%和60%）全混合发酵日粮经过裹包处理后的贮存效果，结果发现，含水量40%和50%的裹包全混合发酵日粮蛋白质分解较少，贮存效果优于含水量60%组。徐晓明等（2011）也研究了含水量对奶牛全混合发酵日粮发酵过程中饲料品质的影响，结果发现，含水量以45%和50%为宜。通常认为，全混合发酵日粮含水量以40%~50%为宜。

2. 必须尽快创造和保持厌氧环境

霉菌是引起全混合发酵日粮腐烂变质的主要因素，反刍动物生产中霉菌毒素污染的主要来源是全混合日粮和青贮饲料。而霉菌及其他腐败细菌均为好氧菌，创造和保持厌氧环境是生产全混合发酵日粮的重要前提。只有保持厌氧状态，才能有效抑制好氧性微生物的活动，防止全混合发酵日粮霉烂、变质。要创造厌氧环境，发酵设施和设备密闭性能必须良好，饲料原料必须切短或揉搓，装填必须及时，踩压紧实，密封必须严实。总之，厌氧环境越好，全混合发酵日粮就越容易成功。

3. 发酵时间

刘岩等（2018）的研究表明，全混合发酵日粮经裹包发酵处理7 d后表现出良好的发酵品质，同时具有较高的有氧稳定性。也有研究表明，全混合发酵日粮随发酵时间的延长提高了 DM、CP 和 NDF 的瘤胃降解率，发酵15 d、30 d 的全混合发酵日粮各营养成分的瘤胃降解性较好，但全混合发酵日粮的瘤胃未降解蛋白（RUP）小肠消化率随发酵时间的延长开始逐渐降低，7 d 之后降低最为明显。也有研究表明对于新鲜稻草全混合发酵日粮而言，发酵时间不少于30 d。对全株玉米全混合发酵日粮来说，发酵时间以大于40 d 为宜。

五、全混合发酵日粮的应用效果

王晶等（2009）研究发现，奶牛饲喂裹包全混合发酵日粮，与精粗饲料分开饲喂相比，产奶量（14.37 kg/d，12.38 kg/d）和产奶效率（0.84，0.72）显著提高（$P<0.05$），除血糖（$P<0.05$）外，其他血液生化指标与对照组均差异不显著（$P>$

0.05）。张俊瑜等（2010）研究表明，给经产泌乳末期的荷斯坦奶牛饲喂裹包全混合发酵日粮结果表明，与常规精粗饲料分开饲喂方式对照组相比，产奶量、4%标准乳、饲料效率、乳蛋白和乳糖产量均显著提高（$P<0.05$），干物质采食量、乳成分含量和体细胞计数试验组与对照组相比差异不显著（$P>0.05$）；试验组日粮粗蛋白质和粗脂肪的表观消化率显著高于对照组（$P<0.01$），其他养分表观消化率组间差异不显著（$P>0.05$）。张俊瑜等（2009）还研究了精粗饲料分开饲喂组（SI）、裹包全混合发酵日粮和裹包全混合发酵日粮中添加双乙酸钠对奶牛泌乳性能及养分消化的影响，结果表明，在日粮配方相同的条件下，裹包全混合发酵日粮饲喂奶牛可极显著提高干物质采食量、粗脂肪和粗蛋白质表观消化率（$P<0.01$），产奶量、4%标准乳、干物质和有机物表观消化率也有所提高（$P>0.05$）；裹包全混合发酵日粮中添加双乙酸钠，奶牛乳脂率、乳脂产量、乳糖含量显著提高（$P<0.05$），粗脂肪、粗蛋白质表观消化率和4%标准乳极显著提高（$P<0.01$）。周振峰等（2010）研究表明，对于泌乳中期荷斯坦奶牛，在日粮配方相同的条件下，饲喂裹包全混合发酵日粮可以显著增加干物质采食量、粗蛋白质及粗脂肪的表观消化率（$P<0.05$），显著降低血清中尿素氮含量（$P<0.05$），产奶量提高7.69%（$P>0.05$）。徐晓明等（2011）研究发现，在配方相同的条件下，与饲喂未发酵全混合发酵日粮相比，饲喂全混合发酵日粮可显著提高产奶量、乳蛋白和乳脂产量（$P<0.05$），而乳脂率、乳蛋白率和体细胞数差异不显著（$P>0.05$）。有研究者研究了精粗饲料分离日粮（对照组）、全混合日粮及全混合发酵日粮对小尾寒羊生长性能、营养物质消化率和血液生化指标的影响，结果表明：全混合发酵日粮处理组肉羊的平均日增重与料重比均优于全混合日粮处理组与对照组，并与对照组差异显著（$P<0.05$）；全混合发酵日粮处理组干物质和粗蛋白质消化率显著高于对照组（$P<0.05$）；全混合发酵日粮处理组粗纤维消化率显著高于对照组和全混合日粮处理组（$P<0.05$）；总蛋白与白蛋白水平均以全混合发酵日粮处理组较高，并在总蛋白水平上与对照组差异显著（$P<0.05$），尿素氮水平以全混合发酵日粮处理组较低。说明全混合发酵日粮具有提高肉羊生产性能、改善肉羊消化吸收功能和增强蛋白质合成的作用。有研究人员选用杜寒杂种断奶羔羊比较了全混合发酵日粮与传统精粗饲料分饲技术对肉羊增重性能的影响，结果表明，在相同日粮水平条件下，全混合发酵日粮组肉羊150 d平均增重12.88 kg，比对照组肉羊平均多增重9.74 kg（$P<0.05$），饲料转化效率提高了35.20%（$P<0.05$）。

六、小结

全混合发酵日粮作为畜牧养殖业的一项新的饲喂技术应用于家庭牧场或者中小型牧场，使一定销售半径中可以直接应用商品化下的全混合发酵日粮成为可能。不仅为优质青饲料及非常规饲料资源的保存和利用提供了有效的方法，还可以显著提高反刍动物生产效率，改善动物产品质量，提高饲料的利用率；减少饲料的浪费，增加养殖户的经济收入；同时可以减少饲料浪费和过多氮、磷排放造成的环境污染，具有巨大的生态效益。

全混合发酵日粮的配方组成多种多样，因此在开发利用非常规饲料、拓展饲料资源方面有着巨大的潜力。而全混合发酵日粮的成功发酵受多种因素影响，不同的配方需要不同的调制方式和添加剂进行配合才能得到优质的全混合发酵日粮。因此在生产实践过程中，我们必须要具体问题具体分析。通过结合具体的配方，辅之以适宜的添加剂和调制工艺，来制作出优良、有特色的全混合发酵日粮。因此，今后应进一步研究、开发全混合发酵日粮配方技术、生产设备、经营与配送方式等，充分发挥全混合发酵日粮的生产潜力，促进和推动反刍动物饲养业的健康发展，满足人们对牛羊肉及其他产品的需求。

第三章　柠条发酵饲料菌种筛选应用

柠条作为一种重要的饲用植物资源，具有较高的营养价值和生态价值。然而，柠条的纤维素含量较高，直接作为饲料的消化率较低。通过生物发酵技术，可以利用特定的微生物将柠条中的纤维素等难以消化的物质转化为易于动物吸收利用的营养物质，提高柠条饲料的品质和营养价值。

首先进行微生物的筛选。从柠条生长的环境如土壤、柠条青贮饲料中采集样品，利用选择性培养基和富集培养的方法，筛选出能够高效降解柠条纤维素、提高营养物质等成分的微生物。接着进行微生物的鉴定。采用形态学观察、生理生化特性测定以及分子生物学方法对筛选出的微生物进行鉴定。通过观察菌落形态、菌体特征等进行初步判断，再结合菌株对温度和酸度等的耐受性，或产酸能力等生理生化指标进行进一步分析。最后，提取微生物的基因组 DNA，通过 PCR 扩增特定基因片段并测序，与已知微生物基因数据库比对确定其种属。

在性能测定方面，一是生长性能的测定。将微生物接种到含有柠条的培养基中，定期测定其生长量，绘制生长曲线，了解其生长速度和生长周期。二是发酵性能的测定。包括产酸性能，利用 pH 值计监测发酵过程中培养液的 pH 值变化，判断微生物产酸能力；产气性能，观察发酵过程中是否产生气体及产生量和速度；营养成分变化，分析发酵前后柠条饲料中粗蛋白质、粗纤维等营养成分的含量变化。三是消化率测定。将发酵后的柠条饲料投喂给动物，收集粪便测定营养成分的消化率。四是安全性测定。检测发酵饲料中是否含有有害物质，同时观察动物投喂后的健康状况，评估发酵饲料的安全性。通过对柠条生物发酵饲料微生物的筛选、鉴定以及性能测定，可以为柠条的高效利用提供科学依据和技术支持，推动畜牧业的可持续发展。

第一节　生物发酵饲料发酵剂作用

生物饲料发酵就是综合利用生物工程技术，通过物理、化学、生物化学、微生物发酵等手段的协同作用，使家畜对秸秆的利用率提高到一个新的水平。研究生物发酵饲料主要在于开发新一代的饲料发酵剂。复合生物饲料发酵剂在厌氧条件下，繁殖速度快、产乳酸和分解纤维素能力强，并能代谢产生纤维素酶、淀粉酶、解脂酶、蛋白酶等多种酶类及丁二酮等芳香物质，还能合成烟酸、吡哆酸、丙酸及维生素 B_1、维生素 B_{12} 等多种维生素。柠条、秸秆等通过发酵剂中纤维素分解菌的作用，将纤维素分解为易被畜禽吸收利用的纤维二糖及葡萄糖，为畜禽提供了能量；而且软化的粗纤维饲料在反刍家畜的瘤胃里与瘤胃微生物直接接触，更能提高瘤胃微生物区系的纤维素酶和解脂酶的活性，因而从几个方面都提高了粗纤维的消化率。柠条发酵饲料在发酵过程中产生大量的脂肪酶、淀粉酶、葡聚糖酶、蛋白酶等，使淀粉、粗蛋白质等大分子物质转化为畜体直接吸收的简单的化合物，同时大量的活性酶随饲料进入畜禽的胃中，可提高动物本身的消化功能。

发酵过程中产生的部分酶类（纤维素酶、果胶酶、解脂酶等）可以作为外源酶，促进家畜消化。微生物酶作为外源酶可对动物消化道酶的不足或缺失给予合理补充，比直接加入酶效果好，通过逐步分解秸秆饲料天然成分，在动物体内可得到保存并不断地发挥作用。另外，柠条、秸秆发酵过程中产生并积累大量营养丰富的菌体（如乳酸杆菌、芽孢杆菌、酵母）和有用的代谢产物（如维生素、有机酸、激素及赖氨酸等），有些对饲料有防腐作用（如乳酸、醋酸、乙醇），有的能增强动物抗病力，促进有益菌群的生长繁殖，抑制致病菌的生长。

生物发酵饲料与普通饲料有很大不同：①由有益微生物产生的蛋白酶、脂肪酶和纤维素酶，可以帮助动物消化吸收，显著提高饲料的利用率，节约开支；②适口性好，经发酵后饲料有一种特别的芳香味，这是由微生物产生的多种不饱和脂肪酸或芳香酸，可明显刺激猪等家畜的食欲；③多种有益菌在胃肠道中防止有害菌的繁殖和生长，防止拉稀和腹泻；④不含任何抗生素，无任何药物和有害物质，可用于生产绿色畜禽产品；⑤用生物饲料饲养的动物畜产品（肉、蛋、奶），味道鲜美，胆固醇含量低，是保健型畜产品；⑥使用生物饲料喂养动物，可使畜禽圈舍的氨气、硫化氢，以及粪臭素的含量明显降低，起到净化畜舍环境的目的；⑦生物饲料可以刺激动物的免疫功能，增强动物对多种疾病的抗病力，大幅度降低发病率和死淘率。

生物发酵饲料发酵剂的研制与推广，将能实现秸秆等农业资源的充分利用，改善农业生态环境，减少环境污染，解决人畜争粮矛盾，促进畜牧养殖业的发展，具有极大的社会效益与经济效益。

第二节　生物发酵饲料生产技术

一、原料和发酵条件

生物发酵饲料的主要原料为富含淀粉的农产品及农业生产线副产品，选择合适的原料进行破碎、调整湿度等处理，以提高其可发酵性和利用率。在饲料发酵过程中，其原料的选择不再局限于使用纤维含量丰富的农作物秸秆，其范围扩大到了农业和食品加工过程中产生的副产品，包括各种类型的废弃物和剩余物均可以被用以生产高质量发酵饲料。在选择原料时首先要考虑原料的干物质含量、颗粒大小以及营养成分含量等。这些因素都会对发酵饲料的质量产生直接影响。如果原料的干物质含量较低，在发酵过程中则需要更长的时间才能达到理想的效果。同样，如果原料的颗粒过大或过小，就可能会影响发酵效果。此外，原料中的营养成分含量对于保证发酵饲料的营养价值至关重要。除了上述因素，发酵环境中温度、湿度、pH 值等参数的变化也会影响最终的发酵质量。

二、发酵菌种培养

菌种的优选和培养是保障生物发酵饲料具备高经济价值和高营养价值的重要因素。在饲料发酵中，使用较为广泛的菌种有活性酵母菌、乳酸菌、芽孢杆菌、双歧杆菌、链球菌和肠球菌等。根据《饲料添加剂品种目录（2013）》（农业部第 2045 号公告及后续修订公告汇总）中规定，允许在动物养殖过程中使用的微生物种类共有 30 多种，其中使用最广泛的菌种是乳酸菌、酵母菌和芽孢杆菌等。目前，生物发酵饲料应用方面出现了向混合菌种发展的趋势，混合菌种可以提高发酵速率，提升生物发酵饲料中还原糖的含量，并能实现多种菌种协同作用的正向效应。选择合适的菌种，如乳酸菌、酵母菌等进行培养。通常是在培养基中添加适量的营养物质，并营造适宜其生长的环境，如适宜的 pH 值、温度、湿度等，从而为发酵菌种生长提供所需的条件。将菌剂、红糖、水在 36 ℃环境下活化 12 h，形成菌种活化液。

三、包装与贮存

为了保障发酵饲料的品质，需要特别注意其贮存条件，通常需要在室温下密闭保存，避免产生霉菌等有害微生物。由于发酵过程为固态厌氧微生物发酵，如果短期使用，可以简单地使用塑料袋进行密封包装。如果计划长期贮存使用，建议使用带有气阀的呼吸膜袋进行密封贮存，以减少氧气和水分的进入，延长饲料的保质期，并定期检查贮存区域的饲料包装是否完好无损，防止老鼠、蟑螂等生物的破坏，如有破损及时更换包装材料。

四、发酵工艺

发酵饲料生产工艺主要有固体发酵和液体发酵。固体发酵是目前生产中应用最多的方式，发酵工艺根据耗氧需求不同主要分为两种：以好氧发酵为主的工艺，常见的有堆式发酵、槽式发酵、带式发酵、吨袋发酵等；以厌氧发酵为主的工艺，常见的有呼吸袋发酵、桶式发酵等。液体发酵根据不同发酵方式分为以下 3 种：自然发酵，即在自然状态下将饲料与水按一定比例混合进行厌氧发酵；接种菌株发酵是在自然发酵基础上，添加有益微生物制剂的发酵；保留式发酵是以部分发酵完成的液体饲料作为添加剂与新鲜液体饲料进行混合发酵。近十年来在发酵饲料中常用的菌种、发酵原料、发酵工艺和效果见表 3-1。

表 3-1　发酵饲料常用菌种、原料、工艺及效果

发酵底物	发酵菌种	发酵工艺	效果
白酒糟	白地霉、米曲霉、绿色木霉和枯草芽孢杆菌按相同质量比混合	基料配比：白酒糟、麸皮、玉米粉、菜籽粕（8：1：0.5：0.5），添加 1.5% 的尿素、0.7% 的磷酸二氢钾，pH 值为 5，水分为 50%	增加发酵产物真蛋白含量

（续表）

发酵底物	发酵菌种	发酵工艺	效果
玉米和豆粕	乳酸菌：枯草芽孢杆菌：酵母菌（3∶2∶1）	接种量 8%	提高饲料中乳酸菌、粗蛋白质、粗脂肪、总挥发性脂肪酸含量，降低 pH 值
玉米和豆粕	植物乳杆菌：枯草芽孢杆菌：酵母菌（3∶2∶2）	接种量 3%，发酵时间 3 d，发酵温度 32 ℃，料水比 1∶0.8	提高饲料酶活
玉米蛋白粉	4%的地衣芽孢杆菌、4%的乳酸菌、6%的酵母菌和 6%的黑曲霉	发酵温度 35 ℃，发酵时间 84 h，含水量 45%，初始 pH 值为 6	饲料中的粗蛋白质含量提高，多肽得率增加，还原糖增多，总必需氨基酸和氨基酸含量提高
玉米皮和玉米浆	酿酒酵母、植物乳杆菌、干酪乳杆菌、枯草芽孢杆菌、地衣芽孢杆菌	装料量 70%，含水量 55%，接种量 12%	总活菌数达到 9.6×10^9 cfu/g，粗蛋白质达到 21.2%
玉米秸秆	枯草芽孢杆菌和乳酸菌	添加秸秆 10 g，接种量 20%，发酵温度 45 ℃，培养时间 30 h	发酵饲料产糖量大幅提升
玉米秸秆	拟康宁木霉：黄孢原毛平革菌（3∶4.1）	菌种接种量 25.2%，营养液 72.2%，发酵时间为 11 d	玉米秸秆纤维素和木质素降解率提升明显
菜籽粕	枯草芽孢杆菌：酿酒酵母：解淀粉芽孢杆菌（2∶3∶1）	接种量为 30%，发酵温度为 37 ℃，料水比为 1∶1.2，先接种枯草芽孢杆菌与酿酒酵母发酵 48 h 后再接种解淀粉芽孢杆菌发酵 48 h	提高菜籽粕中的粗蛋白质和氨基酸，降解菜籽粕中的大分子蛋白和抗营养因子
豆粕	枯草芽孢杆菌	菌种活化后按 10%接种量分别接入装有 100 mL 种子的培养液，在 37 ℃下培养 24 h	降低发酵豆粕抗原蛋白残留率，提高豆粕蛋白的消化和利用率
金针菇菌渣	植物乳杆菌：枯草芽孢杆菌：酿酒酵母菌（2∶1∶1）	接种量 5%，含水量 50%，温度 33 ℃	粗蛋白质含量提高，pH 值降低，改善营养成分
构树枝叶	植物乳杆菌和布氏乳杆菌	接种量 0.002%，含水量 1%，糖蜜 4%，室温	增加干物质和粗蛋白质含量，pH 值降低，增加乳酸，减少有害微生物数量

第三节　酿酒酵母的分离、筛选及其性能测定

酿酒酵母（*Saccharomyces cerevisiae*）是一种用于酿造酒类的微生物。它属于真菌界酵母门酵母纲，是一种单细胞真核生物。酿酒酵母一般被用于发酵产生酒精和二氧化碳

的过程。酿酒酵母的生长需要糖和氧气，并且在合适的温度条件下进行。当酵母菌暴露在含有葡萄糖的发酵物中时，它会通过发酵将糖转化为酒精和二氧化碳。酿酒酵母通常在酿造啤酒、葡萄酒和其他酒类中使用。除了产酒精和二氧化碳之外，酿酒酵母还会产生一些发酵副产物，例如酯类、酸类和硫化物等。这些物质可以为酒类赋予特殊的香气和口感。在酒业中，不同类型的酵母株会产生不同的特性和口感。因此，选择合适的酿酒酵母对于酒的质量和风味至关重要。酒厂和酿酒师们会根据酒的类型和风格选择适合的酵母株，并通过控制发酵条件来达到所需的酒的质量和风味。

一、试验材料及目的

1. 试验目的与内容

优质的酿酒酵母能够在发酵过程中保持稳定的发酵性能，避免产生不良气味和异味。筛选出具有高稳定性的酵母菌株，可以确保发酵底物的品质在不同批次之间保持一致。

2. 试验原理

酿酒酵母细胞透明，呈圆形或椭圆形，形体比较大，含有转化酶能将糖转化成乙醇、二氧化碳和其他代谢产物。为了获得典型的酿酒相关酵母菌，样品需要先富集，再进行培养分离，设定酵母菌生长基质中酒精浓度、SO_2含量、培养基 pH 值、改变温度等对酵母菌的性能进行测定，最后分离出优质酵母菌。当前酵母菌的分离主要通过富集培养后涂布划线获得菌株，根据菌株的发酵性能、酒精耐受性、SO_2耐受能力、高低温耐受性、高酸耐受性、高糖耐受性进行筛选。

3. 试验材料

样品：新鲜水果。YEPD 液体培养基（g/L）：蛋白胨 20，葡萄糖 20，酵母膏 10；YEPD 固体培养基（g/L）：蛋白胨 20，葡萄糖 20，酵母膏 10，琼脂 15；TTC 上层培养基（g/L）：氯化三苯基四氮唑（TTC）0.5，葡萄糖 5，琼脂 15；TTC 下层培养基（g/L）：$MgSO_4$ 0.4，KH_2PO_4 1.0，酵母浸出粉 1.5，蛋白胨 2，葡萄糖 10，琼脂 15，调节 pH 值至 5.5；BIGGY 琼脂培养基（g/L）：BIGGY 琼脂 45；（BIGGY 琼脂成分：酵母浸粉 1，甘氨酸 10，葡萄糖 10，柠檬酸铋铵 5，亚硫酸钠 3，琼脂 16，pH 值：（6.8±0.2）。产酯固体培养基（g/L）：溴甲酚紫 0.04，三丁酸甘油酯 15 mL/L，酵母浸粉 10，蛋白胨 20，葡萄糖 20，琼脂 15。

器具：三角烧瓶（250 mL）、无菌试管、无菌吸管（1 mL 及 5 mL）、无菌滴管、接种环、冰箱、酒精喷灯、冰箱、玻璃涂棒、血细胞计数板、显微镜、紫外灯（15 W）、磁力搅拌器、台式离心机和振荡混合器等。

二、试验操作步骤

1. 采样

分离筛选酿酒酵母菌流程一般为（表 3-2）：样品采集→样品处理→培养基配制→无菌接种→富集培养→分离纯化→发酵特性测定（酒精耐受性、SO_2耐受能力、高酸耐受性、高糖耐受性、发酵力等）→获得优质酿酒酵母菌。随机选择三块样地采样，每样采 3 份，将采集到的样品迅速保存在低温箱内（冰块降温）。

表 3-2　采样方法

样品	土壤	叶片	果实（带柄）	腐果
采集方法	用无菌小铲清去表层石块露出土壤后，戴好无菌手套取 500 g 左右的土样装入无菌袋内	用无菌剪刀剪取不同生长阶段的叶片装入无菌袋内	用无菌剪刀摘取成熟期的水果装入无菌袋内	用无菌剪刀摘取腐烂的果实装入无菌袋内

2. 酿酒酵母菌的分离纯化

（1）酿酒酵母的初筛

称取 10 g 样品放入 90 mL 无菌水中，振荡摇匀，制备成菌悬液。吸取菌悬液 1 mL，接种于 25 mL YEPD 液体培养基中，150 r/min，28 ℃培养 24 h 后再吸取 1 mL，接种于含 0.01%亚硫酸钠和 4%（v/v）无水乙醇的 YEPD 液体培养基中（亚硫酸钠，无水乙醇不能灭菌）150 r/min，28 ℃培养 24 h 后吸取 1 mL 菌液进行梯度稀释，分别取 10^{-4}、10^{-5}、10^{-6} 梯度浓度的菌悬液 100 μL 涂布于 YEPD 固体培养基，28 ℃培养 2 d。挑取菌落表面光滑、湿润、黏稠，质地柔软，易挑起，多为乳白或奶油色，具有愉悦香气等特征的疑似酵母菌的单个菌落，重复在 YEPD 固体培养基上划线分离 2~3 次，待菌种纯化后接种于 YEPD 斜面培养基，28 ℃培养 24 h 后，4 ℃保存。

（2）酿酒酵母菌株的复筛

将分离后的酵母菌株利用 TTC 培养基显色法测定菌株产乙醇能力，BIGGY 琼脂培养基显色法测定菌株产 H_2S 的性能以及产酯培养基显色法测定菌株产酯特性。筛选出产乙醇能力强、低产 H_2S 且高产酯的优良酵母菌株。

①高产乙醇酵母菌株的筛选

TTC（2，3，5-氯化三苯基四氮唑）是一种显色剂，它能对酵母的代谢产物发生呈色反应，通过它可以判断酵母中呼吸酶活力的大小，即酵母产酒精能力的高低。将在一定的培养基上培养的酵母菌落上覆盖一层 TTC 显色剂，TTC 会显不同的颜色，产酒精能力强的酵母会显现深红色，次之显粉红色，微红色的或不显色的为野生酵母，产酒精能力强，接种后能很快进入主酵，形成生长优势，不易染菌，缩短了后酵期。将初筛到的酵母菌株划线接种到 TTC 下层培养基上，以商业酿酒酵母及空白试验作为对照，28 ℃培养 1~3 d 后，选取菌落数在 50~100 个的平板上覆盖一层 TTC 上层培养基，28 ℃遮光培养。观察各平皿中菌落的显色情况，菌株与培养基反应，使菌落呈现白色、浅红色、红色和深红色，菌落呈现的颜色越深，表明菌株产乙醇能力越强。挑选颜色深红的菌株作为下一步筛选菌株。

②低产 H_2S 酵母菌株的筛选

酿酒酵母在代谢过程中会产生 H_2S，具有臭鸡蛋气味，有较强的挥发性，对葡萄酒风味有重要影响，低产 H_2S 的酵母，减少葡萄酒酵母发酵产生挥发性硫化物的含量，改善葡萄酒的风味。将①中筛选出的高产乙醇酵母菌株点种到 BIGGY 琼脂培养基上，并以商业酿酒酵母空白试验作为对照，28 ℃培养 1~3 d，观察各菌株菌落颜色，菌株产生的 H_2S 与 BIGGY 培养基中的铋发生反应，使菌落呈现白色、黄色、浅棕色和深棕色，颜色越深，代表菌株产 H_2S 的量越多。

③高产酯酵母菌株的筛选

产酯酵母具有较强的生香能力，在发酵时会产生以醇、酯、酸为主的物质，酯类是酒中重要的呈香呈味物质。将②中筛选出的低产 H_2S 酵母菌株划线接种到产酯培养基上，以商业酿酒酵母及空白试验作为对照。观察其菌落颜色，菌株产酯能力不同所呈现在产酯平板上的菌落颜色也不相同，菌落黄色越深，表明菌株的产酯量越多。

3. 酿酒酵母菌的耐受性试验

（1）耐酒精度试验

在装有 10 mL 的 YEPD 液体培养基的试管内倒置放入杜氏管，确保杜氏管内无空气，121 ℃灭菌 20 min，待其冷却后，在无菌条件下分别加入不同分量的无水乙醇，使液体培养基中乙醇含量分别为 8%、10%、12%、14%、16%。然后将③中筛选出的酵母菌株的菌悬液以 2%接种量分别接入试管，28 ℃恒温静置培养 3 d，每隔 12 h 观察一次，观察其生长情况并记录。以商业酿酒酵母作为对照，以其生长状况及产气情况，判断酵母菌株对酒精的耐受情况。试验平行 3 次，并作空白对照试验。

（2）耐 SO_2 试验

在装有 10 mL 的 YEPD 液体培养基的试管内倒置放入杜氏管，确保杜氏管内无空气，121 ℃灭菌 20 min，待其冷却后，在无菌条件下加入亚硫酸溶液调节 SO_2 含量，使液体培养基中 SO_2 含量分别为 150 mg/L、200 mg/L、250 mg/L、300 mg/L、350 mg/L 和 400 mg/L。将待测酵母菌株的菌悬液以 2%接种量分别接入试管，28 ℃恒温静置培养 3 d，每隔 12 h 观察 1 次，观察其生长情况并记录。以商业酿酒酵母作为对照，以其生长状况及产气情况，判断酵母菌株对 SO_2 的耐受情况。试验平行 3 次，并作空白对照试验。

（3）葡萄糖耐受性的测定

将含有 10%、20%、30%、40%、50%葡萄糖的 YEPD 液体培养基，按不同糖浓度各吸取 10 mL，分别装入 20 mL 的试管中，并倒置放入杜氏管，确保杜氏管内无空气，121 ℃灭菌 20 min。待其冷却后，将待测酵母菌株的菌悬液以 2%接种量分别接入试管，28 ℃恒温静置培养 3 d，每隔 12 h 观察一次，观察其生长情况并记录。以商业酿酒酵母作为对照，以酵母菌在不同葡萄糖浓度培养基中的生长情况以及产气情况，判断酵母菌对不同浓度葡萄糖的耐受情况。试验平行 3 次，并作空白对照试验。

4. 酿酒酵母形态特征观察

将综合耐性好的酵母菌株接入 YEPD 固体培养基，28 ℃培养 2~3 d，观察菌落特征，并在显微镜下观察菌株的细胞形态。

第四节　乳酸菌的分离、筛选及其性能测定

乳酸菌（Lactic acid bacteria）是一类能利用可发酵碳水化合物产生大量乳酸的细菌

统称。在发酵柠条过程中，乳酸菌通过代谢活动，将柠条中的糖类等物质转化为乳酸等有机酸。乳酸能降低发酵柠条的 pH 值，抑制有害微生物的生长，延长饲料的保存时间。其次，乳酸菌发酵可以改善柠条的适口性，使柠条的质地变软，气味更加醇厚，提高动物的采食积极性。再者，乳酸菌在发酵过程中还能分解柠条中的部分纤维素和半纤维素等难以消化的物质，增加柠条中营养物质的可利用性，如提高蛋白质的含量和消化率，为动物提供更丰富的营养，促进动物的生长和健康。

一、试验材料及方法

在畜牧业中，乳酸菌可以作为饲料添加剂，提高动物的生产性能和免疫力。筛选适合动物饲料的乳酸菌菌株，可以改善动物的肠道健康，提高饲料利用率，减少抗生素的使用。

1. 试验原理

乳酸菌广泛分布于自然界中。在动物方面，主要存在于动物的胃肠道、口腔、生殖道等部位。例如，在反刍动物的瘤胃中，乳酸菌可以帮助分解纤维素等物质，为动物提供能量。乳酸菌多为球状、杆状或弯曲状，一般无芽孢，革兰氏染色阳性。不同种类的乳酸菌在形态上可能会有所差异。乳酸菌为兼性厌氧菌或厌氧菌，在无氧或低氧环境下生长良好。它们能够利用糖类等碳水化合物进行发酵，产生乳酸，使环境的 pH 值降低。乳酸菌的最适生长温度一般在 30~40 ℃，不同种类的乳酸菌对温度的适应范围也有所不同。乳酸菌具有多种有益功能。在肠道中，它们可以抑制有害菌的生长，维持肠道菌群平衡；促进食物的消化和吸收；增强机体免疫力等。在食品发酵中，乳酸菌可以改善食品的风味、质地和营养价值。可以从自然环境、动物肠道、发酵食品等来源采集样品。例如，从土壤中采集土样，从酸奶中采集发酵液等。将采集的样品接种到含有适宜碳源（如葡萄糖、乳糖等）和氮源的液体培养基中，在适宜的温度和无氧条件下进行富集培养，以增加乳酸菌的数量。采用平板划线法或稀释涂布平板法，将富集培养后的样品在含有特定选择性培养基（如 MRS 培养基）的平板上进行分离纯化，得到单个菌落。

2. 试验材料

MRS 培养基（液体）：蛋白胨 10 g，酵母膏 5 g，葡萄糖 20 g，牛肉膏 10 g，硫酸镁 0.1 g，磷酸氢二钾 2 g，柠檬酸二铵 2 g，硫酸锰 0.05 g，乙酸钠 5 g，吐温 80 mL，蒸馏水定容至 1 L，调节 pH 值 6.2~6.5，121 ℃高压蒸汽灭菌 15 min。MRS 培养基（固体）：MRS 液体培养基按照 1.5% 的比例添加琼脂，121 ℃高压蒸汽灭菌 15 min。MRS-CaCO$_3$ 固体培养基（含有碳酸钙的 MRS 固体培养基）：1% 碳酸钙+MRS 固体培养基。

二、试验步骤

1. 乳酸菌初筛

（1）样品采集

采集酸奶、酸菜、泡菜等发酵食品。

与动物相关分布：乳汁、消化道、粪便等；

与植物相关分布：花蜜、树液、植物残骸、果实损伤部位等；

发酵食品：泡菜、酱油、发酵肉制品等；

乳酸饮料：酸奶等。

（2）乳酸菌分离纯化

称取样品 20 g，分别置于装有 180 mL 无菌生理盐水的三角瓶中，150 r/min 培养 2 h，即为稀释 10^{-1} 的样品悬液，然后吸取 1 mL 加到 9 mL 灭菌生理盐水中，用旋涡仪混匀，即为稀释 10^{-2} 的样品悬液，依次稀释至 10^{-6}。取各梯度稀释液 0.1 mL 均匀涂布 MRS-CaCO$_3$ 琼脂培养基平板，37 ℃恒温培养 24~48 h。待平板上出现单菌落，挑取具有明显溶钙圈，且形状、大小、颜色各异的单菌落进行平板划线分离培养，纯化 2~3 次后，进行菌落形态观察，并接种于 MRS 斜面培养基，37 ℃培养 48 h 后 4 ℃保存。

（3）革兰氏染色和过氧化氢酶试验

对所有分离纯化的菌株进行革兰氏染色和过氧化氢酶试验，若革兰氏染色阳性，过氧化氢酶接触阴性，可初步确定为乳酸菌。

革兰氏染色及镜检：过氧化氢酶活性测定，挑取少许菌落，置于 3% 过氧化氢溶液（现配现用）中，30 s 内观察结果，有气泡产生则为过氧化氢酶阳性菌，无气泡则为过氧化氢酶阴性菌。

2. 乳酸菌复筛（优良乳酸菌的筛选）

（1）乳酸菌产酸和生长速率的测定及筛选

将已分离纯化后斜面保藏的菌株接种到 10 mL MRS 液体培养基中，置于 37 ℃恒温培养 48 h 进行活化，然后按 3% 的接种量接入 120 mL MRS 液体培养基中，置于 37 ℃恒温培养，每隔 3 h 取样，用 pH 值计分别在 0 h、3 h、6 h、9 h、12 h、15 h、18 h、21 h、24 h 测定 MRS 液体培养基的 pH 值。以未接种的 MRS 液体培养基为空白对照，测定 OD600 nm 吸光值。筛选出在 24 h 内产酸速率高（pH 值<4.00）和生长速率高（OD600 nm>2.00）的乳酸菌。

（2）耐酸和耐胆盐性能测定

耐酸性能：用 6 mol/L 的盐酸分别调节 MRS 液体培养基 pH 值至 4.0、3.0、2.5。将活化后的各菌液按 3% 接种量分别接种于未调 pH 值及调 pH 值至 4.0、3.0、2.5 的 MRS 液体培养基中，37 ℃培养 24 h，以相应 pH 值未接种的培养基为空白对照，测定 OD600 nm 吸光度值。

耐胆盐性能：将活化的各菌液按 3% 接种量分别接种于含 0 g/L、1 g/L、2 g/L 和 3 g/L 的牛胆盐 MRS 培养基，37 ℃培养 24 h，以未接种的相应胆盐浓度培养基为空白对照，测定 OD600 nm 吸光度值。

乳酸菌自身产乳酸，对于酸性环境有一定的抗性；而对于含有胆盐的环境，不同的乳酸菌表现出不同的抗性。可以确定的是，乳酸菌具有较强的耐胆盐能力，才能更好地在肠道发挥其益生作用。乳酸菌的生长速度及产酸能力是筛选益生菌的重要指标，无论是直接投喂还是应用于发酵饲料，生长速度快，能迅速繁殖成为优势菌群，从而竞争性抑制其他病原微生物的生长；产酸能力强，能快速产生大量乳酸等有机酸，形成低 pH

值环境，抑制有害菌的生长。作为优良益生菌制剂，除了应具有较好的生长和产酸性能外，也应当能适应胃肠道中的苛刻环境。

第五节　单宁酶降解菌的分离、筛选及其性能测定

单宁酶降解菌是一类能够产生单宁酶，从而降解单宁的微生物。在柠条发酵中，单宁酶降解菌有着重要的应用。柠条中含有一定量的单宁，单宁具有涩味，会降低饲料的适口性，并且会与蛋白质等结合，影响动物对营养物质的消化吸收。单宁酶降解菌可以分泌单宁酶，将柠条中的单宁降解为没食子酸等小分子物质。这不仅能改善柠条发酵饲料的适口性，提高动物的采食量，还能解除单宁对蛋白质等营养物质的束缚，提高饲料中营养物质的利用率。同时，单宁的降解也有助于减少单宁对动物消化系统的不良影响，保护动物的肠道健康。此外，单宁酶降解菌在发酵过程中还可能产生其他有益代谢产物，进一步提升柠条发酵饲料的品质和营养价值。

一、试验材料与方法

1. 试验目的

从一些饲料原料中，单宁会与蛋白质、碳水化合物等结合，形成难以消化的复合物，降低饲料的营养价值。通过筛选单宁酶降解菌，可以有效地降解饲料中的单宁，减少其抗营养作用，提高饲料的消化率和利用率。此外，单宁酶降解菌能够将单宁分解为小分子化合物，如没食子酸、葡萄糖等。这些小分子物质可以被动物更好地吸收利用，同时也为其他微生物的生长提供了营养物质，促进了饲料的发酵和消化过程。

2. 试验原理

单宁酶降解菌广泛分布于自然界中。在土壤里，尤其是富含植物残体的土壤中较为常见，因为植物中的单宁在土壤中积累，为降解菌提供了生存环境和底物来源。水体环境中，如河流、湖泊等，若周边有单宁释放源如落叶、树枝等，也可能存在此类细菌。在一些食草动物的消化道内，如牛、羊等，由于长期食用富含单宁的植物，其消化系统中进化出了能够降解单宁的微生物群落。此外，某些植物的内生菌中也有单宁酶降解菌的存在，它们与植物形成共生关系，帮助植物抵抗外界环境中的单宁。多数单宁酶降解菌为好氧或兼性厌氧菌，适宜在温暖湿润的环境中生长。其生长需要碳源、氮源、无机盐等营养物质，而单宁可作为诱导物促进菌体产生单宁酶。最适生长温度一般在 $25 \sim 35\ ℃$，最适 pH 值在 $4.0 \sim 7.0$。产生的单宁酶在适宜的温度和 pH 值下活性较高，但在高温、强酸、强碱等极端环境下活性会受抑制或丧失。部分金属离子、氧化剂等也会影响单宁酶活性。从可能存在单宁酶降解菌的地方采集样品，如土壤、水体、动物粪便、植物组织等，注意保持样品的无菌性。将样品接种到含有单宁的富集培养基中，在适宜条件下培养，使降解菌大量繁殖。

3. 试验材料与用具

试验仪器：量筒、移液枪、离心管、锥形瓶、容量瓶、球形冷凝管、圆底烧瓶、试管、石英比色皿、玻璃棒、胶头滴管、药匙、试管刷、培养皿、橡胶管、橡胶手套。

（1）主要试剂配制

0.05 mol/L 甲醇-绕丹宁溶液：准确称取 0.667 g 绕丹宁用少量甲醇溶解，并用甲醇定容至 25 mL 容量瓶中。

0.1 mol/L pH 值为 5 柠檬酸-柠檬酸钠缓冲液：29.41 g 柠檬酸钠加蒸馏水溶解后，1000 mL 容量瓶中定容后取 118 mL，21.01 g 柠檬酸加蒸馏水溶解后，1000 mL 容量瓶中定容后取 82 mL，混匀后得到 0.1 mol/L pH 值为 5.0 的柠檬酸缓冲液。

0.5 mol/L KOH 溶液：准确称取 2.8 g KOH 固体，用少量蒸馏水溶解后转入容量瓶，定容至 100 mL。

1 mg/mL 没食子酸标准溶液：称取没食子酸标准品 0.100 g，用②配制的柠檬酸缓冲液溶解，用 100 mL 容量瓶定容。

0.01 mol/L 没食子酸丙酯（PG）溶液：准确称取 0.212 g 没食子酸丙酯，用 pH 值为 5.0 的柠檬酸缓冲液溶解，定容于 100 mL 容量瓶，使用前 50 ℃恒温水浴锅中助溶。

（2）培养基

①种子培养液（g/L）

蛋白胨 10 g、葡萄糖 10 g、牛肉浸粉 5 g、酵母浸粉 5 g、氯化钠 5 g、单宁酸 10 g（单宁酸与其他营养物质分开灭菌），115 ℃灭菌 20 min。

②平板鉴别培养基（g/L）

a 液：单宁酸 10 g、溴酚蓝 0.04 g；b 液：蛋白胨 20 g、酵母浸粉 10 g、葡萄糖 20 g、琼脂粉 20 g、无水硫酸镁 1 g。a 液和 b 液分别各自 115 ℃灭菌 20 min，冷却至 50 ℃左右时将 a 液和 b 液混合均匀倒平板（平板中的溴酚蓝与单宁酸呈蓝色，单宁酸被菌株所产单宁酶水解成没食子酸培养基由蓝色变成黄色），用于鉴别产单宁酶菌株。

（3）液体发酵培养基（g/L）

酵母浸粉 10 g、葡萄糖 20 g、蛋白胨 20 g、磷酸氢二钾 1 g、无水硫酸镁 1 g、单宁酸 20 g（单宁酸与其他物质分开灭菌），115 ℃灭菌 20 min。

（4）斜面培养基（g/L）

马铃薯 200 g，将其去皮切块加 1000 mL 蒸馏水煮沸 30 min 后用纱布过滤，加葡萄糖 20 g 及琼脂 18 g，121 ℃灭菌，20 min，备用。

二、试验步骤

1. 单宁酶活力测定

（1）确定没食子酸最大吸收峰波长

40 ℃水浴条件下，0.5 mL 没食子酸溶液中加入甲醇绕单宁溶液 0.6 mL 后保温 5 min，继续加入 1.0 mL KOH 溶液，水浴 5 min。在 400~680 nm 测定峰值。

（2）绘制没食子酸标准曲线

在最大吸光度波长下测定浓度分别为 0.1 mg/mL、0.2 mg/mL、0.3 mg/mL、0.4 mg/mL、0.5 mg/mL、0.6 mg/mL 没食子酸标准溶液的吸光值，绘制没食子酸标准曲线。

（3）单宁酶活力测定

将每分钟分解底物没食子酸丙酯生成 1 μmoL 没食子酸所需要的酶量设定为一个酶

活力单位（U）。取 5.0 mL 发酵液于离心管，6000 r/min，离心 10 min，上清液即为待测粗酶液。测定前将待测粗酶液和甲醇绕单宁放进 40 ℃水浴锅进行保温，取柠檬酸缓冲液 500 μL 于空白管，没食子酸丙酯溶液 500 μL 加入所有管中，在测定管中加入待测酶液 500 μL，40 ℃反应 10 min 后在测定管和对照管中加入 600 μL 甲醇绕单宁溶液水浴 5 min 终止反应，所有管加入溶液 KOH 400 μL 进行显色，在对照管中加入待测酶液 500 μL 水浴 10 min。随后在 520 nm 波长处测定吸光度。

计算公式为：

①$\Delta A = (Am-Ack) - Ac-Ack$

式中：ΔA 为吸光度差值；Am 为测定管吸光度；Ack 为空白管吸光度；Ac 为对照管吸光度。

②$IU = (\Delta A \times A + B) \times N \times 1000 / (M \times T \times V)$

式中：IU 为单宁酶活力（U/mL）；ΔA 为吸光度差值；A 为没食子酸标准曲线斜率；B 为没食子酸标准曲线截距；M 为没食子酸分子量，188.14；N 为酶液稀释倍数；T 为反应时间（min）；V 为反应的酶液体积（mL）。

2. 菌株的纯化与分离

（1）菌株活化

从 -80 ℃超低温冰箱中取出甘油管藏的菌株，放至室温后取 200 μL 到种子培养液中，30 ℃、170 r/min 培养 2 d，再取 100 μL 种子液稀释 10^{-4} 倍后涂布于鉴别培养基，30 ℃培养 2 d，观察是否产生变色圈。

（2）菌株纯化

挑取变色圈较大、活性好的单一菌落在鉴别培养基上进行划线，30 ℃恒温培养 2 d，连传 5 代培养。由菌株变色圈的直径大小和颜色的深浅情况，可知培养基中没食子酸含量的高低，选出稳定的菌株。

（3）菌株产酶鉴定

用直径 0.7 cm 的打孔器，在鉴别培养基上打孔，将 20 μL 菌液加入孔内，30 ℃恒温培养 3 d，看其降解圈的直径大小，进行产酶能力鉴定。

（4）菌株摇瓶发酵并测定酶活力

将活化后的单菌落接种到含有单宁酸的富集培养液中培养 18 h，再转接到液体发酵培养基中，170 r/min、30 ℃摇瓶培养 48 h 并测定其酶活力。测定方法与上述一致。

3. 菌株形态学鉴定

取单菌落打散于无菌水中进行适当稀释后，无菌操作涂布于鉴别培养基平板和 PDA 平板上，30 ℃恒温培养 2 d 后，观察菌落形态特征。对菌株进行涂片和固定后，按照革兰氏染色试剂盒对菌株进行革兰氏染色后观察。

第六节　展　望

柠条是一种重要的饲用植物资源，但直接作为饲料存在适口性差、消化率低等问题。而微生物在柠条发酵中具有重大的意义和作用。微生物能改善柠条的营养价值。在发酵过程中，微生物可以分解柠条中的纤维素、半纤维素等难以消化的物质，将其转化为易于动物吸收利用的糖类、氨基酸等营养成分。例如，一些纤维素分解菌能够分泌纤维素酶，将柠条中的纤维素降解为小分子的葡萄糖等，从而提高柠条饲料的能量价值。同时，微生物还可以合成一些维生素、生物活性物质等，进一步丰富柠条饲料的营养成分。

其中乳酸菌在发酵柠条中具有多方面的重要作用：产酸作用可降低 pH 值，利用柠条中的碳水化合物等营养物质进行发酵，产生大量的乳酸等有机酸，营造出酸性环境。酸性条件对于抑制有害微生物的生长繁殖具有关键作用，能够减少柠条在发酵过程中受到杂菌污染的风险。适量的乳酸可以赋予柠条独特的酸味，使其口感更加丰富、醇厚，增加柠条的风味和适口性，良好的口感有助于提高动物的采食量或消费者的接受度。此外，乳酸菌的发酵作用能够增加柠条中的总糖和总酚含量。对于提高柠条的保健功能和生物利用度具有积极作用。

酿酒酵母菌在无氧条件下可以将柠条中的糖类等碳水化合物转化为酒精。酒精不仅为发酵后的柠条带来独特的风味，适量的酒精还具有一定的防腐作用，能够延长柠条产品的保存时间，使其在贮存和运输过程中不易变质。在发酵过程中，酿酒酵母菌也会产生多种香气成分，如酯类、醇类、醛类等。这些香气物质赋予了柠条丰富的香味，使其具有更诱人的风味和独特的口感，提升了柠条的品质和价值。

单宁酶降解菌能够水解单宁，将其分解为没食子酸和葡萄糖等产物，从而降低柠条的涩味，提高其适口性，使动物更愿意采食。单宁会抑制单胃动物体内胰蛋白酶、淀粉酶等多种消化酶的活性，降低饲料中营养物质的消化率。并且，单宁与蛋白质形成的复合物在哺乳动物肠道中难以被蛋白酶等分解，会增加氮的排泄量。单宁酶降解菌通过降解单宁，可减少这些抗营养作用，提高柠条中营养物质的利用率。此外，在发酵过程中，单宁酶降解菌可以分解柠条中的一些不稳定成分，减少有害产物的产生，从而增强饲料的稳定性，延长其保存期限。

最后，微生物在柠条发酵中还具有生态环保意义。通过利用微生物发酵柠条，可以减少对传统粮食饲料的依赖，降低畜牧业对环境的压力。而且，发酵后的柠条废弃物更容易被自然环境降解，减少了对环境的污染。综上所述，微生物在柠条发酵中发挥着至关重要的作用，对于提高柠条的利用价值、促进畜牧业的可持续发展具有重要意义。

第四章 柠条发酵饲料加工调制技术

第一节 柠条发酵饲料加工制作技术

一、工艺理论

柠条生物发酵饲料制作技术原理，是先利用机械对秸秆进行破碎、搓揉、软化，经过高温灭菌，再添加必要的辅料作为能量物质，加入有益微生物菌种进行发酵。通过微生物等一系列生物化学反应，改变其物理、化学性质，秸秆中的部分粗纤维、粗蛋白质、淀粉降解为动物可以消化吸收的物质，并积累大量的菌体蛋白及其代谢产物，使秸秆质地细软、气味酸香、适口性好、更营养。这样的饲料有利于增加动物适口性、改善动物肠道微生物系统，促进消化吸收，有助于动物生长和防病保健。

二、柠条发酵饲料加工机械

湖南碧野生态农业科技有限公司生产的 ZF 型生物发酵机是运用新技术、新工艺制造。该机生产安全性好，作业性能稳定、可靠，主要由供热机构、粉碎机、上料机、发酵罐、出料装置和电气控制柜组成（图 4-1）。

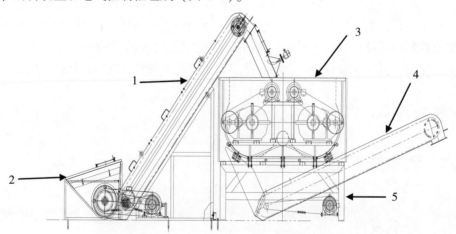

图 4-1 ZF 型柠条饲料发酵机整体布局
1. 物料运输机；2. 运料车；3. 发酵罐；4. 出料装置；5. 底座

随着生物科技不断发展，特别是酶工程、基因工程和发酵工程等相关技术的深入研究，很多新型的生物发酵机械在饲料的生产、加工和调制过程中得到广泛应用，饲料资源的利用前景和市场也逐渐广阔，具有高营养，高吸收率的生物饲料被广泛应用，并为畜牧业发展作出较大的贡献。

第二节　柠条发酵饲料加工工艺流程

原料收集→粉碎→原、辅料配合进料→灭菌、熟化→降温→添加好氧菌种（BY-S-H）→好氧发酵→降温→添加厌氧菌种（BY-H-Y）和核心料→出料包装→厌氧发酵→喂养。

一、原料收集

原料要求没有霉变、腐烂变质。鲜活原料不耐储存，所以原则上要求当天收当天用，如果叶片开始变黑、长霉则不能用；如果原料水分含量超过85%，则需要进行脱水处理。干物料要注意防霉、防潮。

二、原料粉碎

通过揉丝机粉碎后呈粉末和丝状纤维的混合状态，原料粉碎后应立即使用，因为粉碎料比原料更容易霉变、腐烂，营养较好的原料12 h内就会出现霉变和腐烂升温现象。

三、原、辅料配合进料

原、辅料的配比要求以干物质计算，根据喂养对象和原料养分含量设计合理的原料配方，且主原料添加比率不低于50%。将原、辅料按配方加入发酵机内。混合后水分控制在50%~55%。

四、高温灭菌、熟化

关闭进料门，开启连续搅拌和加热系统，使物料熟化。

五、冷却

关闭加热系统，打开进料门，并打开冷风循环系统，连续搅拌散热，将物料冷却至65 ℃以下。

六、添加好氧发酵菌种

按不低于2‰（总物料）比率添加好氧发酵菌种（BY-S-H）。

七、好氧发酵

待菌种拌匀后，开启供氧系统。控制温度在50~60 ℃。发酵时间7~24 h。

八、冷却

好氧发酵完成后，如果物料温度高于 40 ℃则需强制冷却至 40 ℃以下，可以通过强制通风或用添加辅料的方法来降温。

九、添加辅料、厌氧发酵菌剂

按照配方将未加的辅料按比例加入后，再加入不低于 2‰（总物料）的厌氧发酵菌剂（BY-H-Y）以及核心料，连续搅拌使物料混合均匀。

十、出料、计量包装

物料混合均匀后即可出料。出料后必须立即包装，包装用具应具有向外的单向通气功能（如发酵袋、发酵桶），在灌包的时候，尽量压实排尽包装袋中的空气。包装后不能再打开转换包装。包装过程中，注意不能弄破包装用具。

十一、存储、后熟陈化

存储环境要求温度在 10~35 ℃，避免阳光直射、要避雨避潮、避破坏包装。后熟陈化的时间不少于 20 d（冬季延长天数）。

十二、喂养

喂养的原则是先少后多，逐步添加，最高喂养比率不超过总喂养量的 30%。

第三节　不同菌种筛选试验研究

一、柠条发酵饲料配方设计

试验原料（表 4-1）：将胡饼、预混料（维生素、微量元素、矿物质）、豆粕、玉米、麸皮、柠条、苏丹草 7 种原料的饲料按照 9：1：7：32：10：30：11 比例配合好 2000 kg，加水 800 kg。

表 4-1　柠条发酵饲料配方设置

饲料原料	配方/%	单价/元	合计/元
胡饼	9	3.0	27
预混料	1	10.0	10
豆粕	7	4.0	28
玉米	32	2.0	64
麸皮	10	2.0	20
柠条	30	1.0	30

（续表）

饲料原料	配方/%	单价/元	合计/元
苏丹草	11	1.0	11
总价	100		190

试验处理：引进筛选国内外优质高活性生物饲料菌种（酶）8个，通过发酵试验对优良生物发酵饲料发酵菌种的筛选。8个处理，3次重复。益加益秸秆发酵剂比柠条混合饲料为20 g：200 kg。纤维素酶比柠条混合饲料为30 g：200 kg。乳酸菌+酵母菌比柠条混合饲料为（5 kg+5 kg）：200 kg。动物通用益生菌比柠条混合饲料为400 mL：200 kg。液态混合型饲料添加剂（乳酸菌杆菌+枯草芽孢杆菌）加红糖比柠条混合饲料为500 g+1000 g；红糖：200 kg。复合益生菌比柠条混合饲料为500 mL：200 kg。BY-H-Y+BY-S-H比柠条混合饲料为400 g+400 g。BY-S-X+BY-S-H比柠条混合饲料为（400 g+400 g）：200 kg。对照为不添加任何菌种。

饲料发酵：采用湖南碧野生态农业科技有限公司生产的ZF型生物饲料发酵机，将配合好的饲料原料加水搅拌均匀，使物料含水量达到45%～50%，在75～80 ℃高温下2 h，然后再降温到40 ℃，加入预混料、发酵菌，在发酵罐内再搅拌2 h后出料，然后加入发酵菌剂，搅拌均匀后用内部密闭的塑料袋，压实包装好，再在自然条件下让饲料在袋内再发酵30 d后，取样测试分析发酵品质和饲料营养。原料样品置于冰盒中，迅速带回实验室，-20 ℃贮藏，饲料样品室温条件下（25～37 ℃）贮藏，室温贮藏7 d后开封取样，立即于80 ℃保存，待检。

二、不同处理营养价值对比

饲料主要以粗蛋白质含量和中性洗涤纤维为主要目标（表4-2）。以BY-H-Y最高15.50%，纤维素酶最低为13.94%，纤维素酶粗蛋白质含量比BY-H-Y低10%。其他依次为：乳酸+酵母>对照>益加益>液态混合添加菌>BY-S-X>复合益生菌>动物通用益生菌。NDF含量乳酸+酵母最高为57.56%，纤维素酶最低为54.42%。纤维素酶粗蛋白质含量比乳酸+酵母低5.77%。其他依次为：BY-H-Y>益加益>BY-S-X>对照>动物通用益生菌>液态混合添加菌>复合益生菌。能量大小：液态混合添加菌>乳酸+酵母>BY-S-X>益加益>BY-H-Y>纤维素酶>动物通用益生菌>对照>复合益生菌。与对照相比，不同菌种发酵过程中，对粗蛋白质基本上进行消耗，使得粗蛋白质含量相比对照有所降低。纤维素酶对中性洗涤纤维降解比较明显，与对照比可降低3.7%。

表4-2 柠条不同菌种发酵饲料营养成分测定

处理	钙/%	磷/%	粗蛋白质/%	粗脂肪/%	粗纤维/%	中性洗涤纤维/%	酸性洗涤纤维/%	总能/(J/g)
液态混合添加菌	0.65	0.28	14.95	2.36	22.88	55.66	30.52	16 814

（续表）

处理	钙/%	磷/%	粗蛋白质/%	粗脂肪/%	粗纤维/%	中性洗涤纤维/%	酸性洗涤纤维/%	总能/（J/g）
复合益生菌	0.67	0.31	14.77	2.49	24.53	55.26	31.04	14 726
益加益	0.65	0.36	15.31	2.19	23.71	57.33	31.65	16 491
动物通用益生菌	0.68	0.36	14.61	2.11	23.87	56.19	29.41	15 388
纤维素酶	0.64	0.34	13.94	2.58	23.55	54.42	30.47	15 397
乳酸+酵母	0.65	0.23	15.48	2.17	23.06	57.56	29.35	16 675
BY-S-X	0.67	0.24	14.78	2.75	24.55	57.08	30.89	16 662
BY-H-Y	0.67	0.25	15.50	2.65	24.66	57.53	30.92	15 533
对照	0.66	0.31	15.39	2.81	22.68	56.43	29.90	15 189
平均	0.66	0.30	14.97	2.46	23.72	56.38	30.46	15 875

三、柠条发酵饲料发酵品质评价

有机酸的检测是判断青贮饲料品质好坏最关键、最直接、最重要的指标（表4-3）。有机酸含量及其构成，反映青贮发酵过程及青贮品质的优劣，其含量跟青贮原料的干物质含量密切相关。常测定的有机酸包括乳酸、乙酸、丙酸和丁酸等。发酵良好的青贮饲料中，乳酸含量应当占到总酸量的60%以上，以及占干物质的3%~8%；乙酸含量占干物质的1%~4%，丙酸含量1.5%；丁酸含量应接近于0%。乳酸与乙酸的比例应高于2∶1。乙酸与丙酸的比例应高于4∶1。

表4-3　柠条发酵饲料有机酸含量

处理	乳酸/%	乙酸/%	丁酸/%	丙酸/%	其他酸/%	乙酸/丙酸
液态混合添加菌	85.791	7.340	1.037	1.711	4.121	4.29
复合益生菌	88.735	6.784	0.570	1.546	2.364	4.39
益加益	88.348	7.276	0.549	1.586	2.241	4.59
动物通用益生菌	87.226	7.632	0.632	1.914	2.595	3.99
纤维素酶	88.211	7.151	0.575	1.740	2.323	4.11
乳酸+酵母	89.162	6.744	0.497	1.507	2.091	4.48
BY-S-X	88.668	6.674	0.569	1.670	2.418	4.00
BY-H-Y	88.203	7.287	0.542	1.705	2.262	4.27
对照	88.456	6.885	0.556	1.777	2.326	3.87
平均	88.089	7.086	0.614	1.684	2.527	4.22

　　所有处理乳酸含量占总酸含量的 85% 以上高于 60%；占干物质的在 1.70%～2.26% 低于 3%。乙酸含量占干物质的 0.14%～0.17% 低于 1%。乳酸与乙酸的比例应高于 12.43：1 远高于 2：1；乙酸与丙酸应高于 4：1。说明不同处理饲料发酵品质特别优良。对有机酸按照评定标准。乳酸含量占总酸的 70% 以上得 25 分。乙酸含量占总酸的 0～20.0% 得 25 分，丁酸含量占总酸的 0.5%～1.0% 得 45 分，1.1%～1.6% 得 43 分，根据不同有机酸含量合计后得到分数如表 4-4 所示。

表 4-4　柠条发酵饲料有机酸含量及评价

处理	乳酸/%	得分/分	乙酸/%	得分/分	丁酸/%	得分/分	合计/分
液态混合添加	85.791	25	7.340	25	1.037	43	93
复合益生菌	88.735	25	6.784	25	0.570	45	95
益加益	88.348	25	7.276	25	0.549	45	95
动物通用益生菌	87.226	25	7.632	25	0.632	45	95
纤维素酶	88.211	25	7.151	25	0.575	45	95
乳酸+酵母	89.162	25	6.744	25	0.497	48	98
BY-S-X	88.668	25	6.674	25	0.569	45	95
BY-H-Y	88.203	25	7.287	25	0.542	45	95
对照	88.456	25	6.885	25	0.556	45	95

　　pH 值是反映青贮饲料是否发酵良好的指标。pH 值的大小是对青贮过程中产生的总酸含量的反应，但是并不能反映青贮中乳酸、乙酸和丁酸等的变化。优质青贮饲料 pH 值在 4.2 以下，低 pH 值反映青贮发酵效果好。氨态氮与总氮的比值是反映青贮饲料中蛋白质及氨基酸分解的程度。比值越大，说明青贮饲料中蛋白质分解越多，青贮品质越差。发酵良好的青贮饲料，氨态氮与总氮的比值应在 5%～7%，但生产实践中很难达到这个水平，一般在 10%～15%（表 4-5）。

表 4-5　柠条全价饲料发酵品质

处理	pH 值	得分/分	氨态氮/%	得分/分	有机酸得分/分	总分/分
液态混合添加	4.11	17	9.76	20	46.5	83.5
复合益生菌	4.10	17	9.80	20	47.5	84.5
益加益	4.09	17	10.39	18	47.5	82.5
动物通用益生菌	4.10	17	10.38	18	47.5	82.5
纤维素酶	4.14	17	10.09	18	47.5	82.5
乳酸+酵母	4.04	17	9.44	20	49.0	86.0
BY-S-X	4.14	17	9.80	20	47.5	84.5

（续表）

处理	pH 值	得分/分	氨态氮/%	得分/分	有机酸得分/分	总分/分
BY-H-Y	4.13	17	10.12	18	47.5	82.5
对照	4.14	17	9.89	20	47.5	84.5

将 pH 值评分、氨态氮评分和有机酸评分结合，规定各占 25%、25% 和 50%。具体方法是将有机酸得分数除以 2，可得到有机酸的相对得分；再将有机酸相对得分与 pH 值得分和氨态氮得分相加，即可获得综合得分。其得分数与青贮饲料质量的关系见表4-6。

表4-6　青贮饲料中蛋白质和碳水化合物综合得分与质量关系

综合得分/分	76~100	51~75	26~50	25 以下
质量等级	优等	良好	一般	劣质

发酵品质优劣顺序：乳酸+酵母>BY-S-X、复合益生菌、对照>液态混合添加菌>益加益、BY-H-Y、纤维素酶、动物通用益生菌。

四、柠条发酵饲料综合评价

综合评价，结合发酵饲料中主要经济指标和发酵品质评价分数（表4-7）。选取部分指标，通过 TOPSIS 来评价饲料的总体质量（表4-8）。BY-H-Y、乳酸+酵母、益加益、液态混合添加菌发酵品质相对较好。

表4-7　柠条全价饲料发酵品质综合评价

处理	粗蛋白质/%	中性洗涤纤维/%	总能/（J/g）	木质素/%	发酵品质/分
液态混合添加菌	14.95	55.66	16 814	9.55	83.5
复合益生菌	14.77	55.26	14 726	10.33	84.5
益加益	15.31	57.33	16 491	9.41	82.5
动物通用益生菌	14.61	56.19	15 388	9.93	82.5
纤维素酶	13.94	54.42	15 397	10.41	82.5
乳酸+酵母	15.48	57.56	16 675	9.44	86.0
BY-S-X	14.78	57.08	16 662	9.47	84.5
BY-H-Y	15.50	57.53	15 533	8.74	82.5
对照	15.39	56.43	15 189	9.10	84.5

表 4-8　各个样本排序指标值

样本	D+	D-	统计量 CI	名次
液态混合添加菌	0.0356	0.0576	0.6185	4
复合益生菌	0.0734	0.0244	0.2493	8
益加益	0.0352	0.0580	0.6222	3
动物通用益生菌	0.0592	0.0264	0.3084	7
纤维素酶	0.0755	0.0235	0.2374	9
乳酸+酵母	0.0331	0.0635	0.6574	2
BY-S-X	0.0368	0.0547	0.5981	5
BY-H-Y	0.0356	0.0701	0.6634	1
对照	0.0395	0.0564	0.5880	6

第四节　不同菌种混合搭配试验研究

一、柠条发酵饲料配方设计及试验处理

试验原料：将浓缩料（维生素、微量元素、矿物质）、玉米、麸皮、柠条、苏丹草 5 种原料的饲料按照 15：30：10：20：25 比例配合好。

试验处理：试验处理 12 个，其中复合配比试验 7 个，BY-H-Y+纤维素酶、BY-H-Y+乳酸、动物益生菌+纤维素酶、BY-H-Y+益加益、乳酸菌+纤维素酶、BY-H-Y+动物益生菌、乳酸菌+益加益。单独菌种（酶制剂）5 个，BY-H-Y、益加益、四川乳酸菌、纤维素酶、动物益生菌。

饲料发酵：采用湖南碧野生态农业科技有限公司生产的 ZF 型生物饲料发酵机，方法同上。

二、不同处理营养价值对比

饲料主要以粗蛋白质含量和中性洗涤纤维为主要目标（表 4-9）。组合发酵种 7 个。营养评价分析，粗蛋白质含量：益加益+乳酸菌+酵母>BY-H-Y+纤维素酶、BY-H-Y+益加益>乳酸菌+酵母+纤维素酶>乳酸+酵母+BY-H-Y>BY-H-Y+动物益生菌>动物益生菌+纤维素酶>动物益生菌+BY-H-Y。中性洗涤纤维含量：BY-H-Y+纤维素酶>乳酸+酵母+BY-H-Y>BY-H-Y+动物益生菌>乳酸菌+酵母+纤维素酶>益加益+乳酸菌+酵母>BY-H-Y+益加益>动物益生菌+纤维素酶。木质素含量：乳酸+酵母+BY-H-Y>乳酸菌+酵母+纤维素酶>动物益生菌+纤维素酶、BY-H-Y+动物益生菌、益加益+乳酸菌+酵母>BY-H-Y+益加益>BY-H-Y+纤维素酶。

通过综合评价法效果最好的发酵组合排序：乳酸+酵母+BY-H-Y>乳酸菌+酵母+纤

维素酶>BY-H-Y+纤维素酶>益加益+乳酸菌+酵母>动物益生菌+纤维素酶>BY-H-Y+
动物益生菌>BY-H-Y+益加益。

表4-9 柠条不同菌种发酵饲料营养成分测定

样品名称	CF/%	EE/%	CP/%	Ash/%	Ga/%	P/%	NDF/%	ADF/%	ADL/%	能量/ (J/g)
BY-H-Y+ 纤维素酶	26.2	2.10	15.65	8.1	1.45	0.42	67.4	31.3	13.2	17 316
BY-H-Y+乳酸	27.2	2.38	15.55	7.8	1.41	0.43	65.7	30.4	15.9	17 715
动物益生菌+ 纤维素酶	28.5	2.30	15.15	7.5	1.38	0.41	45.6	32.5	15.4	17 355
BY-H-Y+ 益加益	30.6	1.76	13.65	7.4	1.37	0.35	46.2	33.8	13.8	17 772
乳酸菌+ 纤维素酶	26.0	2.55	15.58	7.4	1.40	0.41	52.7	34.1	15.5	17 386
BY-H-Y+ 动物益生菌	29.3	2.03	14.42	7.6	1.43	0.36	55.4	33.9	15.4	17 264
乳酸菌+益加益	27.3	2.33	15.75	7.6	1.44	0.41	51.6	33.4	15.4	17 310
平均	27.87	2.21	15.11	7.63	1.41	0.40	54.94	32.77	14.94	17 445.43
标准差	1.5563	0.2432	0.7295	0.2312	0.0280	0.0285	8.0271	1.3285	0.9409	192.3671
CV/%	5.58	11.02	4.83	3.03	1.98	7.15	14.61	4.05	6.30	1.10

单独发酵的几个菌种粗蛋白质含量（表4-10）：益加益>乳酸+酵母>BY-H-Y>纤
维素酶>动物通用益生菌。中性洗涤纤维：动物通用益生菌>益加益>BY-H-Y>纤维素
酶>乳酸+酵母。木质素含量：动物通用益生菌>益加益>BY-H-Y>纤维素酶>乳酸+酵
母。能量大小：BY-H-Y>益加益>动物通用益生菌>纤维素酶>乳酸+酵母。

表4-10 柠条不同菌种发酵饲料营养成分测定

样品名称	CF/%	EE/%	CP/%	Ash/%	Ga/%	P/%	NDF/%	ADF/%	ADL/%	能量/ (J/g)
BY-H-Y	29.1	2.40	15.50	7.6	1.44	0.42	57.7	32.9	13.4	17 870
益加益	27.6	2.21	15.86	8.3	1.52	0.41	58.0	35.4	14.4	17 866
乳酸菌	26.3	1.69	15.76	7.8	1.41	0.38	51.8	32.8	18.6	17 078
纤维素酶	28.9	2.37	15.28	8.0	1.43	0.40	53.6	34.2	16.4	17 461
动物益生菌	28.0	2.55	15.24	7.7	1.50	0.40	58.4	32.0	17.4	17 568
平均	27.98	2.244	15.53	7.9	1.46	0.40	55.9	33.5	16.1	17 568.6
标准差	1.01	0.30	0.25	0.25	0.04	0.01	2.68	1.20	1.91	293.78
CV/%	3.60	13.25	1.60	3.15	2.91	3.30	4.80	3.58	11.89	1.67

湖南碧野与其他 4 个菌种混合后（表 4-11），粗蛋白质含量：乳酸+酵母、纤维素酶两个有增加，动物通用益生菌、益加益两个有降低。中性洗涤纤维：乳酸+酵母、纤维素酶两个有增加，动物通用益生菌、益加益两个有降低。能量均有所下降。从综合因素考虑，BY-H-Y+乳酸组合发酵效果比较最好，BY-H-Y+纤维素酶组合发酵效果最差。

表 4-11　湖南碧野与其他 4 个菌种混合对比

样品名称	CF/%	EE/%	CP/%	Ash/%	Ga/%	P/%	NDF/%	ADF/%	ADL/%	能量/(J/g)
BY-H-Y+纤维素酶	26.2	2.10	15.65	8.1	1.45	0.42	67.4	31.3	13.2	17 316
BY-H-Y+乳酸	27.2	2.38	15.55	7.8	1.41	0.43	65.7	30.4	15.9	17 715
BY-H-Y+益加益	30.6	1.76	13.65	7.4	1.37	0.35	46.2	33.8	13.8	17 772
BY-H-Y+动物益生菌	29.3	2.03	14.42	7.6	1.43	0.36	55.4	33.9	15.4	17 264
BY-H-Y	29.1	2.40	15.50	7.6	1.44	0.42	57.7	32.9	13.4	17 870

纤维素酶与其他 3 个菌种混合后（表 4-12），粗蛋白质含量：乳酸+酵母、湖南碧野有增加，动物通用益生菌有降低。中性洗涤纤维：湖南碧野有增加，动物通用益生菌、乳酸+酵母两个有降低。能量均有所下降。从综合因素考虑，纤维素酶与动物益生菌组合发酵效果最好，与乳酸菌组合发酵效果差。

表 4-12　纤维素酶与其他 3 个菌种混合对比

样品名称	CF/%	EE/%	CP/%	Ash/%	Ga/%	P/%	NDF/%	ADF/%	ADL/%	能量/(J/g)
BY-H-Y+纤维素酶	26.2	2.10	15.65	8.1	1.45	0.42	67.4	31.3	13.2	17 316
动物益生菌+纤维素酶	28.5	2.30	15.15	7.5	1.38	0.41	45.6	32.5	15.4	17 355
乳酸菌+纤维素酶	26.0	2.55	15.58	7.4	1.40	0.41	52.7	34.1	15.5	17 386
纤维素酶	28.9	2.37	15.28	8.0	1.43	0.40	53.6	34.2	16.4	17 461

乳酸菌（酵母）与其他 3 个菌种混合后（表 4-13），粗蛋白质含量基本都有下降。中性洗涤纤维都有上升。能量均有上升。从表现来看，乳酸菌（酵母）与其他几个菌种混合后效果不佳，不适宜进行组合发酵。

表4-13　乳酸菌与其他3个菌种混合对比

样品名称	CF/%	EE/%	CP/%	Ash/%	Ga/%	P/%	NDF/%	ADF/%	ADL/%	能量/(J/g)
BY-H-Y+乳酸	27.2	2.38	15.55	7.8	1.41	0.43	65.7	30.4	15.9	17 715
乳酸菌+纤维素酶	26.0	2.55	15.58	7.4	1.40	0.41	52.7	34.1	15.5	17 386
乳酸菌+益加益	27.3	2.33	15.75	7.6	1.44	0.41	51.6	33.4	15.4	17 310
乳酸菌	26.3	1.69	15.76	7.8	1.41	0.38	51.8	32.8	18.6	17 078

三、不同菌种组合发酵品质评价

对不同有机酸含量（表4-14）进行统计后，计算各成分的百分比。

表4-14　柠条青贮有机酸含量

处理	乳酸/(g/100 g)	乙酸/(mg/kg)	丙酸/(mg/kg)	异丁酸/(mg/kg)	丁酸/(mg/kg)	异戊酸/(mg/kg)	戊酸/(mg/kg)	乙酸/丙酸
BY-H-Y+纤维素酶	3.15	1838	166	78	77	83	73	11.07
BY-H-Y+乳酸	2.99	3455	221	76	73	82	63	15.63
BY-H-Y	2.87	1732	219	75	75	79	73	7.91
益加益	2.62	2009	219	74	78	81	79	9.17
动物益生菌+纤维素酶	2.60	2157	224	72	78	78	74	9.63
BY-H-Y+益加益	3.05	1351	211	71	75	74	69	6.40
四川乳酸菌	2.66	3031	252	73	75	75	58	12.03
纤维素酶	2.61	2278	250	72	78	76	68	9.11
动物益生菌	2.61	2173	271	73	75	75	76	8.02
乳酸菌+纤维素酶	2.72	2649	324	73	76	77	65	8.18
BY-H-Y+动物益生菌	2.57	1698	304	73	73	76	72	5.59
乳酸菌+益加益	2.67	2695	282	73	75	75	62	9.56

所有处理乳酸含量占总酸含量的85%以上高于60%（表4-15）；占干物质的在

1.70%~2.0%低于3%。乙酸含量占干物质的0.14%~0.17%低于1%。乳酸与乙酸的比例应高于12.43∶1远高于2∶1；乙酸与丙酸应高于4∶1。说明不同处理饲料发酵品质特别优良。对有机酸按照评定标准。乳酸含量占总酸的70%以上得25分。乙酸含量占总酸的0~20.0%得25分，丁酸含量占总酸的0.5%~1.0%得45分，1.1%~1.6%得43分，根据不同有机酸含量合计后得到分数如表4-16所示。

表4-15　柠条青贮有机酸百分含量

处理	乳酸/%	乙酸/%	丙酸/%	丁酸/%	其他酸/%	乙酸/丙酸
BY-H-Y+纤维素酶	93.15	5.44	0.49	0.23	0.69	11.07
BY-H-Y+乳酸	88.28	10.20	0.65	0.21	0.66	15.63
BY-H-Y	92.72	5.59	0.71	0.24	0.74	7.91
益加益	91.16	6.99	0.76	0.27	0.82	9.17
动物益生菌+纤维素酶	90.64	7.52	0.78	0.27	0.79	9.63
BY-H-Y+益加益	94.28	4.18	0.65	0.23	0.66	6.40
四川乳酸菌	88.18	10.05	0.84	0.25	0.68	12.03
纤维素酶	90.24	7.88	0.87	0.27	0.74	9.11
动物益生菌	90.49	7.54	0.94	0.26	0.77	8.02
乳酸菌+纤维素酶	89.29	8.69	1.06	0.25	0.71	8.18
BY-H-Y+动物益生菌	91.80	6.06	1.09	0.26	0.79	5.59
乳酸菌+益加益	89.11	8.99	0.94	0.25	0.71	9.56
平均	90.78	7.43	0.82	0.25	0.73	9.36

表4-16　柠条全价饲料发酵品质综合评价

处理	乳酸/%	得分/分	乙酸/%	得分/分	丁酸/%	得分/分	合计/分
BY-H-Y+纤维素酶	93.15	25	5.44	25	0.23	48	98
BY-H-Y+乳酸	88.28	25	10.20	25	0.21	48	98
BY-H-Y	92.72	25	5.59	25	0.24	48	98
益加益	91.16	25	6.99	25	0.27	48	98
动物益生菌+纤维素酶	90.64	25	7.52	25	0.27	48	98
BY-H-Y+益加益	94.28	25	4.18	25	0.23	48	98
四川乳酸菌	88.18	25	10.05	25	0.25	48	98

（续表）

处理	乳酸/%	得分/分	乙酸/%	得分/分	丁酸/%	得分/分	合计/分
纤维素酶	90.24	25	7.88	25	0.27	48	98
动物益生菌	90.49	25	7.54	25	0.26	48	98
乳酸菌+纤维素酶	89.29	25	8.69	25	0.25	48	98
BY-H-Y+动物益生菌	91.80	25	6.06	25	0.26	48	98
乳酸菌+益加益	89.11	25	8.99	25	0.25	48	98
平均	90.78	25	7.43	25	0.25	48	98

发酵品质优劣顺序（表4-17）：BY-H-Y+乳酸、乳酸菌+纤维素酶、四川乳酸菌、乳酸菌+益加益4个组合发酵品质最好。

表4-17 柠条青贮发酵品质

处理	pH值	得分/分	氨态氮/%	得分/分	有机酸/%	合计/分
BY-H-Y+纤维素酶	4.22	10	6.59	23	49	82
BY-H-Y+乳酸	4.14	15	6.99	23	49	87
BY-H-Y	4.21	10	7.18	22	49	81
益加益	4.28	10	7.84	22	49	81
动物益生菌+纤维素酶	4.26	10	8.00	22	49	81
BY-H-Y+益加益	4.26	10	7.23	23	49	82
四川乳酸菌	4.14	15	7.53	22	49	86
纤维素酶	4.25	10	8.75	21	49	80
动物益生菌	4.26	10	7.79	22	49	81
乳酸菌+纤维素酶	4.18	15	6.70	23	49	87
BY-H-Y+动物益生菌	4.26	10	6.54	23	49	82
乳酸菌+益加益	4.19	15	8.21	21	49	85
平均	4.22	11.67	7.45	22.25	49.00	82.92

四、柠条发酵饲料饲用价值评价

RFV是目前美国唯一广泛使用（销售、库存及根据家畜对粗饲料质量的要求投料）的粗饲料质量评定指数，其定义为：相对一特定标准粗饲料（盛花期苜蓿），某种粗饲料可消化干物质的采食量，其关系式如下：

$$RFV = DMI（\%BW）\times DDM（\%DM）/1.29$$

其中：DMI（Dry matter intake）为粗饲料干物质的随意采食量，用占体重（BW）的百分比表示；DDM（Digestible dry matter）为可消化的干物质，用占干物质（DM）的百分比表示；BW（Body weight）为体重。预测模型分别为：

$$DMI（\%BW）= 120/NDF（\%DM）$$

$$DDM（\%DM）= 88.9 - 0.779ADF（\%DM）$$

$$GI（MJ）= ME（MJ/kg）\times VI（kg/d）\times CP（\%）/NDF（\%）$$

DMI 和 DDM 可经各自特定模型分别由 NDF 与 ADF 计算得到，1.29 是基于大量动物试验数据所预期的盛花期苜蓿 DDM 的采食量，指的是占体重的百分比。除以 1.29，目的是使得盛花期的苜蓿 RFV 值为 100。随着新版 NRC 奶牛营养需要（2001）中所规定的一些有关确定家畜营养粗饲料分级指数参数的模型化及粗饲料科学搭配的组合效应研究需要的新方法的实施，很有必要引入新的方法及模型来改造 RFV，粗饲料相对质量（RFQ）指数就是在 RFV 的基础上发展而来。

DMI 是反刍家畜健康和生产所需的营养物质的量化基础，是决定反刍家畜生产力水平高低的重要因素，因而与饲料营养价值相提并论。通常粗饲料的 DMI 越高，其品质越好（表 4-18）。通过 RFV 评价，柠条饲料品质优劣比较排序为：动物益生菌+纤维素酶>BY-H-Y+益加益>乳酸菌>乳酸菌+益加益>乳酸菌+纤维素酶>纤维素酶>BY-H-Y+动物益生菌>BY-H-Y>动物益生菌>益加益>BY-H-Y+乳酸>BY-H-Y+纤维素酶。

粗饲料分级指数对所测定的柠条饲料品质评定 GI 值越大（表 4-18），饲料品质越好，饲料优劣比较排序为：BY-H-Y+益加益>动物益生菌+纤维素酶>BY-H-Y>乳酸菌+益加益>益加益>乳酸菌+纤维素酶>BY-H-Y+纤维素酶>纤维素酶>BY-H-Y+动物益生菌>乳酸菌>动物益生菌、BY-H-Y+乳酸。

表 4-18　柠条复合发酵营养评价

处理	RFV	DMI/%	DDM/%	GI
BY-H-Y+纤维素酶	89.04	1.78	64.52	3.66
BY-H-Y+乳酸	92.34	1.83	65.22	3.16
动物益生菌+纤维素酶	129.71	2.63	63.58	4.49
BY-H-Y+益加益	125.98	2.60	62.57	4.57
乳酸菌+纤维素酶	110.03	2.28	62.34	3.98
BY-H-Y+动物益生菌	104.93	2.17	62.49	3.50
乳酸菌+益加益	113.36	2.33	62.88	4.12
BY-H-Y	102.00	2.08	63.27	4.30
益加益	98.35	2.07	61.32	4.07
乳酸菌	113.76	2.32	63.35	3.35

（续表）

处理	RFV	DMI/%	DDM/%	GI
纤维素酶	108.05	2.24	62.26	3.64
动物益生菌	101.90	2.05	63.97	3.16
平均	107.45	2.20	63.15	3.83

五、综合评价

通过对柠条复合发酵营养评价（表4-19），选取饲用价值、发酵评价、粗蛋白质、中性洗涤纤维、能量几个指标对发酵饲料综合评价。

表4-19　柠条复合发酵营养评价

处理	RFV	发酵评价/分	CP/%	NDF/%	能量/（J/g）
BY-H-Y+纤维素酶	89.04	82	15.65	67.4	17 316
BY-H-Y+乳酸	92.34	87	15.55	65.7	17 715
BY-H-Y	102.00	81	15.50	57.7	17 870
益加益	98.35	81	15.86	58.0	17 866
动物益生菌+纤维素酶	129.71	81	15.15	45.6	17 355
BY-H-Y+益加益	125.98	82	13.65	46.2	17 772
四川乳酸菌	113.76	86	15.76	51.8	17 078
纤维素酶	108.05	80	15.28	53.6	17 461
动物益生菌	101.90	81	15.24	58.4	17 568
乳酸菌+纤维素酶	110.03	87	15.58	52.7	17 386
BY-H-Y+动物益生菌	104.93	82	14.42	55.4	17 264
乳酸菌+益加益	113.36	85	15.75	51.6	17 310

通过TOPSIS来评价饲料的总体质量（表4-20）。动物益生菌+纤维素酶、BY-H-Y+益加益、乳酸菌+益加益、乳酸菌+纤维素酶4个组合发酵效果最好，都比单独发酵效果好。

表4-20　各个样本排序指标值

样本	D+	D-	统计量 CI	名次
BY-H-Y+纤维素酶	0.1105	0.1194	0.5194	2
BY-H-Y+乳酸	0.1004	0.1136	0.5310	1

（续表）

样本	D+	D-	统计量 CI	名次
BY-H-Y	0.0921	0.0808	0.4673	7
益加益	0.0991	0.0817	0.4517	10
动物益生菌+纤维素酶	0.1160	0.1124	0.4922	3
BY-H-Y+益加益	0.1192	0.0996	0.4552	9
四川乳酸菌	0.0924	0.0861	0.4824	4
纤维素酶	0.0960	0.0727	0.4308	11
动物益生菌	0.0910	0.0810	0.4707	6
乳酸菌+纤维素酶	0.0930	0.0803	0.4631	8
BY-H-Y+动物益生菌	0.0969	0.0682	0.4130	12
乳酸菌+益加益	0.0935	0.0841	0.4735	5

第五节　不同菌种柠条青贮发酵研究

一、柠条青贮发酵

饲料发酵采用湖南碧野生态农业科技有限公司生产的 ZF 型生物饲料发酵机，将配合好的饲料原料加水搅拌均匀，使物料含水量达到 45% 左右，在 75~80 ℃高温下 2 h，然后再降温到 40 ℃，加入发酵菌，在发酵罐内再搅拌 2 h 后出料，用内部密闭的塑料袋，压实包装好，再在自然条件下让饲料在袋内再发酵 15 d 后，可以取料测试分析。

二、不同处理营养价值对比

饲料主要以粗蛋白质和中性洗涤纤维含量为主要目标（表 4-21）。以对照最高为 10.60%，其次依次为 BY-H-Y>BY-S-X>动物通用益生菌>乳酸加酵母>纤维素酶，说明在青贮发酵过程中，菌群对蛋白质进行了消耗（图 4-2）。NDF 含量对比，通过柠条发酵中的 NDF 含量对比均有下降，排序：益加益>BY-H-Y>乳酸加酵母>动物通用益生菌>纤维素酶>BY-S-X。

表 4-21　柠条不同菌种青贮营养成分测定　　　　　　　　　　　单位:%

处理	钙	磷	粗蛋白质	粗脂肪	粗纤维	NDF	ADF	木质素
纤维素酶	1.03	0.10	9.51	1.16	55.56	70.20	56.53	25.65

（续表）

处理	钙	磷	粗蛋白质	粗脂肪	粗纤维	NDF	ADF	木质素
乳酸加酵母	0.97	0.09	9.88	1.25	57.04	73.78	61.61	24.70
动物通用益生菌	1.05	0.11	9.89	1.26	54.77	73.67	63.89	23.31
益加益	1.17	0.11	8.52	1.21	56.75	74.22	62.44	25.77
BY-S-X	1.00	0.12	10.05	1.80	55.63	69.20	55.90	25.14
BY-H-Y	1.15	0.12	10.13	1.67	56.23	73.89	63.78	24.90
对照	1.20	0.11	10.60	1.51	55.81	71.63	59.94	20.80
柠条	1.12	0.06	9.79	1.27	54.25	75.74	63.98	21.15
平均	1.09	0.10	9.80	1.39	55.76	72.79	61.01	25.18
标准差	0.0795	0.0185	0.5644	0.2228	0.8774	2.0813	3.0521	3.5777
CV/%	7.32	18.09	5.76	16.01	1.57	2.86	5.00	14.21

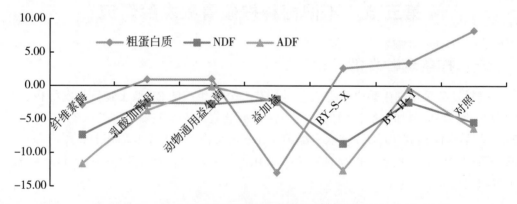

图4-2 柠条不同添加剂青贮营养变化

三、柠条发酵饲料饲用价值评价

通过相对饲用价值（RFV）评价（表4-22），柠条通过青贮处理后，饲用价值都得到提高，柠条青贮饲料品质优劣比较排序为：BY-S-X>纤维素酶>对照>乳酸加酵母>益加益>BY-H-Y>动物通用益生菌。通过试验表明，BY-S-X、纤维素酶可以用来作为柠条青贮饲料的添加剂。其他菌种暂时不适宜柠条青贮用。

表4-22 柠条复合发酵营养评价

处理	RFV	DMI/%	DDM/%
纤维素酶	59.45	1.71	44.86
乳酸加酵母	51.57	1.63	40.91
动物通用益生菌	49.41	1.63	39.13
益加益	50.46	1.62	40.26
BY-S-X	60.97	1.73	45.35
BY-H-Y	49.37	1.62	39.22
对照	54.81	1.68	42.21
平均	53.72	1.66	41.71
柠条	47.97	1.58	39.06

四、柠条青贮发酵品质评价

对有机酸含量进行百分比换算。有机酸的检测是判断青贮饲料品质好坏最关键、最直接、最重要的指标。常测定的有机酸包括乳酸、乙酸、丙酸和丁酸等（表4-23）。发酵良好的青贮饲料中，乳酸含量应当占到总酸量的60%以上，以及占干物质的3%~8%；乙酸含量占干物质的1%~4%，丙酸含量1.5%；丁酸含量应接近于0%。乳酸与乙酸的比例应高于2:1。乙酸与丙酸应高于4:1。

表4-23 柠条青贮有机酸含量

处理	乳酸/%	乙酸/（mg/kg）	丙酸/（mg/kg）	异丁酸/（mg/kg）	丁酸/（mg/kg）	异戊酸/（mg/kg）	乙酸/丙酸
纤维素酶	1.56	3208.338	310.100	20.08	3.700	14.528	4.86
乳酸加酵母	1.62	3189.200	243.868	13.42	3.718	12.374	5.08
动物通用益生菌	2.00	3804.722	322.162	10.48	8.512	9.500	5.26
益加益	1.89	3663.698	206.682	10.67	3.672	8.548	5.16
BY-S-X	2.33	2832.542	160.304	9.30	4.786	9.164	8.23
BY-H-Y	2.16	2893.806	152.106	7.57	2.420	7.972	7.46
对照	2.47	3455.486	179.290	12.00	4.722	15.012	7.15
平均	2.00	3292.540	224.930	11.93	4.500	11.01	6.17
标准差	0.3174	341.2155	64.3234	3.7467	1.7925	2.7053	1.2884
CV/%	15.84	10.36	28.60	31.40	39.79	24.56	20.88

所有处理乳酸含量占总酸含量的85%以上高于60%（表4-24）。占干物质的在

1.70%~2.26%低于3%。乙酸含量占干物质的0.14%~0.17%低于1%。乳酸与乙酸的比例应高于12.43∶1远高于2∶1；乙酸与丙酸应高于4∶1。说明不同处理饲料发酵品质特别优良。对有机酸按照评定标准。乳酸含量占总酸的70%以上得25分。乙酸含量占总酸的0~20.0%得25分，丁酸含量占总酸的0.5%~1.0%得45分，1.1%~1.6%得43分，根据不同有机酸含量合计后得到如表4-25。

表4-24　柠条青贮有机酸百分含量

处理	乳酸/%	乙酸/%	丁酸/%	丙酸/%	其他酸/%	乙酸/丙酸
纤维素酶	81.43	16.75	0.02	1.62	0.18	4.86
乳酸加酵母	82.39	16.22	0.02	1.24	0.13	5.08
动物通用益生菌	82.80	15.75	0.04	1.33	0.08	5.26
益加益	82.92	16.07	0.02	0.91	0.08	5.16
BY-S-X	88.54	10.76	0.02	0.61	0.07	8.23
BY-H-Y	87.58	11.73	0.01	0.62	0.06	7.46
对照	87.07	12.18	0.02	0.63	0.10	7.15
平均	84.94	13.98	0.02	0.96	0.10	6.17

表4-25　柠条青贮有机酸含量及评价

处理	乳酸/%	得分/分	乙酸/%	得分/分	丁酸/%	得分/分	合计/分
纤维素酶	81.43	25	16.75	25	0.02	50	100
乳酸加酵母	82.39	25	16.22	25	0.02	50	100
动物通用益生菌	82.80	25	15.75	25	0.04	48	98
益加益	82.92	25	16.07	25	0.02	50	100
BY-S-X	88.54	25	10.76	25	0.02	50	100
BY-H-Y	87.58	25	11.73	25	0.01	50	100
对照	87.07	25	12.18	25	0.02	50	100

　　发酵品质优劣顺序（表4-26）：乳酸+酵母>BY-S-X、复合益生菌、对照>液态混合添加菌>益加益、BY-H-Y、纤维素酶、动物通用益生菌。

表4-26　柠条青贮发酵品质

处理	pH值	得分/分	氨态氮/%	得分/分	有机酸得分/分	总分/分
纤维素酶	3.57	25	12.15	15	50.0	90.00
乳酸加酵母	3.70	25	14.41	12	50.0	87.00

（续表）

处理	pH 值	得分/分	氨态氮/%	得分/分	有机酸得分/分	总分/分
动物通用益生菌	3.77	25	13.40	15	50.0	90.00
益加益	3.78	25	16.41	9	49.0	83.00
BY-S-X	3.70	25	12.56	15	50.0	90.00
BY-H-Y	3.65	25	12.90	15	50.0	90.00
对照	3.73	25	13.05	15	50.0	90.00

五、柠条青贮综合评价

通过对柠条青贮发酵营养评价（表4-27），选取饲用价值，发酵评价、粗蛋白质、中性洗涤纤维、能量几个指标对发酵饲料综合评价。

表 4-27 柠条青贮发酵品质

处理	发酵品质/分	RFV	CP/%	NDF/%	能量/ (J/g)
纤维素酶	90.00	59.45	9.51	70.20	18 104
乳酸加酵母	87.00	51.57	9.88	73.78	18 423
动物通用益生菌	90.00	49.41	9.89	73.67	18 252
益加益	83.00	50.46	8.52	74.22	18 146
BY-S-X	90.00	60.97	10.05	69.20	18 326
BY-H-Y	90.00	49.37	10.13	73.89	18 280
对照	89.00	53.81	10.60	73.63	18 371

通过 TOPSIS 来评价饲料的总体质量（表4-28）。BY-S-X、纤维素酶、BY-H-Y 对柠条青贮效果较好。

表 4-28 各个样本排序指标值

样本	D+	D-	统计量 CI	名次
纤维素酶	0.0442	0.0884	0.6668	2
乳酸加酵母	0.0769	0.0576	0.4286	5
动物通用益生菌	0.0891	0.0608	0.4055	6
益加益	0.1163	0.0077	0.0622	7
BY-S-X	0.0213	0.1084	0.8360	1
BY-H-Y	0.0873	0.0689	0.4413	4
对照	0.0559	0.0899	0.6168	3

六、柠条青贮发酵过程研究

采用试验组和对照组，试验组添加湖南碧野发酵剂，对照不添加发酵剂。添加发酵剂的柠条可以快速发酵，4 d 后 pH 值由 7.54 下降至 4.11（优质青贮标准）（图 4-3），但对照 pH 值由 7.54 下降至 5.48。10 d 后试验组 pH 值 4.11 下降至 3.68，但对照 pH 值由 5.48 下降至 4.97。40 d 后青贮发酵至试验组 pH 值由 3.68 下降至 3.24，但对照 pH 值由 4.97 下降至 4.28，对照还没有达到青贮标准的 4.11 以下。根据方程预测得 70 d 后，这和实际大规模生产实践相近。

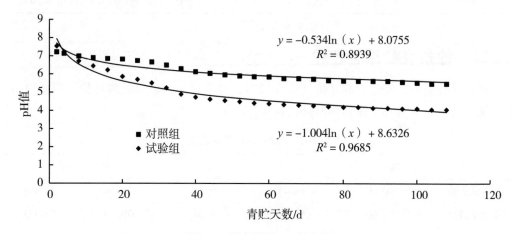

$$y = -0.534\ln(x) + 8.0755$$
$$R^2 = 0.8939$$

$$y = -1.004\ln(x) + 8.6326$$
$$R^2 = 0.9685$$

图 4-3　柠条青贮 pH 值变化

试验组和对照组柠条青贮饲料 2～3 d（图 4-4），温度升高到 25 ℃，随后下降到 20 ℃。逐渐趋于平稳。试验组温度比对照高，特别是第 2 d 高近 1 ℃。整个过程中始终高 0.5 ℃。说明试验组中在菌种作用下，比较活跃。

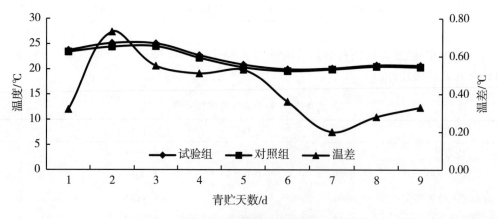

图 4-4　柠条青贮温度变化

对照组体积含水量比试验组低（图 4-5），随着发酵活动逐渐活跃，试验组开始耗水，从 20.8% 下降到 18.8%。耗水 2 个百分点。对照组水分含量从 20.0% 上升到

21.2%，上升了1.2%。主要水分来源原料内部。

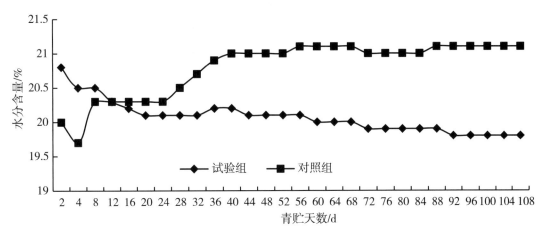

图4-5　柠条青贮水分变化

良好的柠条青贮呈褐绿色，叶脉清晰，枝叶质地柔软湿润，酸味浓厚，有芳香味。柠条经过包膜青贮后，粗蛋白质和粗脂肪无明显变化；粗纤维、中性洗涤纤维和酸性洗涤纤维分别比鲜柠条低18.76%、12.48%和12.96%。说明柠条经青贮后可以改变营养成分，改善适口性，可提高消化率，有利于家畜消化吸收。柠条青贮的粗蛋白质比稻草青贮高7.56个百分点；酸性洗涤纤维、中性洗涤纤维分别比稻草青贮降低3.04个和6.92个百分点。

第六节　小　结

一、柠条全混合发酵日粮发酵菌种筛选

与对照相比，不同菌种发酵过程中，对粗蛋白质基本上进行消耗，使得粗蛋白质含量相比对照有所降低。纤维素酶对中性洗涤纤维降解比较明显，与对照相比可降低3.7%。饲料主要以粗蛋白质含量和中性洗涤纤维为主要目标：BY-H-Y>乳酸+酵母>对照>益加益>液态混合添加菌>BY-S-X>复合益生菌>动物通用益生菌>纤维素酶。发酵品质优劣顺序：乳酸+酵母>BY-S-X、复合益生菌、对照>液态混合添加菌>益加益、BY-H-Y、纤维素酶、动物通用益生菌。通过TOPSIS来评价饲料的总体质量。BY-H-Y、乳酸+酵母、益加益、液态混合添加菌发酵品质相对较好。

二、不同菌种组合发酵试验

通过不同菌种进行组合发酵，使得不同菌种之间可以发挥各自的优势，产生比单独发酵产生的效果更好。组合发酵种7个。粗蛋白质含量：益加益+乳酸+酵母>BY-H-Y+纤维素酶、BY-H-Y+益加益>乳酸菌+酵母+纤维素酶>乳酸+酵母+BY-H-Y>BY-H-Y+动物益生菌>动物益生菌+纤维素酶>动物益生菌+BY-H-Y。发酵品质优劣顺序：

BY-H-Y+乳酸、乳酸菌+纤维素酶、四川乳酸菌、乳酸菌+益加益 4 个组合发酵品质最好。通过 TOPSIS 来评价饲料的总体质量。动物益生菌+纤维素酶、BY-H-Y+益加益、乳酸菌+益加益、乳酸菌+纤维素酶 4 个组合发酵效果最好，都比单独发酵效果好。

单独发酵的几个菌种粗蛋白质含量：益加益>乳酸+酵母>BY-H-Y>纤维素酶>动物通用益生菌，和上一组试验结果排序基本一致。

三、青贮饲料发酵效果

饲料主要以粗蛋白质含量以对照最高为 10.60%，其次依次为 BY-H-Y>BY-S-X>动物通用益生菌>乳酸加酵母>纤维素酶，说明在青贮发酵过程中，菌群对蛋白质进行了消耗。发酵品质优劣顺序：乳酸+酵母>BY-S-X、复合益生菌、对照>液态混合添加菌>益加益、BY-H-Y、纤维素酶、动物通用益生菌。

柠条通过青贮处理后，饲用价值都得到提高，柠条青贮饲料品质优劣比较排序为：BY-S-X>纤维素酶>对照>乳酸加酵母>益加益>BY-H-Y>动物通用益生菌。通过试验发现，BY-S-X、纤维素酶可以用来作为柠条青贮饲料的添加剂。其他菌种，暂时不适宜柠条青贮用。通过 TOPSIS 来评价饲料的总体质量。BY-S-X、纤维素酶、BY-H-Y 对柠条青贮效果较好。

三组试验表明，纤维素酶适合青贮时添加利用，对于全混合发酵日粮效果不佳。

第五章 柠条发酵饲料微生物多样性分析

第一节 柠条全混合日粮发酵饲料微生物多样性

高通量测序技术（High-throughput sequencing）又称"下一代"测序技术，以能一次并行对几十万到几百万条 DNA 分子进行序列测定和一般读长较短等为标志。利用二代测序技术，基于 Illumina HiScq 测序平台，对液态混合添加、复合益生菌、益加益、动物通用益生菌、纤维素酶、乳酸+酵母、BY-S-X、BY-H-Y、对照共计 9 个材料进行了微生物多样性分析。

一、试验方法

1. 试验流程

试验流程如图 5-1 所示。

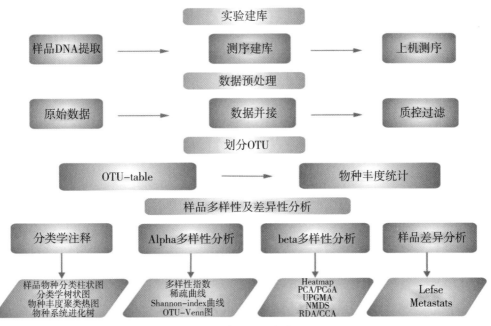

图 5-1 高通量测序流程

2. 试验原理

试验原理如图 5-2 所示。

图 5-2　试验原理流程

3. 试验方法

采用 CTAB 法对样本的基因组进行 DNA 提取，琼脂糖凝胶电泳检测 DNA 的纯度及浓度，用于 PCR 扩增。利用引物 338F：5′-ACTCCTACGGGAGGCAGCA-3′和 806R：5′-GGACTACHVGGGTWTCTAAT-3′对细菌 16S rDNA 基因的 V3～V4 变异区域进行 PCR 扩增。PCR 反应体系：50 μL：模板 DNA（10 ng）2 μL，10×PCR buffer（MG^{2+} Plus）5 μL，Dntp（10 mmol/L）5 μL，Bar-PCR 引物 F（5 μmol/L）0.5 μL，引物 R（5 μmol/L）0.5 μL，Takapa Tap（5 U/μL）0.5 μL，灭菌双蒸水 36.5 μL。PCR 反应条件为：95 ℃ 5 min、95 ℃ 30 s、50 ℃ 30 s、72 ℃ 40 s，共 30 个循环，72 ℃ 4 min。将纯化质量合格、经过定量和均一化的 PCR 产物用于 DNA 文库构建，建库和测序、分析委托北京百迈客生物科技有限公司完成。

4. 数据处理与统计

测序完成后，根据 Barcode 序列和 PCR 扩增引物序列从得到的下机数据拆分出各样品数据，使用 FLASH v1.2.7 软件对每个样品的 Reads 进行拼接，得到的拼接序列为原始 Tags 数据，使用 Trimmomatic v0.33 软件过滤，使用 UCHIME v4.2 软件，鉴定并去除嵌合体序列，得到最终速效数据（Effective tags）。使用 QIIME（version 1.8.0）软件中的 UCLUST 对 Tags 在 97% 的相似度水平下进行聚类、获得 OTU，并基于 Silva（细菌）分类学数据库对 OTU 进行分类学注释，将 OTU 的代表序列与微生物参考数据库进行比对可得到每个 OTU 对应的物种分类信息，进而在门（Phylum）、纲（Class）、目（Order）、科（Family）、属（Genus）、种（Species）各水平统计各样品群落组成，利用 QIIME 软件生成不同分类水平上的物种丰度表，再利用 R 语言工具绘制成样品各分类学水平下的群落结构图。根据每个样品的物种组成和相对丰度进行物种热图分析，提取每个分类学水平上的物种，利用 R 语言工具进行作图，分别在门、纲、目、科、属、种分类水平上进行 Heatmap 聚类分析。

采用 Excel 2010、SPSS 22.0 统计软件对试验数据进行处理分析，采用 one-way ANOVA 单因素方差分析和 LSD 多重比较检验柠条不同月份平茬后土壤在 $P = 0.05$ 水平上的组间显著性差异。使用 R（Version 2.15.3）软件绘制稀释曲线，使用 Mothur（Version v.1.30）软件，对样品 Alpha 多样性指数进行评估，Alpha 多样性指数包括 Chao1、Ace、Shannon、Simpson。使用 QIIME 软件进行 Beta 多样性分析，比较不同样品在物种多样性方面的相似程度。使用 R（Version 2.15.3）软件进行主成分差异分析并绘制主成分分析（PCA）图。使用 R 语言 Vegan 包中 Rda 分析土壤理化因子与细菌群落之间的关系。

5. 测序数据质量评估

表 5-1 中，27 个样品测序共获得 2 161 218 对 Reads，双端 Reads 拼接、过滤后共产生 2 003 093 条 Clean tags，每个样品至少产生 72 900 条 Clean tags，平均产生 74 189 条 Clean tags。

表 5-1 样品测序数据处理结果统计

序号	材料名称	样品分组名称	Sample ID	Clean Tags/条	Effective Tags/条	Effective/%
1	BY-S-X	A	A11	74 455	74 060	92.72
			A12	74 801	74 300	93.05
			A13	74 675	74 282	92.98
2	BY-H-Y	B	A21	75 012	74 544	92.99
			A22	74 769	74 189	92.87
			A23	74 926	74 229	92.65
3	液态混合添加	C	A31	74 957	74 411	93.05
			A32	75 455	75 000	93.74
			A33	73 122	72 215	89.81
4	益加益	D	A41	73 866	73 229	90.81
			A42	72 942	72 495	90.69
			A43	72 900	72 484	90.63
5	复合益生菌	E	A51	72 905	72 450	90.71
			A52	73 067	72 352	90.43
			A53	73 101	72 612	90.78
6	动物通用益生菌	F	A61	74 254	73 686	91.51
			A62	73 622	73 111	91.60
			A63	74 250	73 903	92.39
7	对照	G	A71	74 429	73 893	92.37
			A72	74 486	74 154	92.58
			A73	73 930	73 562	92.20
8	纤维素酶	H	A81	74 107	73 652	92.04
			A82	74 402	73 922	92.12
			A83	74 826	74 131	92.51

（续表）

序号	材料名称	样品分组名称	Sample ID	Clean Tags/条	Effective Tags/条	Effective/%
9	乳酸+酵母	I	A91	74 420	73 707	91.94
			A92	74 780	73 959	92.66
			A93	74 634	74 198	92.72

二、试验结果分析

1. 不同菌剂细菌群落 OTU 分析

在 97% 的相似度水平下，得到了每个样品的 OTU 个数，利用 Venn 图（图 5-3）展示样品之间共有、特有 OTU 数目。结果表明，供试 9 种菌剂共有的 OUT 数是 238 个，未检测出单个样品特有的 OTU，但不同菌剂之间具有 OTU 差异。

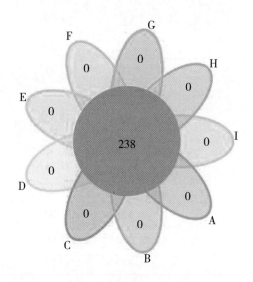

图 5-3　样品 Venn 图

2. 细菌群落结构分析

（1）细菌门水平的群落组成

将 OTU 的代表序列与微生物参考数据库进行比对可得到每个 OTU 对应的物种分类信息，进而在界、门、纲、目、科、属、种各水平统计各样品群落组成。由表 5-2 可见，通过 OUT 物种分类注释及比对分析，9 种供试不同菌剂共检测出的细菌群落包含 1 个界、10 个门、18 个纲、500 个目、91 个科、155 个属、192 个种。不同样品中相对丰富度排名前十的优势细菌所占比例均达到 96% 以上，各个细菌门相对丰度排序也相同，相对丰度 ≥1% 的排序前十的主要细菌门类中前三分别是：厚壁菌门（Firmicutes）、变形菌门（Proteobacteria）、放线菌门（Actinobacteria），其中供试 9 个样品检测到的厚壁菌门（Firmicutes）均占到了细菌总数的85%以上。其余所占比例均较低。各样品中未检出的细菌仅占0.01%~6.63%，见图5-4。

表5-2　各物种水平样品群里组成　　　　　单位：个

样品	界	门	纲	目	科	属	种
A11	1	10	18	49	89	146	183
A12	1	10	18	48	89	152	189
A13	1	10	18	48	88	149	185
A21	1	10	18	46	83	142	179
A22	1	9	17	46	87	147	183
A23	1	10	17	47	88	149	186
A31	1	10	18	48	88	148	185
A32	1	10	18	48	88	148	183
A33	1	10	17	46	86	148	185
A41	1	10	18	47	87	148	185
A42	1	10	18	50	91	153	190
A43	1	10	18	49	89	150	185
A51	1	10	18	47	88	149	185
A52	1	10	18	48	88	151	188
A53	1	10	18	46	87	148	184
A61	1	10	18	49	89	151	186
A62	1	10	18	49	89	150	187
A63	1	10	18	48	87	148	184
A71	1	10	18	49	89	152	189
A72	1	10	18	47	86	148	181
A73	1	10	18	48	86	147	183
A81	1	10	17	47	87	148	185
A82	1	10	18	48	87	149	186
A83	1	10	18	47	88	152	188
A91	1	10	18	48	89	151	188
A92	1	10	18	48	89	149	186
A93	1	9	17	48	88	146	183
总计	1	10	18	50	91	155	192

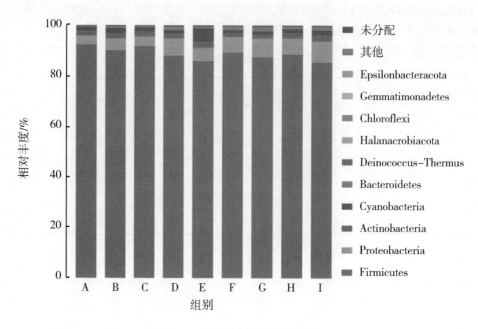

图 5-4　细菌门水平的群落组成

（2）细菌属水平的群落组成

不同样品检测对比出的各个细菌门相对丰度排序基本相同（图5-5），相对丰度≥1%的排序前十的主要细菌门类中所占比例较高的是片球菌属（*Pediococcus*），占到细菌总数的77.4%~89.7%，以 BY-S-X 最高，乳酸+酵母的最低；其次是单胞菌属（*Stenotrophomonas*），占到细菌总数的0.7%~2.21%，较高的有动物通用益生菌、纤维素酶、对照，

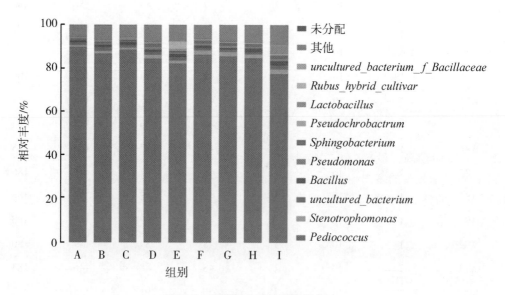

图 5-5　细菌属水平的群落组成

其余样品均低于对照。除了上述中所占比例达到 90% 左右以外，其余细菌属的群落比例共占到 10% 左右，分别是 *uncultured_bacteriu* 属、芽孢杆菌属（*Bacillus*）、假单胞菌属（*Pseudomonas*）、鞘脂杆菌属（*Sphingobacterium*）、乳杆菌属（*Lactobacillus*）等。

3. 细菌群落 Alpha 多样性

稀释性曲线（Rarefaction curve）可以反映样品的测试深度，是评估测序量是否可以覆盖所有类群的关键指标。如图 5-6 所示，随着测序量的增加，测试样品土壤细菌的稀释曲线趋于平坦，说明样品序列充分，基本涵盖了土壤中所有细菌种群，可以进行数据分析。

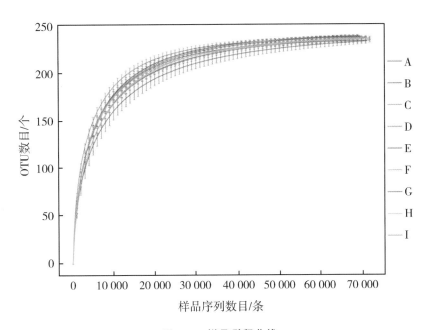

图 5-6　样品稀释曲线

OTU 表示土壤微生物丰富度实际观测值，由表 5-3 可知，不同样品的 OTU 相当，差异不显著。不同样品细菌检测的覆盖度均超过了 99%，说明测序样本中绝大部分细菌序列被测出，测序结果可以表示样品中细菌的真实存在情况。

各样品 Alpha 多样性指数值统计如表 5-3 所示，细菌 Alpha 多样性指数在不同样品之间存在差异。从 ACE、Chao1 反映的丰度来看，BY-S-X、动物通用益生菌、纤维素酶的细菌丰度均较高，最低的是 BY-H-Y，其他样品之间差异不显著；从 Shannon 指数、Simpson 指数反映的多样性来看，乳酸+酵母的细菌多样性最高，显著高于其他样品，多样性最低的是 BY-S-X，显著低于乳酸+酵母显著低于乳酸+酵母的处理，其次多样性较高的有纤维素酶、益加益、复合益生菌等，均高于对照，说明选择的 8 种菌剂均优于对照。

表 5-3　样品 Alpha 多样性指数特征

样品名称	OTU/个	ACE	Chao1	Simpson	Shannon	覆盖度/%
BY-S-X	236±3.00[a]	240.66± 1.86[a]	242.52± 3.25[a]	0.8055± 0.0176[a]	0.7797± 0.0606[c]	0.9998

（续表）

样品名称	OTU/个	ACE	Chao1	Simpson	Shannon	覆盖度/%
BY-H-Y	234±3.61[a]	235.65±3.65[b]	235.73±3.17[b]	0.7524±0.0164[ab]	0.9574±0.0585[bc]	0.9999
液态混合添加	235±1.53[a]	239.77±2.83[ab]	241.10±4.20[ab]	0.7845±0.0345[a]	0.8441±0.1181[bc]	0.9998
益加益	238±3.00[a]	240.96±2.82[a]	241.87±3.62[ab]	0.7132±0.0436[ab]	1.0734±0.1435[bc]	0.9998
复合益生菌	233±2.08[a]	241.14±1.91[a]	241.49±1.97[ab]	0.6805±0.0674[bc]	1.1261±0.1402[b]	0.9999
动物通用益生菌	237±1.73[a]	240.84±1.23[a]	243.21±3.96[a]	0.7451±0.0596[ab]	0.9447±0.1566[bc]	0.9998
对照	233±4.51[a]	240.01±1.82[ab]	241.43±4.15[ab]	0.7327±0.1037[ab]	0.9905±0.3608[bc]	0.9997
纤维素酶	236±1.16[a]	240.70±2.38[a]	242.72±3.66[a]	0.7177±0.0057[ab]	1.0661±0.0187[bc]	0.9998
乳酸+酵母	237±2.52[a]	238.62±2.10[ab]	238.25±2.36[ab]	0.6028±0.0154[c]	1.4164±0.1354[a]	0.9999

注：每列字母不同表示差异显著（$P<0.05$），下同。

4. 细菌门水平的物种聚类

Heatmap 是以颜色梯度来代表数据矩阵中数值的大小并根据物种或样品丰度相似性进行聚类的一种图形展示方式。将高丰度和低丰度的物种分块聚集，通过颜色梯度及相似程度来反映多个样品群落组成的相似性和差异性。根据每个样品的物种组成和相对丰度进行物种热图分析，提取每个分类学水平上的物种，利用 R 语言工具进行作图，分别在门、纲、目、科、属、种分类水平上进行 Heatmap 聚类分析。热图聚类结果中，颜色代表物种丰度；纵向聚类表示不同物种在各样品间丰度的相似情况，两物种间距离越近，枝长越短，说明这两个物种在各样品间的丰度越相似；横向聚类表示不同样品的各物种丰度的相似情况，与纵向聚类一样，两样品间距离越近，枝长越短，说明这两个样品的各物种丰度越相似。

图 5-7 为供试的 9 个样品在门水平上的细菌物种丰度聚类热图。从物种丰度水平来看，在各样品中，变形菌门（Proteobacteria）和拟杆菌（Bacteroidetes）的丰度最相似，其次是异常球菌-栖热菌门（Deinococcus_thermus）与变形菌门和拟杆菌门的丰度相似；丰度最高的厚壁菌门（Firmicutes）在 BY-H-Y 和复合益生菌中的丰度最相似，纤维素酶和乳酸+酵母的细菌厚壁菌门（Firmicutes）丰度相似。所有供试 9 个样品的细菌在门水平上的丰度被聚为三大类，综合分析 9 个样品中细菌在门水平上的物种丰度具有差异性，能够说明各样品的不同。

5. 细菌 Beta 多样性分析

Beta 多样性（Beta diversity）分析，用来比较不同样品在物种多样性方面的相似程度。通过 PCA 分析供试的 9 个样品的细菌群落结构的变异受 3 个主坐标成分的控制，累积解释总方差达 100%，其中前两个主坐标成分影响最大，对样品差异的贡献值分别为82.98%、11.5%，累积解释能力为 94.48%。在细菌水平上，不同样品组间距离大、组内

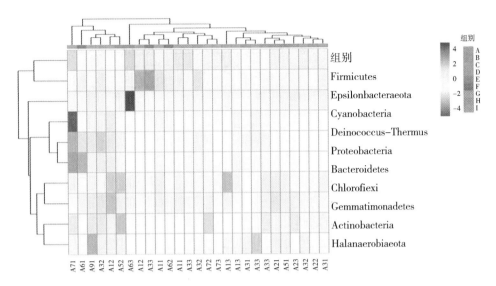

图 5-7　样品在门水平上的细菌物种丰度聚类分析

距离小，主要表现为乳酸+酵母与其他各样品组间的距离较大，其他各样品组间距离小，复合益生菌和对照的组内距离大，其他 6 个样品的组内距离相对较小，说明乳酸+酵母与其他样品的物种组成差异较大。不同样品之间的细菌群落结构存在差异（图5-8）。

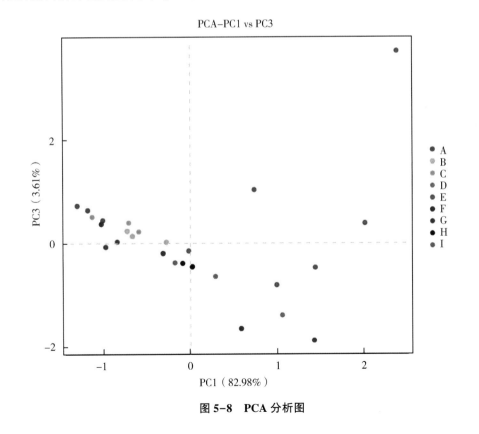

图 5-8　PCA 分析图

第二节　不同菌种柠条青贮饲料的细菌群落多样性

　　基于IlluminaHiSeq测序平台，利用双末端测序（Paired-End）的方法，构建小片段文库进行测序。基于16S区（于编码核糖体RNA的核酸序列保守区）进行细菌多样性研究。

一、试验设计

　　试验共计选择了7个菌种柠条发酵饲料，每个样品3个处理，共计21个样品（表5-4）。7个菌种分别为BY-S-X、BY-H-Y、纤维素酶、乳酸加酵母、动物通用益生菌、益加益、对照。基本试验方法同上。

表5-4　样品名称及编号

样品ID	提供名称	样品ID	提供名称
M01	BY-H-Y-01	M11	动物通用益生菌-2
M02	BY-H-Y-02	M12	动物通用益生菌-3
M03	BY-H-Y-03	M13	乳酸+酵母-1
M04	BY-S-X-01	M14	乳酸+酵母-2
M05	BY-S-X-02	M15	乳酸+酵母-3
M06	BY-S-X-03	M16	对照-1
M07	纤维素酶-1	M17	对照-2
M08	纤维素酶-2	M18	对照-3
M09	纤维素酶-3	M19	益加益-1
M10	动物通用益生菌-1	M20	益加益-2
		M21	益加益-3

二、试验结果分析

1. 测序结果与OTU数

　　21个样品测序共获得1 679 469对Reads，双端Reads拼接、过滤后共产生1 650 996条Clean tags，每个样品至少产生78 033条Clean tags，平均产生78 619条Clean tags。对Tags在97%的相似度水平下进行聚类、获得OTU，并基于Silva（细菌）分类学数据库对OTU进行分类学注释。各样品OTU数见图5-9。

　　根据各样本OTU所得花瓣图（图5-10）所示，所有样品共有的OTU数是124，各样品均没有发现特有的OTU。

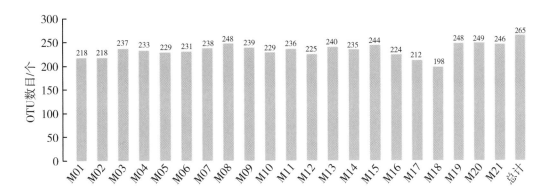

图 5-9　各样品 OTU 数目

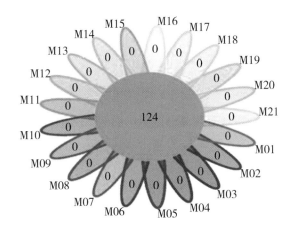

图 5-10　OTU 花瓣图

2. 物种组成分类

将 OTU 的代表序列与微生物参考数据库进行比对可得到每个 OTU 对应的物种分类信息，进而在各水平统计各样品群落组成。所有样品共检出的细菌所属于 9 个门、17 个纲、43 个目、75 个科、152 个属、192 个种（表 5-5）。

表 5-5　样品各等级物种统计表

样品	界	门	纲	目	科	属	种
M01	1	8	15	35	62	124	157
M02	1	9	16	37	65	127	160
M03	1	8	16	38	66	132	171
M04	1	9	16	38	68	134	170
M05	1	9	16	37	66	132	165
M06	1	8	15	36	63	133	168
M07	1	9	16	38	67	136	173

（续表）

样品	界	门	纲	目	科	属	种
M08	1	9	16	39	70	143	179
M09	1	8	15	37	65	134	171
M10	1	8	15	36	64	126	165
M11	1	9	16	38	64	133	168
M12	1	9	16	37	64	127	161
M13	1	9	16	39	65	137	173
M14	1	8	15	37	65	133	170
M15	1	9	16	38	65	136	175
M16	1	8	15	37	62	128	160
M17	1	8	16	40	66	124	157
M18	1	7	14	37	62	120	146
M19	1	8	16	40	71	141	179
M20	1	9	17	39	70	142	177
M21	1	9	17	40	70	142	178
总计	1	9	17	43	75	152	192

门水平丰度前十的物种组成见图 5-11。21 个样品中相对丰度排序第一的 Frimicutes（厚壁菌门）占据着绝对优势，相对丰度 80% 以上，第二的 Proteobacteria（变形菌门），第三是 Bacteroidetes（拟杆菌门）。

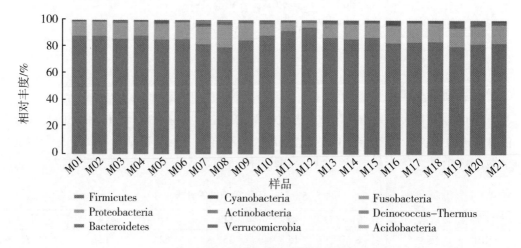

图 5-11　门水平排序前十的物种分布图

属水平丰度前十的物种组成见图 5-12。排序第一的 *Lactobacillus*（乳杆菌属）占据绝对优势，相对丰度 70% 以上，是发酵饲料中大量存在的益生菌，检测样品中 M12（动物通用益生菌）的乳杆菌属数量最多。乳杆菌属主要是乳酸菌，有报道表明乳酸菌可以降低饲料的 pH 值，促进乳酸和乙酸含量增加。从注释到的细菌物种来看，相对丰度 60% ~

80%的前三个优势种均是乳杆菌属，其中除了（动物通用益生菌）中 *uncultured_bacterium_g_Lactobacillus* 丰度最高外，其余菌种第一优势种均是短杆乳酸菌（*Lactobacillus brevis*），说明动物通用益生菌与其他6个菌种在柠条发酵饲料细菌组成中具有较大差异。

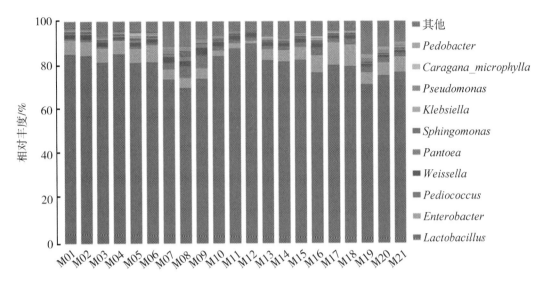

图 5-12　属水平排序前十的物种分布图

从门、属、种等主要物种组成及相对丰度大小可见，与对照（M17~18）相比，添加的其他6种菌剂的柠条发酵饲料的细菌组成与对照具有一定差异，说明添加菌剂对柠条发酵性能具有一定影响（图5-13）。

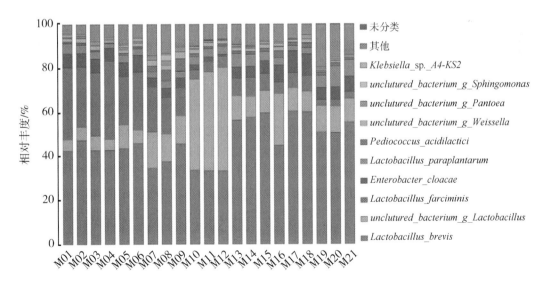

图 5-13　种水平排序前十的物种分布图

进一步利用热图分析，通过颜色梯度及相似程度反映多个样品群落组成的相似性和差异性。由图 5-14 可知，从纵向聚类来看，Verrucomicrobia（疣微菌门）与 Acidobacteria（酸杆菌门）相对丰度最相似，其次 Bacteroidetes（拟杆菌门）与 Deinococcus-Thermus（异常球菌-栖热菌门）、Proteobacteria（变形菌门）与 Cyanobacteria（蓝菌门）较相似。从样品细菌物种组成聚类来看，BY-H-Y 与纤维素酶最先聚在一起，随后与乳酸加酵母聚为一类，随后和对照聚在一起，说明 BY-H-Y、纤维素酶、乳酸加酵母 3 个处理与对照（未添加任何菌剂）相对较接近，它们随后再与动物通用益生菌聚在一起，又与 BY-S-X 聚为一大类，最后与纤维素酶和益加益聚的小类聚在一起。说明动物通用益生菌、纤维素酶、益加益聚与其他 3 个菌种对柠条发酵饲料细菌物种组成的影响有所不同。

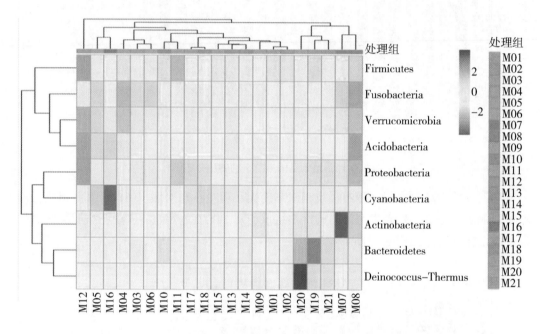

图 5-14　不同菌种处理在门水平物种热图

3. 细菌 Alpha 多样性

Alpha 多样性反映的是单个样品物种丰度及物种多样性，有多种衡量指标：Chao1、Ace、Shannon、Simpson。Chao1 和 Ace 指数衡量物种丰度即物种数量的多少。Shannon 和 Simpson 指数用于衡量物种多样性，受样品群落中物种丰度和物种均匀度的影响。相同物种丰度的情况下，群落中各物种具有越大的均匀度，则认为群落具有越大的多样性，Shannon 指数值越大，Simpson 指数值越小，说明样品的物种多样性越高。另外还统计了 OTU 覆盖率，其数值越高，则样本中物种被测出的概率越高，而没有被测出的概率越低。从 7 个处理的覆盖度来看，均达到了 99.96% 以上，说明检测数据可靠。另外，从样品稀释曲线也可说明样品序列充分，可以进行数据分析（图 5-15）。

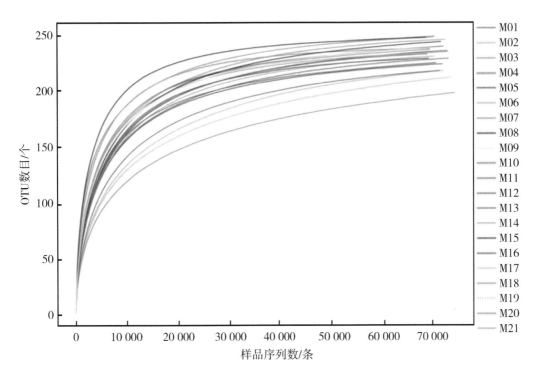

图 5-15 样品稀释曲线

表 5-6 Alpha 多样性指数统计

样品	OTU/个	ACE	Chao1	Simpson	Shannon	覆盖率/%
BY-H-Y	224.33± 6.33[c]	236.80± 4.08[cd]	237.03± 5.45[c]	0.2920± 0.0097[ab]	1.8781± 0.0824[b]	99.96
BY-S-X	231.00± 1.16[bc]	237.08± 1.97[cd]	237.53± 3.24[bc]	0.2835± 0.0188[ab]	1.9566± 0.1045[b]	99.98
纤维素酶	241.67± 3.18[ab]	246.12± 3.48[abcd]	248.38± 5.54[ab]	0.2039± 0.0190[c]	2.4660± 0.1049[a]	99.98
通用益生菌	230.00± 3.22[bc]	239.69± 3.04[bcd]	241.43± 2.88[bc]	0.2784± 0.0086[b]	1.9747± 0.0566[b]	99.97
乳酸加酵母	239.67± 2.60[abc]	247.93± 3.79[ab]	256.04± 4.96[ab]	0.3530± 0.0100[a]	1.9764± 0.0354[b]	99.97
对照	211.33± 7.51[d]	229.70± 4.04[d]	230.19± 2.61[c]	0.3405± 0.0449[ab]	1.8529± 0.1378[b]	99.96
益加益	247.67± 0.88[a]	254.12± 1.12[a]	256.31± 2.37[a]	0.2919± 0.0167[ab]	2.2882± 0.0972[a]	99.98

对样品 OTU 数和 Alpha 多样性指数进行了方差分析，由结果可知（表 5-6），与对照相比，添加 6 个菌种的柠条发酵饲料样品 OTU 数均显著提高，显著高于对照；其中益加益的 OTU 数最高，且显著高于 BY-H-Y、BY-S-X 和动物通用益生菌；从

反映物种丰富度的 ACE 和 Chao1 指数大小可知，7 个处理物种丰富度大小排序为：益加益>乳酸加酵母>纤维素酶>动物通用益生菌>BY-S-X>BY-H-Y>对照，添加益加益处理柠条发酵饲料的细菌物种丰度最高，且显著高于对照、BY-H-Y、BY-S-X、动物通用益生菌；BY-S-X、BY-H-Y、纤维素酶 3 个处理之间无显著差异，纤维素酶、动物通用益生菌和乳酸加酵母 3 个处理之间无显著差异。从反映物种组成多样性的 Simpson 和 Shannon 指数可知，与物种组成丰度具有一定差异，丰度最高的益加益处理的 Shannon 指数较高，但 Simpson 指数低于对照和乳酸加酵母处理，说明益加益处理的物种多样性并不是最高的。从 Simpson 指数最小和 Shannon 指数最大判断可知，纤维素酶的物种多样性是最高的，对照最小。说明添加不同菌种与对照相比，对于柠条发酵饲料细菌组成和丰度产生了影响，增加了细菌组成丰度和多样性，对于柠条发酵具有促进作用。

4. 细菌 Beta 多样性

利用 PCA 分析方法，基于 OTU 数对 7 个菌种处理柠条发酵饲料的细菌群落组成 Beta 多样性进行分析，比较不同样品在细菌多样性方面存在的相似程度。由图 5-16 可知，分析得到的 3 个主成分分别占 55.68%、32.91%、8.53%，总计贡献率为 97.12%。从三维图上可以直观地看出，除了动物通用益生菌分布在第二象限外，其余菌种处理的样品均集中在第一和第三象限，与对照距离较近的是乳酸加酵母，其次是益加益，BY-H-Y、BY-S-X 距离最近，说明物种多样性组成最为相似，纤维素酶与动物通用益生菌之外的 3 个菌种之间的多样性差异也较大，因此可见与对照相比，细菌多样性差异大小分别是动物通用益生菌>纤维素酶>BY-S-X>BY-H-Y>益加益>乳酸加酵母。

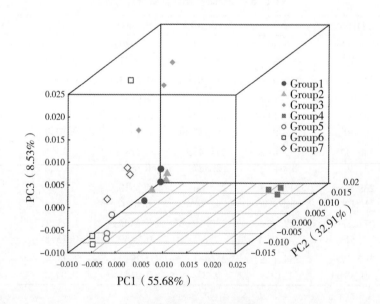

图 5-16　PCA 分析图

（Group1：BY-H-Y、Group2：BY-S-X、Group3：纤维素酶、Group4：动物通用益生菌、Group5：乳酸加酵母、Group6：对照、Group7：益加益）

第三节　不同菌种柠条全混合日粮与青贮饲料的细菌群落多样性对比分析

从表5-7中可以看出，柠条全混合日粮发酵饲料各物种水平样品种除了BY-Y-H门、属、种比对照低，其他的处理均比对照高。BY-Y-H属于好氧菌，对于机械发酵过程中，需要消耗氧气。其他菌（酶）种属于厌氧菌。总体从发酵饲料中分离的不同菌种属类有185.30个。

表5-7　柠条全混合日粮发酵饲料各物种水平样品群里组成　　　　单位：个

样品	门	纲	目	科	属	种
BY-S-X	10.0	18.0	48.3	88.7	149.0	185.7
BY-Y-H	9.7	17.3	46.3	86.0	146.0	182.7
纤维素酶	10.0	17.7	47.3	87.3	149.7	186.3
动物通用益生菌	10.0	18.0	48.7	88.3	149.7	185.7
乳酸+酵母	9.7	17.7	48.0	88.7	148.7	185.7
益加益	10.0	18.0	48.7	89.0	150.3	186.7
对照	10.0	18.0	48.0	87.0	149.0	184.3
平均	9.91	17.81	47.90	87.86	148.91	185.30

从表5-8中可以看出，柠条青贮饲料中各物种水平样品种门、属、种均比对照高。柠条全混合日粮发酵饲料中除了有柠条以外，还有其他饲料原料：玉米、麸皮等，发酵底物种类多。柠条青贮中只有柠条一种原料，所有的菌种的添加对柠条青贮质量均有提升。

表5-8　柠条青贮饲料中各物种水平样品群里组成　　　　单位：个

样品	门	纲	目	科	属	种
BY-S-X	8.7	15.7	37.0	65.7	133.0	167.7
BY-Y-H	8.3	15.7	36.7	64.3	127.7	162.7
纤维素酶	8.7	15.7	38.0	67.3	137.7	174.3
动物通用益生菌	8.7	15.7	37.0	64.0	128.7	164.7
乳酸+酵母	8.7	15.7	38.0	65.0	135.3	172.7
益加益	8.7	16.7	39.7	70.3	141.7	178.0
对照	7.7	15.0	38.0	63.3	124.0	154.3
平均	8.50	15.74	37.77	65.70	132.59	167.77

从表 5-9 中可以看出，不同处理柠条全混合日粮发酵饲料均比柠条青贮的门、属种类要高，主要是柠条全混合日粮发酵饲料中发酵底物种类多。门水平平均多 16.3 个，高 12.29%；属水平平均多 17.5 个，高 10.43%。

表 5-9　各物种水平样品群里组成　　　　单位：个

样品	门水平		差异	属水平		差异
	全混合日粮	青贮		全混合日粮	青贮	
BY-S-X	149.0	133.0	16.0	185.7	167.7	18.0
BY-Y-H	146.0	127.7	18.3	182.7	162.7	20.0
纤维素酶	149.7	137.7	12.0	186.3	174.3	12.0
动物通用益生菌	149.7	128.7	21.0	185.7	164.7	21.0
乳酸+酵母	148.7	135.3	13.4	185.7	172.7	13.0
对照	149.0	124.0	25.0	184.3	154.3	30.0
益加益	150.3	141.7	8.6	186.7	178.0	8.7
平均	148.91	132.59	16.3	185.30	167.77	17.5

第六章　柠条全混合发酵日粮颗粒饲料

第一节　全混合日粮颗粒饲料

全混合日粮（TMR）是依据草食动物配合饲料加工的基本原理，在反刍动物营养需求不是十分明确的前提下，根据反刍动物在不同的生理生长阶段对能量、蛋白质、脂肪、纤维素、矿物质和维生素等的需求，先将精饲料和粗饲料进行粉碎，再与其他的原料、添加剂等按照一定的比例在全混合发酵日粮搅拌机中充分搅拌均匀，将其加工成散状或是粒状的全价日粮（亓宝华等，2018）。颗粒状的全混合发酵日粮，是先粉碎所有的精粗饲料，再用混合机充分混合均匀，经过高温高压的调质处理，经过制粒机模孔挤压，制成颗粒（李刚，2018）。通过柠条的生物学特性与柠条不同时期的营养成分测定分析，及对全混合发酵日粮颗粒饲料加工技术和贮存技术进行研究，运用反刍动物的饲料配制技术、加工调制技术、全混合发酵日粮颗粒饲料加工工艺等多种技术进行集成组装，研发营养价值全面均衡、体积小、便于运输、便于贮存、安全易操作、生产成本适中的全混合发酵日粮颗粒饲料。全混合发酵日粮颗粒饲料具有营养均衡、粉尘少、适口性好、营养价值全面、保存和运输方便、饲喂简单等诸多的优点（罗军等，2004）。

全混合发酵日粮克服了传统饲养方法中的精饲料和粗饲料分开饲养、营养的不均衡、无法精确供给等问题。全混合发酵日粮饲喂方式可以使反刍动物瘤胃内微生物对饲料中碳、氮的分解和利用更加趋于同步（刘庭玉等，2012），从而使瘤胃内的 pH 值变化更为平缓，有利于瘤胃中微生物的生长和繁殖（朱霞云等，2017），改善了反刍动物瘤胃的消化机能，并提高反刍动物对饲料利用效率。

全混合发酵日粮颗粒饲料是在全混合发酵日粮研究的基础上发展起来的。全混合发酵日粮颗粒饲料按照羊只在舍饲模式下营养供需的模式和需求，依据羊对粗纤维、粗蛋白质、粗脂肪、维生素、矿物质以及能量等营养物质的需要，将切割粉碎的粗饲料、精饲料以及其他各类补充营养物质进行混合（刘喜生等，2015），并且利用工业化的方式将混合物加工成一定大小的颗粒状的日粮，保证了各种营养成分的分布均衡，因此可以实现羊的科学化和定量化饲养（李纪委等，2016）。

第二节 羊用全混合发酵日粮颗粒饲料的优点

一、营养均衡

羊用全混合发酵日粮颗粒饲料是根据羊的不同生长阶段和不同生理的营养需求，将各种必需的营养物质和饲料原料按照适当的比例，对饲料原料进行切短、粉碎并混合均匀，而制成的一种营养全面的颗粒状日粮。全混合发酵日粮颗粒饲料可保证羊吃进去的每一口日粮中，都含有其所需要的各种营养物质，而且摄入的每一口饲料中都养分均衡，原料精粗比搭配适当。全混合发酵日粮颗粒饲料进入瘤胃后，瘤胃内微生物对饲料中可利用碳水化合物和蛋白质的分解速度更趋于同步，有利于维持羊瘤胃内环境的相对稳定性，更有利于羊瘤胃中的微生物发酵、消化、吸收和代谢，从而利于提高羊对饲料的转化率和利用率，进一步减少因饲料供应不均衡带来的消化道疾病以及食欲不振、营养性应激等（Ostergaard et al.，2000）。

二、有利于羊消化和吸收

羊用全混合发酵日粮颗粒饲料在加工、生产和制作过程中会产生大量的热，可使得原料中的蛋白质、淀粉和纤维等物质的结构发生变化，从而使得这些营养成分在羊的小肠中更加容易进行分解、消化和吸收，进一步提高饲料利用率。比如，在全混合发酵日粮制粒过程中，饲料中的淀粉可在高温条件下发生糊化，糊化后的淀粉可与饲料中的蛋白质发生紧密结合，并转化成瘤胃不可降解蛋白质，直接通过羊的瘤胃，进入小肠进行消化，使饲料中的优质蛋白受到保护，在小肠中以氨基酸的形式被羊吸收，因此全混合发酵日粮经制粒可以提高羊对饲料蛋白氮的利用效率。阎占卿等（2017）研究报道，全混合发酵日粮颗粒饲料可以释放出饲草芳香味，增强饲料的适口性，从而使得羊对饲料的采食量增加了30%左右。全混合发酵日粮饲料在挤压制粒的处理过程中，可以使秸秆等粗饲料中的粗纤维和淀粉的含量减少，可溶性糖类的含量增加，从而使得羊对秸秆类粗饲料的消化利用能力得到明显改善。植物蛋白在遇到高温的时候，会引起变性反应，而且植物蛋白的变性有利于蛋白质在羊消化道中的化学性消化，因此，通过制粒处理更有利于羊有效利用饲料中的植物蛋白。此外，通过加热和挤压处理，还可以灭杀一部分饲料原料中的一些病原微生物，破坏一部分微生物毒素，从而减少羊的一些疾病的发生，有利于羊的健康。

三、有利于充分利用当地的工业副产品和农副产品等饲料资源

羊用全混合发酵日粮颗粒饲料中的粗饲料原料一般都是采用当地的工业副产品和农副产品，如：平茬后的柠条秸秆、玉米秸秆、小麦秸秆、稻草秸秆等，既对农作物副产品和工业废弃物等可饲用资源进行了充分利用，也降低了饲料的成本，节省了精饲料，提高了养殖的经济效益。将农副产品或工业废弃物可饲资源采用传统方法或全混合发酵日粮技术直接饲喂，其适口性比较差，从而影响了羊的采食量，降低了羊的生产性能，从而影响了养殖户和养殖企业的经济效益。但是，经过全混合发酵日粮颗粒技术处理之后，一些转化率比较低的

原料，如棉籽粕、糟渣等，其适口性可得到提升，有效地防止了羊的挑食，并提高了羊的采食量，进而提高了羊的生产性能，降低了羊的养殖成本，提升了经济效益（Michael，1995）。

四、更有利于规模化生产，节约人力成本

羊用全混合发酵日粮颗粒饲料可以采用大规模的工业化进行生产，并且全混合发酵日粮颗粒饲料其密度是原来的 5~10 倍以上，体积大大减少，吸潮吸湿性极大地降低，更加有利于饲料的储存和运输，节省了大量的人力成本，同时减少了饲喂过程中的饲草料的浪费。也在一定程度上减少了粉尘等对环境的污染，有利于规模化的饲养和管理，从而提高了养殖的规模化效益，提升了劳动生产效率。

第三节　柠条全混合发酵日粮饲料资源的开发利用及应用前景

一、柠条全混合发酵日粮饲料资源的开发利用

大量研究表明，发酵饲料能提高动物的日增重，这是因为发酵饲料中的有益菌能在饲料中繁衍，从而降解部分纤维，使饲料软化，既提高了采食量，又可产生消化酶，能增强家畜的消化能力，同时诱导动物机体内源消化酶的分泌，进而提高饲料转化率。发酵饲料还可以提高氮的利用率，提高机体免疫能力等，所以得到了越来越广泛的应用（李长青，2015）。特别是在我国北方荒漠草原地区，这些地区在饲草料缺乏的同时，又广泛且大量地存在着柠条等粗饲料资源，但是，这些资源却因为适口性差、含有抗营养因子等原因而不能被充分利用，导致了资源的浪费。因此，利用发酵处理柠条，既可以使饲料软化提高适口性和采食量，又可以长期保存饲料，是柠条资源利用的一个良好途径。该试验用柠条替代部分干草和苜蓿，制备成发酵全混合发酵日粮饲料，母羊采食正常、体况良好，但其采食量与颗粒饲料相比尚有一定差距，还有待于进一步改进配方。特别是在冬季，牧区大多为基础母畜，一般不追求高的日增重，只要以最小的成本安全过冬便可取得较好的经济效益。由此可见，将柠条制作成发酵饲料，不仅能变废为宝，而且能延长其保存期，能够提供稳定的过冬饲草来源，有明显的经济效益和社会效益。

柠条发酵饲料可代替部分秸秆、青干草和苜蓿等常见过冬粗饲料，制备成发酵全混合发酵日粮饲料，羊只采食正常、生长良好，节约了饲喂成本，是基础母畜过冬保膘及抗灾保畜的理想饲料代替品。

二、柠条颗粒饲料开发应用前景

将全混合发酵日粮散状饲料进一步经过加工处理成为全混合发酵日粮颗粒饲料，这必定会额外增加饲料加工生产的成本，会间接地增加养殖户和养殖企业的饲养成本。但要评价一项饲养技术以及经济上的可行性，应该将饲养成本及饲养动物所带来的饲养效益结合起来，并进行综合分析。从整体分析来看，使用全混合发酵日粮颗粒饲料饲养羊所带来的饲养效益提高的幅度要显著地高于饲料生产成本提高的幅度。林嘉等

（2001）的试验研究表明，使用全混合发酵日粮颗粒饲料饲喂湖羊，可使每只湖羊每天的效益增加69.68%。所以，相对于规模化、集约化和现代化的养羊企业而言，全混合发酵日粮颗粒饲料饲喂技术的使用，是提高养殖企业的市场竞争力、提升养殖企业经济效益的有效措施。据调查统计，目前市场上的柠条草粉颗粒饲料预售价为1400～1600元/t，企业加工销售收入空间在400～600元/t（含企业管理、税收等）。在宁夏，由于柠条资源丰富，柠条颗粒饲料不仅可替代部分粮食，而且柠条颗粒饲料经牛羊过腹还田，可提供大量有机肥，有利于改良土地，保护农业生态环境，同时带动农村部分劳力投入柠条饲料加工业和畜牧业的生产中，带动相关产业的发展并稳定地增加农民收入。

第四节　柠条颗粒饲料生产系统研发

随着饲料工业和柠条产业化的大力发展，柠条颗粒饲料加工生产企业亟须高效、节能、自动化程度高的生产线，不仅能够提高生产效率和产品品质，而且能够促进柠条颗粒饲料加工生产行业的快速发展。因此，研究一套适合柠条颗粒饲料生产的加工工艺就成为亟待解决的问题。

一、柠条颗粒饲料生产加工工艺的总体方案

在国内柠条颗粒饲料生产现状分析的基础上，结合信息技术、计算机网络技术及智能控制技术，主要包括集料系统及依次与其连接的粉碎系统、配料系统、制粒系统、冷却系统和包装系统；集料系统包括集料装置及与其连接的轮带输送装置；粉碎系统包括粉碎装置及与其连接的粉碎除尘装置；配料系统包括配料装置及与其连接的水分装置；水分装置包括水分仓及设置于其上的水分检测装置、营养液添加装置、搅拌装置和控制装置；制粒系统包括制粒装置及与其连接的制粒除尘器；冷却系统包括冷却器及与其通过管路依次连接有上闭风器和风机；包装系统包括成品料仓及与其依次连接的包装秤、包装辅助输送机和包装机（图6-1）。

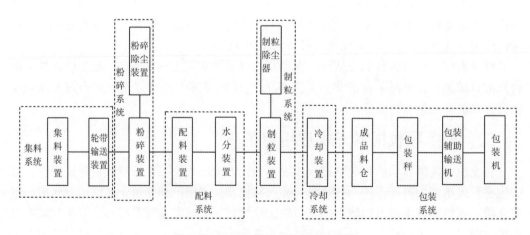

图6-1　柠条颗粒饲料加工技术流程

二、柠条颗粒饲料加工工作原理

首先将物料置于负压集料仓中，物料通过设置于负压吸风腔上的负压风机，从负压集料仓被运送至轮带输送装置，随后物料通过轮带输送装置被输送至粉碎系统；物料进入粉碎机中进行粉碎工艺，粉碎后的物料通过提升装置进入螺旋下料仓，此时，吸风机动作，通过螺旋下料仓的上端设置的吸风口将粉碎后的物料中的杂质吸入布袋除尘器进行除尘，被除尘后的粉碎物料随后通过闭风器到达螺旋输送机，通过螺旋输送机的运输，粉碎后的物料由螺旋输送机下表面的若干个出料口通过管路到达配料系统的配料仓内；根据设定量开启配料管路上的开关阀，将配料筒内需要添加的辅料添加至配料仓内，得到混合料，随后配料仓内的混合料由配料出口端被出料输送机运送至水分仓内，设置于水分仓的水分进料端的水分检测装置检测混合料的水分信息，根据所检测的水分信息对水分仓内的混合料进行合理范围内营养液的添加，并通过搅拌装置搅拌均匀，水分出料端的水分检测装置检测离开水分仓的混合料的水分信息，以判断该时段的物料是否需要重新添加营养液，离开水分仓的混合料通过制粒输送机被运送至制粒系统；混合料由制粒输送机进入制粒机内进行制粒工艺，制粒完成的物料随后通过制粒出料口进入颗粒仓，在颗粒仓内，制粒除尘器对颗粒物料进行颗粒除尘；颗粒除尘完成的物料通过冷却输送到达冷却系统，颗粒物料在冷却器中经过一段时间内的冷却，由冷却出料口通过包装输送机运送至包装系统进行成品包装工艺。

三、柠条颗粒饲料生产系统

如图 6-1 所示，柠条颗粒生产系统包括集料系统及依次与其连接的粉碎系统、配料系统、制粒系统、冷却系统和包装系统。

1. 集料系统

集料系统包括集料装置及与其连接的轮带输送装置；集料装置包括集料仓及与其连接的负压吸风腔；集料仓的上端设置有物料进口端，其下端设置有物料出口端，物料出口端与负压吸风腔连通；负压吸风腔的底端设置有若干个负压风机；负压吸风腔通过轮带输送装置与粉碎系统连接。

2. 粉碎系统

粉碎系统包括粉碎装置及与其连接的粉碎除尘装置；粉碎装置包括粉碎机及与其连接的提升装置；粉碎机采用型号为 HLT600 的粉碎机，提升装置采用型号为 TD200 的提升机，其具有将粉碎机粉碎的物料提升至粉碎除尘装置的作用。

粉碎机通过提升装置与粉碎除尘装置连接；粉碎除尘装置包括螺旋下料仓及设置于其下方的闭风器；螺旋下料仓的上端设置有吸风口，吸风口通过吸风管路与依次连接有吸风机和布袋除尘器；螺旋下料仓的侧面设置有进料口，进料口与提升装置连接；闭风器连接有螺旋输送机；螺旋输送机的下表面设置有若干个出料口；出料口通过出料管路与配料系统连接；出料口均匀地排布于螺旋输送机的下表面，出料管路上设置有开关阀和可视镜。

3. 配料系统

配料系统包括配料装置及与其连接的水分装置；配料装置包括配料仓及通过配料管路与其连接的配料筒；配料仓的下端设置有配料出口端，配料出口端通过出料输送机与水分装置连接；配料仓的上端设置有配料进口端，配料进口端通过配料管路与设置于配料仓的上方的配料筒连接；配料筒的数量设置有若干个；配料管路上设置有开关阀和可视镜。

4. 水分装置

水分装置包括水分仓及设置于其上的水分检测装置、营养液添加装置、搅拌装置和控制装置；水分检测装置包括红外检测机构；营养液添加装置包括混合加压装置及通过管路分别与其连接的水箱和营养液箱；水分仓设置有水分进料端和水分出料端；水分进料端与出料输送机连接，水分出料端与制粒系统连接；水分仓的水分进料端和水分出料端均设置有水分检测装置，分别用于检测进入水分仓的物料的水分信息和离开水分仓的物料的水分信息，水分仓的上端设置有营养液添加装置和搅拌装置，根据所检测的水分信息对水分仓内的物料进行合理范围内营养液的添加，搅拌装置起着将物料和营养液搅拌均匀的作用，控制装置与水分检测装置、营养液添加装置和搅拌装置电连接，起着控制水分检测装置、营养液添加装置和搅拌装置的作用，接收和处理水分检测装置检测的水分信息的作用。水分装置中水箱和混合加压装置之间、菌液箱和混合加压装置之间均设置有流量控制阀和流量计；混合加压装置通过管路连接有若干个菌液喷头；流量控制阀、流量计通过线路与控制装置电连接。

5. 制粒系统

制粒系统包括制粒装置及与其连接的制粒除尘器；制粒装置包括制粒输送机及与其连接的制粒机；制粒机设置有制粒进料口和制粒出料口；制粒进料口与制粒输送机连接；制粒出料口连接有颗粒仓；颗粒仓与制粒除尘器连接；颗粒仓的下端设置有颗粒出料口，颗粒出料口通过冷却输送机与冷却系统连接；制粒输送机采用型号为SSX-J1的带式输送机；制粒机采用型号为SZHL560的颗粒机，制粒除尘器采用型号为JUANURY的袋式除尘器。

6. 冷却及包装系统

冷却系统包括冷却装置；冷却装置包括冷却器及与其通过管路依次连接有上闭风器和风机；冷却器设置有冷却出料口，冷却出料口通过包装输送机与包装系统连接；冷却器采用型号为SKLN1.5的逆流式滑阀冷却器；冷却输送机与包装输送机均采用型号为FM-3F3的皮带输送机；冷却出料口通过包装输送机与成品料仓连接；包装系统包括成品料仓及与其依次连接的包装秤、包装辅助输送机和包装机。

柠条颗粒饲料生产加工工艺是在对原来的颗粒饲料生产线进行深入分析研究的基础上，结合国内柠条颗粒饲料生产加工的实际情况，提出的系统解决方案。不仅解决了原来加工工艺存在的不足，而且降低了企业的生产成本、提高了企业效益，同时促进了柠条产业的发展，具有良好的推广应用前景。

第五节　柠条全混合发酵日粮颗粒饲料研发

根据舍饲滩羊饲养模式和营养需要的特点设计饲料配方，选择柠条全混合发酵日粮和不同比例的精饲料，生产全混合发酵日粮颗粒饲料。研究比较柠条全混合发酵日粮不同比例对全混合发酵日粮颗粒成型品质（感官性状、长度、直径、容重、含粉率、粉化率、成型率、硬度和密度等）的影响，确定较合理的柠条发酵颗粒精粗饲料比例。柠条发酵颗粒饲料含有大量的有机酸、多种消化酶、B 族维生素及未知的促生长因子，使柠条发酵颗粒饲料的适口性变好，采食速度和采食量增加，饲料消化吸收率和营养物质转化率提高，增长加速。将柠条发酵饲料制成颗粒饲料饲喂羊，增重效果显著。柠条全混合日粮通过发酵，其中的营养成分有很大幅度的上升；而中性洗涤纤维和酸性洗涤纤维含量有下降的趋势。将所有物料添加到混合搅拌机内并进行低速搅拌，混合均匀，并将混合后的物料的温度控制在 25 ℃ 以下；物料混合后的总水分含量为 20% ~ 25%；混合物料中发酵饲料占比为 20% ~ 30%。

一、柠条全混合发酵日粮不同比例对颗粒饲料成型工艺影响的研究

全混合发酵日粮颗粒成型饲料是根据草食性动物的营养需要，将精饲料补充料和经过揉碎的粗饲料按照一定的比例混合均匀，通过制粒机将其挤压成型，加工制得的一种营养全面的成型颗粒饲料。饲喂颗粒饲料可以提高反刍动物饲料干物质的采食量、提高饲料的消化率以及提高生长动物的日增重（Blanco 等，2014），同时也可以降低饲养的成本（张勇等，2017）；与此同时，颗粒饲料中被粉碎的粗饲料还可以改变反刍动物瘤胃挥发性脂肪酸的发酵类型，使得其由乙酸发酵转变成为丙酸发酵，这对肉羊的增重以及对于饲料中能量的利用极为有利。

在全混合发酵日粮颗粒饲料生产加工过程中，其中每一步的细微改变都可能对最终饲料产品及动物饲用后的生产性能造成影响。本研究通过大量预实验，确定了全混合发酵日粮颗粒饲料产生的工艺流程和工艺参数。在试验过程发现，工艺流程和工艺参数一定的情况下，发酵饲料在颗粒饲料中比例对成型品质有很大的影响。

二、研究材料与方法

1. 饲料配比及试验处理

饲料配方：饲料配比浓缩料（正大 186）15%、玉米 30%、麸皮 10%、柠条 20%、苏丹草 25%。

试验处理：颗粒饲料加工水分含量要求在 20% 以下，全混合发酵日粮含水量一般在 50% 左右，全混合发酵日粮含水量在 13% 左右，因此，根据计算结果，全混合发酵日粮添加比例在 25% 以下。经预试验，发现当混合饲料中粗饲料比例超过 20% 时，生产效率低，制粒性能低、制粒机模孔易堵塞，饲料发黑，制粒机出现停机现象。因此设计 5 个不同水平处理，见表 6-1。

表 6-1　试验处理　　　　　　　　　　　　　　　　　　单位:%

不同配比	全混合发酵日粮	全混合日粮	含水量
处理 1	0	100	11.6
处理 2	5	95	14.0
处理 3	10	90	16.3
处理 4	15	85	18.7
处理 5	20	80	21.1

2. 样品制备

每批饲料在制粒时间 30 min 之后,在制粒机的出料口,每隔 5 min 进行一次取样,每次取样量 1 kg。取样之后,将每个样品进行充分混合,再按照四分法将样品量缩至 5 kg 左右,供分析用。

3. 感官性状的评价

通过感官判断饲料色泽是否均匀,表面是否光滑、有无裂痕。

4. 直径和长度的测定

从样品中随机选取 20 粒颗粒料,用游标卡尺逐个测定直径,计算平均值;取 20 粒,逐个测定长度,计算平均值。游标卡尺规格:150 mm,精度为 0.02 mm。

5. 颗粒硬度的测定

按照《饲料分析及饲料质量检测技术》(张丽英,2007)中的关于颗粒饲料硬度的方法进行测定。从样品中,随机抽取 20 个样品,采用谷物硬度测定仪进行测定,将颗粒饲料径向夹于弹簧夹具上,读取颗粒被压断前的最大压力,计算平均值。

$$\bar{x} = \frac{1}{20}(x_1 + x_2 + \cdots + x_{20})$$

式中, $\bar{x}$ ——样品硬度;

　　　 x_1 、 x_2 ……——各单粒样品的硬度。

6. 含粉率的测定

选用 2.00 mm 的标准筛,取约 600 g 的样品,进行手工筛理 (110~120 次/min,往复范围为 10 cm),筛理时间 5 min,称取筛下物,按如下公式计算饲料样品中含粉率。

$$\varphi_1 = \frac{m_1}{m_0} \times 100\%$$

式中, φ_1 ——样品的含粉率,%;

　　　 m_0 ——样品的总质量,kg;

　　　 m_1 ——筛下物的制粒,kg。

7. 粉化率的测定

称取样品 600 g 左右,用 3.5 mm 筛孔的筛格,先预筛 5 min。从筛上物内称取出 500 g 的饲料样品,同时制备 2 份。将已预筛的 2 份样品称重后分别装入到粉化仪的两个回转箱内,盖紧回转箱的箱盖,启动粉化仪,回转箱的转速为 500 r/min,回转

10 min，结束后取出样品，将样品置于 3.5 mm 筛孔的筛格内筛 5 min，最后称取筛上物重量。粉化率按照如下公式计算。

$$\varphi_2 = \left(1 - \frac{m}{500}\right) \times 100\%$$

式中，φ_2——粉化率，%；

m——回转后筛上物质量，kg。

8. 容重的测定

仔细并轻柔地将饲料的样品倒入 1000 mL 的量筒中，直到刚好在量筒的 1000 mL 的刻度线上为止，使用小药匙进行容积调整。再将饲料的样品从量筒中倒出来称重，每个样品进行 3 次测定，计算其平均值。

9. 密度的测定

在制粒机的出料口处，收取 50 粒成型的颗粒饲料，自然条件下冷却，颗粒饲料的温度不能高于环境的温度 5 ℃。从 50 粒成型的颗粒饲料中，挑选出 1/5 的表面完整的颗粒作为测量的样品，使用 "0" 号砂纸将选取的样品的两端磨平，用游标卡尺对每一个颗粒进行长度和直径的测量，并称取其重量，计算样品颗粒的密度，并取平均值。每间隔 5 min 进行重复取样并测定一次，共测量 3 次，计算其平均值。

$$\rho = \frac{4 \times 10^6 \, m_d}{\pi D^2 L}$$

式中，ρ——颗粒饲料密度，g/mm^3；

m_d——单颗饲料的质量，g；

D——单颗饲料的直径，mm；

L——单颗饲料的长度，mm。

10. 数据分析

试验所得数据用 *Excel* 2010 进行整理，用 *SPSS* 17.0 统计软件的 *Univariate* 进行方差分析，采用 *LSD* 法对组间差异显著性进行检验，差异显著性判断标准为 P<0.05。

三、结果分析

1. 不同柠条发酵饲料水分含量对柠条全混合发酵日粮发酵颗粒饲料感官性状的影响

经过肉眼观察，手触摸，综合评定各组全混合发酵日粮颗粒饲料的感官性状，结果见表 6-2，可见：各组饲料外观色泽都较均匀，圆柱状直颗粒。当含水率 21.1% 时，颗粒紧实、外观光滑、深褐色，酒香味浓；含水率为 18.7% 时，颗粒紧实、外观较光滑、褐色、酒香味较浓；含水率为 16.3% 时，颗粒较紧实，紧握后手上残留微量粉末、褐色、酒香味、表面有少量横向或纵向浅裂纹；含水率为 14.0% 时，颗粒略松散，紧握后手上残留少量粉末、浅褐色、微酒香味、表面粗糙、膨松；经感官判断，饲料的精粗比对压缩颗粒的感官性状有明显影响。试验结果当含水率 21.1% 时，颗粒感官性状要优于其他比例颗粒饲料。

表 6-2　不同含量配比对柠条全日混合发酵颗粒饲料感官性状的影响

不同配比	外观	色泽	表面光滑度	味道	质地
处理 1	圆柱状直颗粒	浅黄色、色泽均匀	较光滑	糊香味	紧实
处理 2	圆柱状直颗粒	浅褐色、色泽均匀	表面粗糙、膨松	微酒香味	略松散，紧握后手上残留少量粉末
处理 3	圆柱状直颗粒	褐色、色泽均匀	表面有少量纵向或横向深裂纹	酒香味	较紧实，紧握后手上残留微量粉末
处理 4	圆柱状直颗粒	褐色、色泽均匀	表面较光滑	酒香味较浓	紧实
处理 5	圆柱状直颗粒	深褐色、色泽均匀	表面光滑	酒香味浓	紧实
常规饲料	圆柱状直颗粒	浅褐色、色泽均匀	较光滑	微酒香味	紧实

2. 不同水分含量对柠条全混合发酵日粮发酵颗粒饲料物理指标的影响

不同水分含量对于颗粒饲料的含粉率、粉化率、硬度、容重、密度、长度和直径的影响测定结果见表 6-3。

表 6-3　不同配比柠条全日混合发酵颗粒饲料物理指标测定

不同处理	含水率/%	含粉率/%	粉化率/%	硬度/%	容重/(g/L)	长度/mm	直径/mm	体积/mm³
处理 1	11.6	11.4	11.95	11.59	520	20.46	7	461.58
处理 2	14.0	8.88	9.79	13.94	500	18.98	7	730.08
处理 3	16.3	8.29	9.15	15.00	480	20.46	7	786.99
处理 4	18.7	3.05	5.05	17.04	450	21.38	7	822.38
处理 5	21.1	1.77	2.83	47.16	436	22.49	7	865.06

（1）不同处理水分含量对柠条全混合发酵日粮发酵颗粒饲料含粉率和粉化率的影响

颗粒饲料的含粉率及粉化率是评价颗粒饲料的加工品质的两个重要指标。虽然目前还没有公开发布的关于反刍动物全日混合发酵颗粒饲料的国家标准和行业标准，但由表6-3可见，柠条颗粒饲料水分含量在 21.1%、18.7%时，颗粒饲料的含粉率及粉化率均在猪、鸡、鸭和兔颗粒饲料的国家标准（含粉率<4.0%、粉化率<10%）标准以内，符合颗粒饲料生产要求。试验结果显示，不同处理组的颗粒饲料的含粉率随着饲料含水率的增加而减少，当颗粒饲料含水量在 21.1%时的含粉率比含水量 11.6%、14.0%、16.3%、18.7%处理组降低了 84.48%、80.07%、78.65%及 42%，$y_{(含粉率)} = -105.97x +$

23.993（$R^2 = 0.9415$）。不同处理组的颗粒饲料的粉化率随着饲料含水率的增加也减少，颗粒饲料含水量为 21.1% 时的粉化率比含水量 11.6%、14.0%、16.3%、18.7% 处理组降低了 76.32%、71.09%，69.07%、44%。并且在全混合发酵日粮饲料中加入适量的柠条发酵粗饲料，依然可以保证有较好的颗粒饲料成型度，对全混合发酵日粮颗粒饲料的含粉率及粉化率有明显影响。$y_{(粉化率)} = -97.075x + 23.616$（$R^2 = 0.9579$）。

（2）不同处理水分含量对柠条全混合发酵日粮发酵颗粒饲料硬度的影响

颗粒饲料硬度变化规律是随着饲料含水量及柠条发酵饲料增加而硬度逐渐升高，$y_{(硬度)} = 314.28x - 30.408$（$R^2 = 0.6345$）。试验结果表明，在相同的生产工艺、相同的生产参数条件下，当颗粒饲料含水量在 21.1% 时的硬度比含水量 11.6%、14.0%、16.3%、18.7% 处理组提高了 306.9%、238.3%、214.4%、176.8%。这可能是柠条纤维素含量高，其颗粒质量比较轻，通过环模的时间比较长，故颗饲料较硬，抗碎性较好有关。

（3）不同处理水分含量对柠条全混合发酵日粮发酵颗粒饲料容重和密度的影响

在相同的生产工艺、相同的生产参数条件下，不同的含水量对颗粒饲料的容重有着明显的影响，随着饲料中精饲料比例的减少，粗饲料比例和含水量的增加，颗粒饲料的容重和密度显著降低，饲料压缩比例减小。当含水量为 11.6% 时，颗粒的容重比 14.0%、16.3%、18.7%、21.1% 处理组提高了 3.85%、7.69%、13.46% 和 16.15%。

（4）不同处理水分含量对柠条全混合发酵日粮颗粒饲料长度和直径的影响

在同一工艺参数条件下饲料中的含水量影响到颗粒的长度。随着饲料中含水量的增加，颗粒的长度随之先降后升。当含水量为 11.6% 时，颗粒饲料的长度比含水量 14.0% 处理组高了 7.23%，比 18.7%、21.1% 处理组降低了 4.5% 和 9.92%，但是对颗粒饲料直径没有任何影响。

3. 不同水分含量对柠条全混合发酵日粮发酵颗粒饲料营养指标的影响

通过制粒后，添加发酵饲料的粗蛋白质均比未添加的要高，NDF、ADF 含量均比对照要低，饲料品质有所提高。能量比对照低（表 6-4）。

表 6-4　柠条不同菌种发酵饲料营养成分测定

样品名称	Ash/%	钙/%	磷/%	CP/%	EE/%	CF/%	NDF/%	ADF/%	ADL/%	能量/(J/g)
发酵饲料	11.8	1.130	0.38	16.13	1.84	26.1	54.3	35.4	10.5	17 178
0	6.6	0.754	0.35	13.63	2.72	19.6	63.8	24.1	7.6	16 490
5%	7.5	0.890	0.37	14.51	2.60	19.6	63.6	23.6	6.6	16 147
10%	7.5	0.869	0.34	13.62	2.63	16.6	56.7	20.4	5.6	15 860
15%	7.2	0.820	0.35	13.68	2.38	16.8	57.6	25.0	5.4	15 529
20%	7.8	0.894	0.31	13.79	1.85	20.1	52.6	25.1	7.1	16 423

有机酸的检测是判断青贮饲料品质好坏最关键、最直接、最重要的指标，常测定的

有机酸包括乳酸、乙酸、丙酸和丁酸等（表6-5）。发酵良好的青贮饲料中，乙酸含量占干物质的1%～4%，丙酸含量1.5%；丁酸含量应接近于0%。乙酸与丙酸应高于4：1。说明不同处理饲料发酵品质特别优良。通过制粒后，pH值随着添加比例增加，逐渐下降。菌种继续进行发酵，添加比例越大，不同有机酸乙酸含量越高。

表6-5 柠条发酵颗粒饲料有机酸含量

处理	pH值	乙酸/ （mg/kg）	丙酸/ （mg/kg）	异丁酸/ （mg/kg）	丁酸/ （mg/kg）	戊酸/ （mg/kg）	异戊酸/ （mg/kg）	乙酸/丙酸
发酵饲料	3.62	11 635	8822	1038	3453	2436	1397	8.50
0	0	0	0	0	0	0	0	0.00
5%	6.77	12 980	10 154	1163	4154	2831	1605	8.73
10%	6.63	13 475	10 762	1229	4723	3057	1757	8.76
15%	6.45	13 236	10 703	1246	4822	3127	1777	8.59
20%	5.51	13 499	10 668	1245	4761	3088	1772	8.57

四、发酵颗粒饲料生产加工工艺

随着减抗和无抗时代的来临，以及人们对环境污染的关注，抗生素替代品已广泛应用。发酵饲料原料不仅可以消除抗营养因子、降解蛋白质、提高饲料原料营养吸收水平、解决动物的营养性腹泻，还能补充大量活性益生菌、抑制有害菌的生长、减少疾病的发生，大大减少抗生素等药物类添加剂的使用，改善动物健康水平，提高动物食品安全性。发酵饲料原料产品都要经过热气流烘干处理，使水分降低到12%以下，以便于长期贮存。但是发酵后的干燥过程很容易让发酵菌种失活，降低了发酵饲料原料的使用价值和营养附加值，发酵饲料原料的烘干工艺成本也很高，约占加工成本的50%以上。湿态发酵饲料原料是指发酵后不经烘干处理，直接使用，以保护生物活性，提高使用价值，同时降低生产成本。但是，由于湿态发酵原料水分含量高（35%～45%），流动性极差，降低添加湿态发酵原料对颗粒饲料质量和制粒效率的影响非常必要。

直接投入配合饲料生产线中使用，无法粉碎到成品要求的粉碎粒度，在料仓中极易结拱，很难进行自动配料，在混合过程中不易分散、容易与极易吸潮的原料瞬间形成不能分散的湿团，导致混合粉料水分分布不均匀，制成的颗粒某点水分高易引起霉变。同时，由于湿态发酵原料水分含量高，添加后使混合粉料的水分显著增加，为了不影响颗粒质量和制粒效率，在配合饲料中的添加比例受到限制。因此，开发一种湿态发酵原料的预处理工艺，保护发酵原料生物活性，提高添加湿态发酵原料配合饲料水分的均匀性，在饲料加工过程中，适宜的水分含量有利于制粒，能提高颗粒饲料产品的加工质量和生产效率，降低加工成本。相关研究表明，调质前粉料的水分含量在12.5%左右；调质后入模物料的水分含量在15.0%～16.5%比较合理，生产的颗粒饲料加工质量较好，光洁度均匀，粉化率低，同时能耗也较低，最终产品的水分含量也易达到标准要求

（一般加工后颗粒饲料的水分应不高于 12.5%）。

通过试验结果进行整理，总结出发酵颗粒饲料加工技术流程：

柠条原料—揉搓粉碎—配合成全日混合饲料—加入微生物发酵剂—吨袋发酵—密封处理—配料（柠条发酵饲料、精料、水）—混合—制粒—散热晾干—成品—包装。

五、讨论

1. 不同水分含量对全混合发酵日粮颗粒饲料感官性状的影响

通过感官比较发现，随着饲料中柠条发酵饲料比例的增加，颗粒饲料感官品质逐渐上升，颗粒表面光滑度升高，含粉率降低，颗粒表面美观度上升。这些情况的产生可能和柠条发酵饲料中粗饲料的粉碎程度以及粗纤维的含量有关。李峰等（2014）报道，在使用的饲料原料含有较高的纤维含量，同时原料粉碎不足之时，就会出现生产的颗粒饲料的表面出现较多的横纹的情况，进而影响到生产的颗粒饲料的适口性及外观。出现这种情况的原因主要是因为原料在进入到制粒机的模孔时，因为原料中的纤维的直径长度比制粒机的模孔还要长，当饲料颗粒被制粒机挤压出来之后，纤维的膨胀作用而使得生产的颗粒饲料的横断面上出现了横贯的裂纹。

2. 不同水分含量配比对全混合发酵日粮颗粒饲料含粉率和粉化率的影响

含粉率及粉化率都是评价颗粒饲料的质量的重要指标。颗粒饲料含粉率的高低直接关系到动物对成型饲料的利用程度（刘志刚等，2017）；颗粒饲料的粉化率如果过高，在贮存的时候就极易发生破碎及分离，从而造成颗粒饲料中的营养成分的损失；粉化率如果过低，就容易引起动物的消化困难，同时还增加了能耗及成本（陈贵银，2008）。李佳丽等（2015）报道，饲料配方中草粉比例的增加，生产的颗粒饲料的含粉率以及粉化率随之下降。在生产颗粒饲料时，以谷物为主要原料，淀粉含量越高，颗粒料的耐久性指数越好，粉化率越低。

3. 不同水分含量配比对全混合发酵日粮颗粒饲料硬度的影响

硬度表示饲料颗粒的结实程度，是检测颗粒饲料品质的重要指标之一。生产中，颗粒饲料硬度要求适中，硬度太高，影响适口性，进而影响生产性能；硬度太低，脆性增加，易碎。饲料的粉化率增加，造成浪费，影响饲料品质。本研究试验结果表明，随着饲料中精饲料含量的降低、柠条发酵粗饲料含量的升高，颗粒饲料的硬度也升高。有研究表明，适当增加谷物用量，可以提高饲料颗粒的硬度（于翠平等，2014）。在本试验中，混合饲料中的精饲料原料主要是玉米，其淀粉的含量高，在挤压制粒的过程中，原料中的淀粉发生糊化作用，使饲料黏性增强，硬度增加；粗纤维自身虽然没有黏性，但是试验结果表明，适量的粗纤维有利于饲料的黏结，这可能是因为饲料中的粗纤维和饲料中其他富有黏性的物质结合后，在饲料颗粒中形成骨架，起到支撑作用，从而提高了饲料颗粒的硬度。本试验混合颗粒饲料中粗饲料主要原料为柠条发酵饲料，随着粗饲料比例的增加，粗纤维含量增加，淀粉减少，饲料颗粒硬度升高。在试验中发现，当粗饲料所占比例超过 20% 时，饲料中粗纤维含量过高，且因纤维的存在，原料在制粒过程中，通过制粒机模孔的阻力就会增大，时间也延长，模孔易堵塞，生产出的饲料颗粒变硬，饲料发黑，制粒机出现停机现象，饲料生产效率就会降低，而且制粒机压膜因受到摩擦作用，对设备磨损增大，会降低制粒机的使用寿命和生产效率。

4. 不同柠条水分含量配比对全混合发酵日粮颗粒饲料容重和密度的影响

全混合发酵日粮饲料经制粒后，体积减小，便于运输，节约了贮存空间。莫放等（2006）试验研究发现，使用苜蓿干草、玉米秸秆和精饲料进行混合，加工制备颗粒饲料，制备成的颗粒饲料的密度是玉米秸秆的10倍，因此极大地减少了贮运空间。同时，制备的颗粒饲料防止了牛羊的挑食，降低了饲料的饲喂浪费，缩短了饲料的饲喂时间。而且，制备的颗粒饲料提高了适口性，增加了牛羊的采食量。本试验的研究结果还表明，饲料中的不同的粗、精、水分比还影响了颗粒的容重，随着饲料中精饲料比例的降低粗饲料比例的增加，全混合发酵日粮颗粒的容重降低。饲料容重反映了饲料的密度。容重轻、密度小的饲料，颗粒较疏松，运输中易崩裂。容重大，所占体积小，节约包装成本。因此，制粒技术是柠条饲料加工利用的关键环节。

5. 不同水分含量配比对全混合发酵日粮颗粒饲料长度和直径的影响

颗粒饲料的长度和直径可以影响到羊的采食量、采食行为、生产性能以及瘤胃的功能。Bonfante等（2016）研究发现，与混合饲料相比，饲喂直径为8 mm左右的颗粒料，试验奶牛采食的干物质的量更多，反刍的时间减少，短时间内可以改善奶牛瘤胃健康状况和生产性能。谢建亮等（2019）分析不同颗粒粒度对不同牛群消化率发现，全混合发酵日粮颗粒的粒度越大，粗饲料越长，饲料过瘤胃的速度越慢。赵兴等（2020）通过试验研究发现，在摄入的干物质量一定的情况下，降低羔羊的全混合发酵日粮中苜蓿草颗粒的长度，能够提高试验羔羊的生长性能，育肥效率也更高。本研究结果表明，在本试验工艺参数一致的条件下，颗粒饲料的长度既受饲料中水分比例影响，也受粗饲料组成的影响，这可能与饲料中粗纤维含量和粗纤维来源有关，目前有关这方面的研究较少。后续研究还需进一步探讨不同来源的纤维结构与颗粒料长度之间的关系。

第七章 柠条发酵饲料的应用

全混合日粮（TMR）是以不同生长发育和生产阶段反刍动物的营养需求为依据，按照一定的比例将精饲料、粗饲料、维生素、矿物质等日粮原料用搅拌机混合均匀，制作成营养平衡的日粮。全混合发酵日粮可以使得动物每次采食到的都是营养均衡、比例适宜的饲料，对饲料适口性有着很大的改善，反刍动物因挑食、采食不均而造成的营养不良的状况有所减少，提高了饲料的转化率和动物的生产性能。还可以显著提高反刍动物生产效率，改善动物产品质量，提高饲料的利用率；减少饲料的浪费，增加养殖户的经济收入；促进和推动畜牧业的健康发展。

第一节 柠条发酵饲料与未发酵饲料对比饲养试验

一、试验方法

1. 羊只选择

在盐池县飞达农机合作社选择体重、体质相近，生长发育正常的滩羊成羊 60 只，试验分为 2 组，每组 30 只。组间差异不显著（$P>0.5$）。预试期 2019 年 7 月 5—15 日，试验期从 7 月 15 日至 10 月 13 日，试验期 90 d。生物发酵饲料直接饲喂，每天饲喂 2 次，6：00—7：00、17：00—18：00，自由采食、饮水。

2. 日粮组成

2 组羊采用的日粮配方如表 7-1 所示。各组除了柠条与苏丹草的比例不一样，其他饲料比例完全一致。氨态氮含量较高是由于在饲料中添加了 0.2%尿素。

表 7-1 柠条复合生物发酵饲料配方　　　　　　　　　　　　　　单位:%

日粮组成	试验 1	试验 2
苦豆渣	9	9
预混料	1	1
豆粕	8	8
玉米	30	30
麸皮	12	12

（续表）

日粮组成	试验1	试验2
柠条	8	16
苏丹草	32	24
合计	100	100

3. 饲料发酵

饲料发酵采用湖南碧野生态农业科技有限公司生产的 ZF 型生物饲料发酵机，将配合好的饲料原料加水搅拌均匀，使物料含水量达到 55% 左右，在 75~80 ℃ 高温下 2 h，然后再降温到 40 ℃，加入预混料、发酵菌，在发酵罐内再搅拌 2 h 后出料，用内部密闭的塑料袋，压实包装好，再在自然条件下让饲料在袋内再发酵 7 d 后，可以取料饲喂羊只。

4. 日粮营养

对 2 个配方的日粮进行测试分析，主要营养物质含量及能量等指标如表 7-2 所示。

表 7-2 柠条复合生物发酵饲料配方　　　　　　　　　　单位:%

指标	发酵	未发酵
粗脂肪	1.73	2.94
粗纤维	24.77	23.87
粗蛋白质	15.77	13.08
纤维素	17.06	18.11
中性洗涤纤维	44.41	59.35
酸性洗涤纤维	25.81	24.60
酸性洗涤木质素	24.37	23.66
粗灰分	5.27	11.79
钙	0.687	1.22
磷	0.40	0.56

二、结果分析

1. 育肥结果分析

从表 7-3 中可以看出，试验组全期每只滩羊日平均增重为 184.11 g 以上，对照组为 146.55 g。试验组比对照组多增重 37.56 g/d，料重比为对照组（6.25）>试验组（5.10），料重比越小，饲料饲喂效果越好。

表7-3 试验羊只增重统计

体重	试验组	对照组	平均
初重/kg	26.46±3.29	26.45±3.16	26.45±3.23
末重/kg	43.03±5.40	39.64±4.64	41.34±5.02
增重/kg	16.57	13.19	14.88
日增重/g	184.11	146.55	165.33
饲料量/kg	84.47	82.47	83.47
料重比	5.10	6.25	5.61

2. 经济效益分析

从表7-4中可以看出，每千克增重成本越高，饲养成本越高，每千克增重成本试验组最低为成本为8.80元，对照组为10.44元。增重收入是指除去饲料成本后净收入：试验组（4.18元）>对照组（3.09元）。饲料报酬试验组（3.58元）>对照组（3.02元）。总体来说，柠条全价饲料经过发酵后育肥效果要比未发酵的效果好。

表7-4 平均经济效益对比

组别	日增重/g	日增重价值/元	日耗料/kg	日耗料成本/元	料重比	每千克增重成本/元	增重收入/元	饲料报酬/元
试验组	184.11	5.80	0.94	1.62	5.10	8.80	4.18	3.58
对照	146.55	4.62	0.91	1.53	6.25	10.44	3.09	3.02
平均	165.33	5.21	0.93	1.58	5.61	9.55	3.63	3.29

注：按照羊肉价格70元/kg，发酵饲料1.72元/kg，未发酵饲料1.68元/kg计算。屠宰率按照45%计算。

第二节 柠条发酵饲料不同添加比例饲养试验

一、试验方法

1. 试验设计

在盐池县城西滩养殖场选择，体重、体质相近，生长发育正常的滩羊成羊60只，公母比例一致，试验分为4组，每组15只。组间差异不显著（$P>0.5$）。预试期2019年4月11—21日，为期10 d，预试期内完成驱虫、编号，并试喂试验期饲料，预试期摸索采食量，以逐步增加到试验规定的饲喂量，预试期最后一天早晨空腹称重为试验始重。到试验期结束，早晨空腹称重为末重。试验期从4月21日至6月30日，试验期70 d。生物发酵饲料直接饲喂，每天饲喂2次，6：00—7：00、17：00—18：00，自由采食、饮水。在试验4个组中各选择一只初始体重分别为：17.68 kg、20.00 kg、

22.00 kg、27.23 kg 羊只，每过 10 d 称重一次。主要想通过不同体重羊只增重效果，了解多大体重羊只育肥效益较好，为滩羊养殖户进行滩羊育肥提供生产依据。我们分为 A、B、C、D 4 组。

2. 日粮组成

4 组羊采用的日粮配方如表 7-5 所示。各组除了柠条与苏丹草的比例不一样，其他饲料比例完全一致。氨态氮含量较高是由于在饲料中添加了 0.2% 尿素。

表 7-5　柠条复合生物发酵饲料配方　　　　　　　　　　　　　　　　　　单位:%

日粮组成	试验 1	试验 2	试验 3	试验 4
苦豆渣	9	9	9	9
预混料	1	1	1	1
豆粕	8	8	8	8
玉米	30	30	30	30
麸皮	12	12	12	12
柠条	8	16	24	32
苏丹草	32	24	16	8
合计	100	100	100	100

3. 饲料发酵

饲料发酵采用湖南碧野生态农业科技有限公司生产的 ZF 型生物饲料发酵机，将配合好的饲料原料加水搅拌均匀，使物料含水量达到 55% 左右，在 75~80 ℃ 高温下 2 h，然后再降温到 40 ℃，加入预混料、发酵菌，在发酵罐内再搅拌 2 h 后出料，用内部密闭的塑料袋，压实包装好，再在自然条件下让饲料在袋内再发酵 7 d 后，可以取料饲喂羊只。

4. 日粮营养

对 4 个配方的日粮进行测试分析，主要营养物质含量及能量等指标如表 7-6 所示。柠条复合生物发酵饲料粗蛋白质达到 14% 左右。能量 14 700~15 900 J/g，钙磷比基本上达到 2:1。氨态氮含量较高是由于在饲料中添加了 0.2% 尿素。

表 7-6　柠条复合生物发酵饲料配方

营养指标	试验 1	试验 2	试验 3	试验 4
水分/%	60.97	59.06	56.00	54.17
脂肪/%	2.50	2.40	2.46	2.23
粗蛋白质/%	14.10	13.78	13.79	14.71
灰分/%	8.63	7.44	7.47	8.06
钙/%	0.81	0.83	0.84	0.92

（续表）

营养指标	试验 1	试验 2	试验 3	试验 4
磷/%	0.44	0.42	0.39	0.41
粗纤维/%	25.58	26.12	26.42	25.89
中性洗涤纤维/%	47.54	44.71	48.55	47.01
酸性洗涤纤维/%	30.88	31.26	30.84	30.98
木质素/%	7.53	8.40	9.26	8.61
能量/（J/g）	15 845.0	15 701.0	15 741.5	14 737.5
氨态氮/（g/kg）	74.78	49.49	53.77	61.41

二、结果分析

1. 育肥结果分析

从表 7-7 中可以看出，试验组全期每只滩羊日平均增重为 150 g 以上，日增重依次为：试验 1 组（192.00 g）>试验 4 组（188.43 g）>试验 3 组（183.29 g）>试验 2 组（158.86 g）。试验 1 组比试验 2 组每日多增重 33.14 g，料重比为试验 2 组（5.01）>试验 3 组（4.16）>试验 1 组、试验 2 组（4.02），料重比越小，饲料饲喂效果越好。

表 7-7　试验羊只增重统计

体重	试验 1 组	试验 2 组	试验 3 组	试验 4 组	平均
初重/kg	20.84	20.86	20.94	20.87	20.88
标准差/kg	2.9790	2.8833	2.6697	2.3861	2.7295
末重/kg	34.28	31.98	33.77	34.06	33.52
标准差/kg	4.5072	3.4611	3.7647	5.1233	4.2141
增重/kg	13.44	11.12	12.83	13.19	12.65
日增重/g	192.00	158.86	183.29	188.43	180.65
饲料量/kg	54.00	55.67	53.43	53.00	54.03
料重比	4.02	5.01	4.16	4.02	4.30

从表 7-8 中可以看出，每千克增重成本越高，饲养成本越高，每千克增重成本试验组 1 组最低为成本为 5.70 元，试验 2 组为 6.61 元。试验 3、4 组为 6.86 元。增重收入是指除去饲料成本后净收入，也就是利润：试验 1 组（5.89 元）>试验 2 组（5.04 元）>试验 4 组（4.56 元）>试验 2 组（4.30 元）。饲料报酬试验 1 组（4.53 元）>试验 2 组（3.76 元）>试验 4 组（3.60 元）>试验 3 组（3.36 元）。总体来说，柠条在育肥饲料中比例过大，育肥效果相对差一些。试验 1 组中柠条比例 8%，育肥效果较好。

表 7-8　平均经济效益对比

组别	日增重/ g	日增重 价值/ 元	日耗料/ kg	日耗料 成本/ 元	料重比	每千克增 重成本/ 元	增重 收入/ 元	饲料 报酬
1 组	228.14	7.19	0.771	1.30	4.02	5.70	5.89	4.53
2 组	202.57	6.38	0.795	1.34	5.01	6.61	5.04	3.76
3 组	186.71	5.88	0.763	1.28	4.16	6.86	4.30	3.36
4 组	185.14	5.83	0.757	1.27	4.02	6.86	4.56	3.60
平均	200.64	6.32	0.772	1.30	4.30	6.51	5.02	3.86

注：按照羊肉价格 70 元/kg，饲料 1.68 元/kg 计算。屠宰率按照 45% 计算。

2. 羊只最佳育肥体重分析

从表 7-9 中看出，初始体重不一致的 4 个组，日增重不同，C 组最大为 228.14 g/d，其次为 B 组为 202.57 g/d，D 组第三为 186.71 g/d，A 组最小为 186.71 g/d。从增重效果来看，滩羊初始体重过大和过小育肥增重较差。我们把初始体重与日增重进行回归后：$y = -1.2543x^2 + 56.71x - 426.91$（$R^2 = 0.6835$）得到育肥效果最佳体重为 22.60 kg。由于当地消费习惯，顾客一般喜欢体重 34 kg 左右，屠宰胴体重在 17 kg 以内的羊只，羊肉价格为 58 元/kg；对于胴体重在 20 kg 以上的羊肉价格要低 50 元/kg。此时，滩羊相对脂肪较少、肉质好、营养最佳。因此，育肥中对于体重小的羊只，在生产上提高粗饲料比例，降低饲养成本。等羊只生长一段时间后达到 22 kg 后，再进行高强度的饲料进行育肥。对于体重过大的羊只，建议缩短育肥时间以 2 个月之内达到 34 kg 左右出栏销售。

表 7-9　试验羊只称重记录

组号	4 月 21 日	5 月 1 日	5 月 11 日	5 月 21 日	5 月 31 日	6 月 10 日	6 月 20 日	6 月 30 日	增重	日增重/ （g/d）
					kg					
A 组	17.68	19.88	21.90	23.60	24.60	26.18	27.33	30.64	12.96	185.14
B 组	20.00	21.55	23.93	25.88	27.75	30.05	32.33	34.18	14.18	202.57
C 组	22.00	24.68	26.95	28.43	31.43	33.38	35.75	37.97	15.97	228.14
D 组	27.23	29.28	31.93	33.40	35.30	36.33	38.73	40.30	13.07	186.71
平均	21.73	23.85	26.18	27.83	29.77	31.49	33.54	35.77	14.05	200.64

对 4 个初始体重不一样的几组羊只增重进行预测，增重随饲养时间成正比，直线回归。对于羊只生长符合罗蒂斯生长曲线，但后期由于羊只过于肥大，难以销售。只育肥了 70 d，达到当地销售标准为止。根据增重公式，可以根据体重建议育肥时间如表 7-10 所示。

表 7-10　不同初始重育肥羊体重预测公式及建议育肥时间

体重/kg	公式	R^2	预测值/g	实测值/g	误差率/%	建议时间/d
17.68	$y = 0.1688x + 18.068$	0.9830	168.82	185.14	8.81	100

（续表）

体重/kg	公式	R^2	预测值/g	实测值/g	误差率/%	建议时间/d
20.00	$y = 0.2064x + 19.734$	0.9987	206.42	202.57	-1.90	74
22.00	$y = 0.2255x + 22.181$	0.9977	225.51	228.14	1.15	57
27.23	$y = 0.1831x + 27.653$	0.9927	183.14	186.71	1.91	40
21.73	$y = 0.196x + 21.912$	0.9985	195.97	200.64	2.33	67

羊只育肥饲料量随着体重增加而增加，主要是为了满足生长和营养的需求。体重与饲料量之间高度拟合成正比例：$y = 0.1162x - 1.2393$（$R^2 = 0.9229$）初始体重为 21 kg 的羊只，日饲喂量 1 kg 发酵饲料，体重每增重 1 kg，所需要的饲料需要增加 0.1162 kg（图 7-1）。

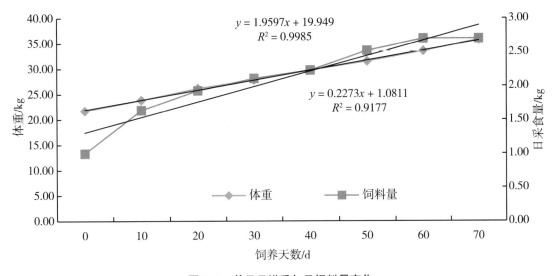

图 7-1 羊只日增重与日饲料量变化

3. 羊只最佳育肥体重分析

由于羊肉价格随着市场在波动，羊肉价格达到 40 元/kg 时，建立羊肉价格与饲料报酬之间相关数学模型：$y = 14.409x + 25.461$（$R^2 = 1$），当饲料报酬小于 1 的时候，说明进行按照精饲料进行舍饲育肥就不赚钱（表 7-11）。临界羊肉价格为 39.87 元/kg。对当地羊只市场调查得知，羊只以毛重 34 元/kg 进行交易。结合羊只成本，羊只出栏体重 35 kg，出肉率 50%，不同体重羊只赢利结果如表 7-12 所示。

表 7-11 平均经济效益对比

羊肉价格/元	日增重价值/元	日耗料/kg	日耗料成本/元	管理费/元	增重收入/元	饲料报酬/（元/元）
70	6.32	0.772	1.30	1.00	4.02	3.09

（续表）

羊肉价格/元	日增重价值/元	日耗料/kg	日耗料成本/元	管理费/元	增重收入/元	饲料报酬/（元/元）
60	5.42	0.772	1.30	1.00	3.12	2.40
50	4.51	0.772	1.30	1.00	2.21	1.70
40	3.61	0.772	1.30	1.00	1.31	1.01

表 7-12　不同初始重育肥羊体重效益估算

体重/kg	羊只成本/元	育肥时间/d	饲养成本/元	总成本/元	最低保本肉价/（元/kg）	现肉价/（元/kg）	盈亏/（元/kg）
17.68	601.12	100	230.00	831.12	46.17	56.00	9.83
20.00	680.00	74	170.20	850.20	47.23	56.00	8.77
21.73	738.82	67	154.10	892.92	49.61	56.00	6.39
22.00	748.00	57	131.10	879.10	48.84	56.00	7.16
27.23	925.82	40	92.00	1017.82	56.55	56.00	-0.55

以目前肉价来计算，赢利最好的是体重 17.68 kg 的羊，一只能赚 174 元；其次为体重 20 kg 的羊，一只羊能赚 175 元；体重 22 kg 的羊能赚 158 元；体重 27.23 kg 的羊育肥时间长，就会贴钱。

第三节　柠条发酵日粮不同使用比例对滩羊生产性能的影响

一、试验方法

1. 羊只选择

在盐池县郭文虎养殖场选择体重、体质相近，生长发育正常的滩羊成羊 60 只，公母比例一致，试验分为 4 组，每组 15 只。组间差异不显著（$P>0.5$）。预试期 2020 年 5 月 9—19 日，为期 10 d，预试期内完成驱虫、编号，并试喂试验期饲料，预试期摸索采食量，以逐步增加到试验规定的饲喂量，预试期最后一天早晨空腹称重为试验始重。到试验期结束，早晨空腹称重为末重。试验期为 2020 年 5 月 19 日至 9 月 1 日，为期 104 d。生物发酵饲料直接饲喂，每天饲喂 2 次，早晨 6：00—7：00，下午 17：00—18：00，自由采食、饮水。随机分为 4 组（表 7-13），设计不同柠条发酵料使用量为 0、25%、50%、75% 4 个添加梯度处理。

表 7-13 柠条发酵饲料饲喂试验方案

日粮组成	试验 1 组	试验 2 组	试验 3 组	试验 4 组
干料	100%	75%	50%	25%
发酵料	0	25%	50%	75%
合计	100%	100%	100%	100%

2. 日粮配方及营养水平

对日粮进行测试分析，主要营养物质含量及能量等指标如表 7-14 所示。柠条复合生物发酵饲料蛋白质达到 14% 左右。能量 14 700~15 900 J/g，钙磷比基本上达到 2∶1。氨态氮含量较高是由于在饲料中添加了 0.2% 尿素。

表 7-14 柠条发酵饲料配方及营养水平（干物质基础）　　　　　　　单位:%

项目	含量
正大 186 肉羊浓缩料	15
玉米	30
麸皮	10
柠条	20
苏丹草	25
合计	100
营养水平	
粗蛋白质	15.28
中性洗涤纤维	55.34
酸性洗涤纤维	33.06
钙	1.43
磷	0.40

3. 饲料发酵

饲料发酵采用湖南碧野生态农业科技有限公司生产的 ZF 型生物饲料发酵机，将配合好的饲料原料加水搅拌均匀，使物料含水量达到 55% 左右，在 75~80 ℃高温下 2 h，然后再降温到 40 ℃，加入预混料、发酵菌，在发酵罐内再搅拌 2 h 后出料，用内部密闭的塑料袋，压实包装好，再在自然条件下让饲料在袋内再发酵 7 d 后，可以取料饲喂羊只。

二、结果分析

1. 育肥结果分析

试验结果表明（表 7-15）：添加 50% 的柠条发酵饲料育肥效果最好，日增重为

140.48 g，其次为添加 25% 的柠条发酵饲料日增重为 138.42 g，添加 75% 的柠条发酵饲料日增重为 129.13 g，对照日增重为 119.23 g。

结合数学模型：$y=-0.0126x^2+1.0692x+119.57$（$R^2=0.9924$）。当添加 42.5% 柠条发酵饲料日增重效果最好。

表 7-15 试验羊只增重记录

组别	5 月 19 日	6 月 19 日	7 月 19 日	8 月 19 日	9 月 1 日	总增重	日增重/g
	kg						
试验 1 组	24.38	28.08	31.60	34.74	36.78	12.40	119.23
试验 2 组	24.54	29.27	34.00	37.00	39.04	14.50	139.42
试验 3 组	24.49	29.83	33.48	36.04	39.11	14.61	140.48
试验 4 组	24.26	30.56	33.51	35.83	37.69	13.43	129.13

从表 7-16 中可以看出，每千克增重成本越高，饲养成本越高，每千克增重成本试验组 3 组最低为成本为 13.45 元，试验 2 组为 13.99 元，试验 4 组为 14.64 元，试验 1 组最高 15.10 元。增重收入是指除去饲料成本后净收入，也就是利润：试验 2 组（3.10 元）>试验 3 组（2.86 元）>试验 4 组（2.39 元）>试验 1 组（2.32 元）。总体来说，柠条生物发酵饲料比未发酵饲料育肥效果好。

表 7-16 平均经济效益对比

组别	日增重/g	日增重价值/元	日耗料/kg	日耗料成本/元	料重比	每千克增重成本/元	增重收入/元	饲料报酬/（元/元）
试验 1 组	119.23	4.12	1.20	1.80	10.06	15.10	2.32	1.29
试验 2 组	139.42	5.05	1.30	1.95	9.32	13.99	3.10	1.59
试验 3 组	140.48	4.75	1.26	1.89	8.97	13.45	2.86	1.51
试验 4 组	129.13	4.28	1.26	1.89	9.76	14.64	2.39	1.26
平均	130.07	4.48	1.26	1.88	9.65	14.47	2.60	1.38

注：按照羊肉价格 70 元/kg，饲料价格 1.50 元/kg 计算。

2. 屠宰试验

饲喂试验结束时，每组屠宰 3 只羊，测定胴体重、瘦肉率。采集肉样测定眼肌面积、GR 值、肌肉 pH 值、失水率、熟肉率、大理石花纹，并测定肌内脂肪、脂肪酸等含量。

试验 2 组屠宰率为 51.58%，试验 1 组为 48.40%，试验 3 组为 46.96%，试验 4 组最低为 45.83%。净肉率最高的为试验 4 组 61.78%，试验 1 组为 57.85%，试验 3 组为 55.16%，试验 2 组为 55.16%。熟肉率：试验 2（57.22%）>试验 3 组（56.46%）>试验 1 组（55.96%）>试验 4 组（48.11%）（表 7-17）。

表 7-17 屠宰试验屠宰率调查

组别	毛重/kg	胴体重/kg	屠宰率/%	肉重/kg	净肉率/%	熟肉率/%
试验 1 组	33.75	15.85	48.40	9.17	57.85	55.96
试验 2 组	33.20	17.13	51.58	9.45	55.16	57.22
试验 3 组	34.50	16.20	46.96	9.06	55.91	56.46
试验 4 组	34.15	15.65	45.83	9.67	61.78	48.11
平均	33.90	16.21	48.19	9.34	57.68	54.44

试验 1 组背膘最大，试验 4 组最低，发酵添加比例越大，背膘越少：$y = -0.0458x + 8.324$（$R^2 = 0.8546$）。失水率随着添加比例增加而增加：$y = 0.0552x + 28.856$（$R^2 = 0.9363$）。为了更好地评价屠宰试验中肉质评价，采取 TOPSISI 综合评价法，变换矩阵（表 7-18，表 7-19）。

从表 7-20 中，可以看出，试验 4 组肉品质最好，试验 1 组最差。

表 7-18 肉品质检测结果

组别	背膘/mm	肋肉厚/（GR/mm）	肉重/kg	骨重/kg	肉骨比	脂肪/%	占胴体比例/%	失水率/%
试验 1 组	8.53	13.71	5.087	1.915	2.66	3.615	19.77	28.43
试验 2 组	6.50	16.46	4.723	1.925	2.45	3.978	21.09	30.89
试验 3 组	6.77	14.34	4.529	1.681	2.69	3.298	19.01	31.59
试验 4 组	4.62	17.58	4.834	1.958	2.47	3.576	21.10	32.80
平均	6.61	15.52	4.793	1.870	2.57	3.617	20.24	30.93

表 7-19 变换矩阵

组别	背膘	GR	肉重	骨重	肉骨比	脂肪	占胴体比例	失水率
试验 1 组	0.3599	0.4394	0.5302	0.4854	0.5176	0.4970	0.5104	0.4590
试验 2 组	0.4724	0.5275	0.4922	0.4829	0.4767	0.4516	0.4785	0.4987
试验 3 组	0.4535	0.4596	0.4720	0.5530	0.5234	0.5447	0.5308	0.5100
试验 4 组	0.6646	0.5634	0.5038	0.4748	0.4806	0.5024	0.4783	0.5296
最优向量	0.6646	0.5634	0.5302	0.5530	0.5234	0.5447	0.5308	0.5296
最劣向量	0.3599	0.4394	0.4720	0.4748	0.4767	0.4516	0.4783	0.4590

表 7-20 各个样本排序指标值

组别	D+	D-	统计量 CI	名次
试验 1 组	0.3471	0.0909	0.2075	4

（续表）

组别	D+	D-	统计量 CI	名次
试验 2 组	0.2432	0.1499	0.3813	3
试验 3 组	0.2431	0.1775	0.4220	2
试验 4 组	0.1149	0.3417	0.7483	1

3. 肉质营养品质检测

肉品质常规营养成分检测结果表明（表 7-21），试验 2 组含水量最低为 73.00%，试验 4 组>试验 1 组>试验 3 组>试验 2 组。水分的相对含量直接影响肉与肉制品的颜色、嫩度、多汁性以及风味，影响肉类和肉制品的加工特性和储存质量。通常，水分充足，肉品口感较鲜嫩，若水分流失过多，肉品口感会变硬。脂肪含量：试验 1 组>试验 2 组>试验 3 组>试验 4 组。肌肉中必须含有一定数量的肌内脂肪含量，这种肌内脂肪的含量是与肉品的风味多汁性和嫩度呈正相关的。蛋白质含量：试验 2 组>试验 3 组>试验 4 组>试验 1 组。羊肉中的粗蛋白质含量一般可达到 21% 以上。在肉制品中，蛋白质对肉制品品质起决定性的作用。胆固醇含量：试验 1 组>试验 4 组>试验 2 组>试验 3 组。

表 7-21　常规营养测试分析

组别	水分/%	脂肪/%	蛋白质/%	胆固醇/（mg/100 g）
试验 1 组	74.3	3.3	20.8	79.8
试验 2 组	73.0	3.2	21.7	74.7
试验 3 组	73.3	3.0	21.6	71.6
试验 4 组	74.5	2.7	21.4	77.2
平均	73.78	3.05	21.38	75.83

4. 肉品质氨基酸含量

必需氨基酸指人体（或其他脊椎动物）不能合成或合成速度远不能满足机体需要，必须由食物蛋白质供给的氨基酸。例如，赖氨酸、亮氨酸等。动物种类不同，所需的必需氨基酸也不同。对成人而言，必需氨基酸有 8 种，即：赖氨酸、色氨酸、苯丙氨酸、甲硫氨酸、苏氨酸、异亮氨酸、亮氨酸、缬氨酸。另外，组氨酸为婴幼儿所必需。此外，精氨酸、胱氨酸、酪氨酸、牛磺酸为早产儿所必需。必需氨基酸必须从食物中直接获得，否则就不能维持机体的氮平衡并影响健康。食物中蛋白质营养价值的高低，主要取决于所含必需氨基酸的种类、含量及其比例是否与人体所需要的相近。因此，动物蛋白质和植物蛋白质混合食用，不同的植物蛋白质混合食用，可以提高植物性蛋白质的营养价值。

氨基酸含量：试验 2 组>试验 3 组>试验 4 组>试验 1 组。必需氨基酸含量：试验 2

组>试验1组>试验3组>试验4组（表7-22）。

表7-22 羊肉氨基酸品质测试 单位：%

氨基酸名称	1组	2组	3组	4组	平均	标准差	CV
合计	22.752	23.580	23.577	22.993	23.226		
苏氨酸（Thr）	1.021	1.068	1.08	1.073	1.061	0.0232	2.19
缬氨酸（Val）	1.112	1.211	1.14	1.002	1.116	0.0752	6.74
异亮氨酸（Ile）	1.146	1.08	0.964	0.997	1.047	0.0712	6.80
亮氨酸（Leu）	1.908	1.957	1.85	1.873	1.897	0.0403	2.13
苯丙氨酸（Phe）	1.259	1.238	1.127	1.14	1.191	0.0582	4.88
赖氨酸（Lys）	2.219	2.251	2.341	2.195	2.252	0.0554	2.46
组氨酸（His）	0.945	0.809	0.959	0.841	0.889	0.0647	7.28
合计	9.610	9.614	9.461	9.121	9.453	—	—
比例	42.24	40.77	40.13	39.67	40.70	—	—
天门冬氨酸（Asp）	1.981	2.109	2.111	2.103	2.076	0.0549	2.65
丝氨酸（Ser）	0.903	0.935	0.972	0.951	0.940	0.0252	2.68
谷氨酸（Glu）	3.558	3.934	3.897	3.875	3.816	0.1504	3.94
甘氨酸（Gly）	0.983	0.963	0.991	0.913	0.963	0.0303	3.15
丙氨酸（Ala）	1.245	1.301	1.298	1.211	1.264	0.0377	2.99
胱氨酸（Cys）	0.183	0.141	0.142	0.114	0.145	0.0246	17.00
蛋氨酸（Met）	0.695	0.745	0.684	0.598	0.681	0.0529	7.77
酪氨酸（Tyr）	0.856	0.831	0.754	0.76	0.800	0.0442	5.52
精氨酸（Arg）	1.732	1.749	1.753	1.707	1.735	0.0181	1.04
脯胺酸（Pro）	1.006	1.258	1.514	1.64	1.355	0.2438	18.00

5. 各种脏器的比例

对各种脏器、羊皮、脂肪等称重统计，并进行百分比换算，结果见表7-23及表7-24。

表7-23 各种脏器重量 单位：kg

组别	头	蹄	皮	心	肝脏	肺	肾	脾脏	尾巴	脂肪
试验1组	1.957	0.770	3.100	0.152	0.678	0.532	0.090	0.063	1.350	1.093
试验2组	1.878	0.722	2.872	0.175	0.678	0.443	0.092	0.077	0.920	1.029
试验3组	1.835	0.687	2.900	0.228	0.655	0.377	0.095	0.067	1.055	1.047

（续表）

组别	头	蹄	皮	心	肝脏	肺	肾	脾脏	尾巴	脂肪
试验4组	1.997	0.783	3.235	0.192	0.590	0.478	0.087	0.084	1.530	0.847
平均	1.917	0.741	3.027	0.187	0.650	0.458	0.091	0.073	1.214	1.004

表7-24　各种脏器占总体重比例　　　　　　　　　　　单位:%

组别	头	蹄	皮	心	肝脏	肺	肾	脾脏	尾巴	脂肪
试验1组	5.31	2.09	8.42	0.41	1.84	1.44	0.24	0.17	3.67	2.97
试验2组	5.16	1.98	7.88	0.48	1.86	1.22	0.25	0.21	2.53	2.82
试验3组	5.12	1.92	8.08	0.64	1.83	1.05	0.26	0.19	2.94	2.92
试验4组	5.59	2.19	9.06	0.54	1.65	1.34	0.24	0.24	4.29	2.37
平均	5.30	2.05	8.36	0.52	1.80	1.26	0.25	0.20	3.36	2.77

第四节　柠条发酵日粮对滩羊生理及免疫机能的影响

一、试验方法

1. 试验动物

预饲期为1周，试验期为8周。试验地点选在盐池县王乐井乡羊场。选择年龄、体格大小接近的绵羊20只，随机分为2组。

2. 试剂及仪器

天门东氨酸氨基转移酶（AST）试剂、碱性磷酸酶（ALP）试剂、γ-谷氨酰基转移酶（GGT）试剂、丙氨酸氨基转移酶（ALT）试剂、总蛋白（TP）试剂、白蛋白（ALB）试剂、球蛋白（GLB）试剂、高密度脂蛋白（HDL-C）试剂、载脂蛋白A（ApoA1）试剂、载脂蛋白B（ApoB）、非酯化脂肪酸（NEFA）试剂、总胆固醇（TCH）试剂、甘油三酯（TG）试剂；白细胞介素-1（IL-1）、白细胞介素-2（IL-2）、白细胞介素-6（IL-6）、白细胞介素-8（IL-8）检测试剂盒；超低温冰箱（DW-HL388，中科美菱低温科技股份有限公司）、Varioskan FlasF全波长多功能酶标仪（Thermo，美国）、Varioskan FlasF全波长多功能生化仪（Thermo，美国）、离心机（TGL-16，江苏中大仪器科技有限公司）、移液枪（Eppendorf）。

3. 样品采集

分别于饲喂当天、15 d、30 d、45 d、60 d的对照组及试验组羊只进行颈静脉采血。采集每只羊的抗凝血及普通血样各一份，取样结束后置于冰盒中送回实验室。分离出的血清做好标记后置于-20 ℃保存。抗凝血血样置于4 ℃待检。血样常温下解冻，应用迈瑞兽用全自动生化分析仪对血浆中AST、ALP、GGT、ALT、TP、ALB、GLB、LDL-C、

HDL-C、ApoA1、ApoB、NEFA、TCH、TG 进行动态检测。

4. 相关细胞因子的检测

血样常温下解冻，采用 ELISA 法对血浆中 IL-1、IL-2、IL-6、IL-8 含量进行检测，具体检测方法如下：首先设置标准品孔和样本孔，标准品孔各加不同浓度的标准品 50 μL；分别设空白孔和待测样品孔。在酶标包被板上待测样品孔中先加样品稀释液 40 μL，然后再加待测样品 10 μL，轻轻晃动酶标板，使均匀混合。每孔再加入酶标试剂 100 μL，空白孔除外，用封板膜封板后置 37 ℃温育 60 min，等待期间将 20 倍浓缩洗涤液用蒸馏水 20 倍稀释后备用，待时间过后，小心揭掉封板膜，弃去液体，甩干，每孔加满洗涤液，静置 30 s 后弃去，如此重复 5 次，拍干。随后每孔先加入显色剂 A 50 μL，再加入显色剂 B 50 μL，轻轻震荡混匀，37 ℃避光显色 15 min。最后每孔加终止液 50 μL，终止反应（此时蓝色立转为黄色）。在加终止液后 15 min 以内，以空白孔调零，450 nm 波长依序测量各孔的吸光度（OD 值），并求出标准曲线，计算出样品含量。外周血中具有单个核的细胞，包括淋巴细胞和单核细胞。本试验采用 Ficoll-hypaque（聚蔗糖-泛影葡胺）密度梯度离心法分离外周血单个核细胞。

二、结果与分析

1. 血液生化指标的检测结果

试验组和对照组羊的生化指标总体 X±SD 结果见表 7-25。

表 7-25 试验组和对照组羊的生化指标总体 X±SD 结果

指标	试验组	对照组
KET/（mmol/L）	2.59±0.25[Aa]	0.49±0.35[Bb]
GLB/（mmol/L）	29.84±8.31	27.84±8.79
AST/（U/L）	99.86±35.08	96.95±26.62
A/G	0.97±0.31	1.07±0.37
ALP/（U/L）	14.36±11.94	5.79±6.13
GGT/（U/L）	25.06±16.15	19.69±4.24
TP/（g/L）	57.08±15.15	54.72±9.16
ALB/（g/L）	26.11±2.66	26.88±2.94
ALT/（U/L）	14.60±3.97[Aa]	21.44±21.44[Bb]
LDL-C/（U/L）	0.48±0.21	0.41±0.14
HDL-C/（U/L）	1.69±0.56	1.49±0.43
APOA1/（g/L）	0.0012±0.0007	0.0009±0.0005
APOB/（g/L）	0.020±0.015	0.015±0.013
NEFA/（mmol/L）	0.60±0.21	0.60±0.30

（续表）

指标	试验组	对照组
TCH／（mmol/L）	2.26±0.82	1.97±0.72
TG-2／（mmol/L）	0.19±0.03	0.17±0.03

注：同行数据肩标大写字母不同表示差异极显著（$P<0.01$），小写字母不同表示差异显著（$P<0.05$），无肩标表示差异不显著（$P>0.05$），下同。

2. 相关细胞因子的变化规律

在本研究中分别对试验 60 d 内血液中的 IL-1、IL-2、IL-6 和 IL-8 的水平进行了检测，发现在 IL-1、IL-2、IL-6 和 IL-8 在试验开始后都逐渐上升，在 45 d IL-1 明显下降，30 d IL-2 有所下降，IL-6 在试验开始后一直处于上升的趋势，IL-8 则是在 60 d 明显下降，总体上各细胞因子在试验阶段羊血液中的水平都处于上升趋势（表7-26）。

表7-26　试验不同阶段炎性相关因子变化规律（N=50，X±SD）　　单位：pg/mL

天数/d	IL-1／	IL-2／	IL-6／	IL-8／
0	107.82±16.20[a]	945.45±115.26[a]	113.88±10.44[a]	130.18±23.50[a]
7	143.68±27.76[b]	1130.41±173.02[b]	151.68±26.98[bc]	143.74±16.30[ab]
14	155.53±20.77[b]	1088.68±96.23[ab]	179.77±19.90[b]	165.31±20.94[b]
21	147.21±26.82[b]	1173.65±123.81[b]	180.01±34.31[b]	167.35±34.03[b]
28	171.22±42.52[b]	1175.15±219.64[b]	185.79±48.38[bd]	157.83±23.37[b]

注：同列数据肩标大写字母不同表示差异极显著（$P<0.01$），小写字母不同表示差异显著（$P<0.05$），无肩标表示差异不显著（$P>0.05$），下同。

3. 外周血单个核细胞的检测结果

单个核细胞密集在血浆层和分层液的界面中，呈白膜状，吸取该层细胞经洗涤离心重悬。结果显示，所分离单个核细胞纯度可达 95%，淋巴细胞占 90%~95%，细胞获得率可达 80% 以上。试验组与对照组平均外周血单个核细胞的检出率差别不明显。

第五节　瘤胃微生物多样性研究

发酵饲料是以微生物、复合酶为生物饲料发酵剂菌种，将饲料原料转化为微生物菌体蛋白、生物活性小肽类氨基酸。发酵饲料具有提高饲料营养水平、促进动物生长、维持动物肠道菌群平衡、提高动物免疫力等优点。随着近年来肉羊产业的快速发展，生物发酵饲料的应用范围日益广泛，已然成为众多养羊农户的首选饲料之一，应用效果良好。因此本研究采用乳酸+酵母+BY-H-Y复合菌剂对柠条饲料进行发酵，然后按照不同的比例和干料混合后饲喂滩羊，通过研究柠条发酵饲料对滩羊瘤胃微生物多样性的影响，旨在探讨发酵饲料在滩羊日粮中的合适添加比例，为柠条发酵饲料在宁夏滩羊养殖中使用提供数据支持。

一、材料和方法

材料和方法同本章第三节、柠条生物发酵日粮不同使用比例对滩羊生产性能的影响部分。在屠宰试验过程中对收集屠宰羊只瘤胃进行测试分析。

1. 样品采集与处理

试验结束后，对照组与处理组羔羊各随机选取 3 只，屠宰，剖开瘤胃，采集瘤胃内容物 15 mL 置于离心管中，临时置于干冰上，采样结束后带回实验室，于-80 ℃ 保存备用。瘤胃内容物样品送至百迈克生物科技有限公司进行 16SrDNA 测序，用于瘤胃微生物菌群结构分析。

2. 微生物信息学分析

微生物多样性是基于 PacBio 测序平台，利用单分子实时测序（SMRT Cell）的方法对 marker 基因进行测序，之后通过对 CCS（Circular Consensus Sequencing）序列进行过滤、聚类或去噪，获得有效的 CCS 序列，使用 Usearch 软件对 Reads 在 97.0% 的相似度水平下进行聚类、获得 OTU，并进行物种注释及丰度分析，揭示样品的物种构成；进一步进行 α 多样性分析（Alpha Diversity）、β 多样性分析（Beta Diversity）和显著物种差异分析、相关性分析、功能预测分析等。

3. 数据处理与分析

数据通过 Excel 2010 初步整理后，采用 DPSv9.01 进行统计分析，利用单因素方差分析，使用 t 检验对不同处理间的 Alpha 和 Beta 多样性指数进行差异评估，比较组间瘤胃微生物多样性及菌落结构方面的差异。在 Galaxy 进行 LEfSe 分析及菌群功能预测。结果用肩标大小写字母表示，$P < 0.05$ 为差异显著，$P < 0.01$ 为差异极显著，$P > 0.05$ 为无显著差异趋势。

二、结果与分析

1. 饲喂柠条发酵饲料对滩羊羔羊生长性能的影响

柠条发酵饲料对滩羊羔羊生长性能的影响结果见表 7-27，与对照组相比，试验 3 组的育肥终重、增重、日增重最高，显著高于对照组，说明添加 50% 的柠条发酵饲料可显著提高育肥效果。

表 7-27 柠条发酵饲料对滩羊羔羊增重及日增重的影响

项目	试验 1 组	试验 2 组	试验 3 组	试验 4 组
育肥始重/kg	24.38	24.54	24.49	24.26
育肥终重/kg	35.44[b]	36.73[ab]	37.09[a]	35.69[ab]
增重/kg	11.66[b]	12.19[ab]	12.60[a]	11.43[ab]
日增重/g	112.12[b]	117.21[ab]	121.15[a]	109.90[ab]

2. 饲喂柠条发酵饲料对滩羊瘤胃菌群多样性的影响

（1）数据量统计

CCS 是微生物多样性中的序列基本单元，概念上与测序中的"序列"相似。本结果中，Effective CCS 的最大和最小值分别出现在 M04 样品的 5930 和 M11 样品的 3071，其中 Effective CCS 符合测序分析要求（表 7-28）。

表 7-28 样品测序数据处理结果统计

样品 ID	Raw CCS	Clean CCS	Effective CCS	AvgLen/bp	Effective/%
M01	5490	4534	4403	1472	80.20
M02	6575	5265	5226	1461	79.48
M03	6302	5187	5137	1466	81.51
M04	7518	6115	5930	1470	78.88
M05	5686	4294	4284	1459	75.34
M06	5675	4342	4302	1477	75.81
M07	6186	4811	4744	1472	76.69
M08	7489	5931	5887	1474	78.61
M09	6259	4905	4866	1479	77.74
M10	4892	3655	3640	1472	74.41
M11	4130	3098	3071	1473	74.36
M12	4968	4343	4307	1464	86.69

（2）操作分类单元数量

Venn 图用于统计样本中所共有和独有的 OTU 数目，可以比较直观地观察环境样本的 OTU 数目组成相似性及特异性。利用瘤胃内细菌群落共有和独特的 OTU 数目对日粮中添加柠条发酵饲料育肥效果进行分析，由图 7-2 可知，4 个组共产生了 308 个 OTU，其中试验 1 组产生了 249 个 OTU，试验 2 组产生了 151 个 OTU，试验 3 组共产生了 186个 OTU，试验 4 组产生了 216 个 OTU。4 个组共享了 78 个 OTU，占总 OTU 数目的25.32%。试验 1 组、试验 2 组、试验 3 组合试验 3 组独有的 OTU 数目分别为 32 个、5个、3 个和 25 个，分别占总 OUT 的 10.39%、1.62%、1.00%和 8.12%，OTU 数目顺序为试验 1 组>试验 4 组>试验 3 组>试验 2 组，表明添加柠条发酵饲料降低了瘤胃内特有微生物的种类和多样性，差异不显著（$P>0.05$）。

（3）Alpha 多样性稀释分析

样品 Alpha 多样性指数稀释曲线见图 7-3，其中横轴为测序数据量，纵轴为 OUT 数目，随着测序数据量的增加 OUT 数目不再增加，即曲线趋于平缓，样品数据已饱和，

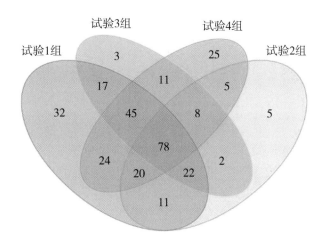

图 7-2 瘤胃菌群 Venn 图

表明测序深度可靠，能够真实反映样本中大多数微生物组成情况，足够进行菌群多样性分析。

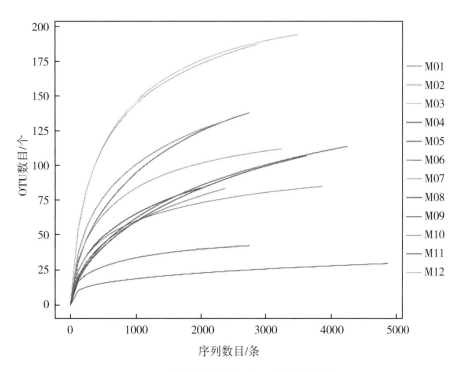

A. OTU 数量稀疏曲线（97% 相似度水平）

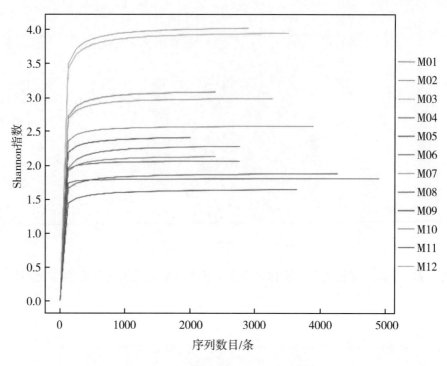

B. Shannon 指数稀疏曲线（97%相似度水平）

图 7-3　Alpha 多样性稀释曲线

Alpha 多样性反映的是单个样品物种丰度及物种多样性，有多种衡量指标：Chao1 指数、Ace 指数、Shannon 指数、Simpson 指数、覆盖率等。Chao1 和 Ace 指数衡量物种丰度即物种数量的多少。Shannon 指数和 Simpson 指数用于衡量物种多样性，受样品群落中物种丰度和物种均匀度的影响。相同物种丰度的情况下，群落中各物种具有越大的均匀度，则认为群落具有越大的多样性，Shannon 指数和 Simpson 指数值越大，说明样品的物种多样性越高。由表 7-29 和图 7-4 可见，试验 3 组的 Ace 指数、Chao1 指数略高于试验 1 组，差异不显著、Simpson 指数和 Shannon 指数无显著差异，说明试验 3 组中的物种数量多于试验 1 组，添加 50%柠条发酵饲料能够提高滩羊瘤胃中的物种数量。

表 7-29　Alpha 多样性

项目	试验 1 组	试验 2 组	试验 3 组	试验 4 组
Ace 指数	156. 5721	90. 3861	157. 6317	142. 8424
Chao1 指数	138. 8599	86. 9000	152. 0256	151. 5792
Simpson 指数	0. 8866	0. 7290	0. 6805	0. 8287
Shannon 指数	4. 6281	2. 9576	3. 1304	4. 1228
覆盖率/%	99	99	99	99

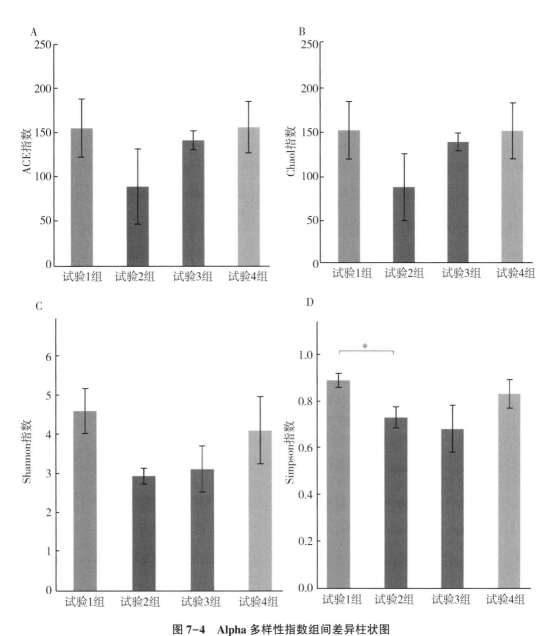

图 7-4 Alpha 多样性指数组间差异柱状图

（A. ACE 指数；B. Chaol 指数；C. Shannon 指数；D. Simpson 指数）

（4）Beta 多样性分析

Beta 多样性分析主要目的是比较不同样品在物种多样性方面存在的相似程度。采用加权 Unifrac 可以比较组别之间的微生物群落之间的距离，也可以直观地反映出不同组别之间物种的组成结构差异性。各组之间离散得越远，说明各组差异越大。本研究为了比较不同柠条发酵饲料添加量对滩羊瘤胃微生物区系影响，故此采用加权 Unifrac 的方法进行比较。由图 7-5 可以看出，本试验中，4 个组的 PCoA（主坐标分析）和

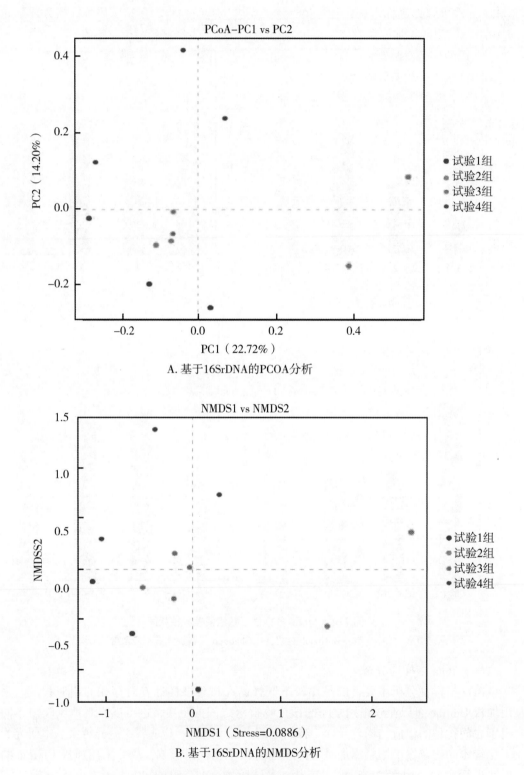

图 7-5 发酵饲料对滩羊瘤胃菌群影响的 **PCoA** 和 **NMDS** 分析

NMDS（非度量多维标定法）相距较远，说明各试验组瘤胃微生物区系存在着差异，也进一步可以说明添加柠条发酵饲料可以使滩羊瘤胃微生物群落结构发生改变。

3. 饲喂柠条发酵饲料对滩羊瘤胃菌群组成的影响和菌落结构分析

（1）门水平结构分析

滩羊瘤胃细菌在门水平上的组成和相对丰度见表 7-30 和图 7-6，4 个组中滩羊瘤胃液中的优势菌主要为厚壁菌门、拟杆菌门、变形菌门和 Kiritimatiellaeota、Patescibacteria、软壁菌门、浮霉菌门、变形菌门占到了总细菌的 99% 以上。对照组中优势菌种为厚壁菌门、拟杆菌门、Kiritimatiellaeota、Patescibacteria、软壁菌门和浮霉菌门，分别占比 58.89%、31.11%、3.03%、2.35%、1.68% 和 1.15%，约占瘤胃中细菌总数的 98.21%；试验 1 组滩羊瘤胃液中的优势菌为厚壁菌门、拟杆菌门和变形菌门，分别占比为 46.07%、38.34% 和 14.27%，约占瘤胃中细菌相对丰度总数的 98.68%；相比于对照组，试验 1 组中滩羊瘤胃液中变形菌门的相对丰度显著提高；试验 2 组滩羊瘤胃液中的优势菌为厚壁菌门、拟杆菌门、Kiritimatiellaeota、软壁菌门和浮霉菌门，分别占比 73.78%、21.28%、1.09%、1.03% 和 1.08%，约占瘤胃中细菌相对丰度总数的 98.26%；相比于对照组，试验 2 组滩羊瘤胃液中厚壁菌门的相对丰度最高，与其他各组差异显著；试验 3 组滩羊瘤胃液中的优势菌种为厚壁菌门、拟杆菌门、变形菌门、Kiritimatiellaeota 和软壁菌门，分别 46.97%、35.54%、11.62%、2.20% 和 1.80%，约占瘤胃中细菌总数的 98.13%，拟杆菌门的相对丰度最高，与其他各组差异不显著。总体来看，添加 25% 的发酵饲料可以显著提高滩羊瘤胃液中变形菌门的相对丰度，可以提高拟杆菌门的丰度；添加 50% 的发酵饲料可以显著提高滩羊瘤胃液中厚壁菌门的相对丰度；随着发酵饲料添加比例的不断增加，滩羊瘤胃液中优势菌 Kiritimatiellaeota、Patescibacteria、软壁菌门和浮霉菌门细菌的相对丰度有降低的趋势。

表 7-30　柠条发酵饲料对滩羊瘤胃菌群在门平上相对丰度的影响

项目	试验 1 组	试验 2 组	试验 3 组	试验 4 组
厚壁菌门 Firmicutes	58.90[b]	46.07[c]	73.78[a]	46.97[c]
拟杆菌门 Bacteroidota	31.11	38.34	21.28	35.54
Kiritimatiellaeota	3.03	0.61	1.09	2.20
Patescibacteria	2.35[a]	0.16[b]	0.56[b]	0.90[b]
软壁菌门 Tenericutes	1.68	0.49	1.03	1.80
浮霉菌门 Planctomycetes	1.15	0.01	1.08	0.13
变形菌门 Proteobacteria	0.83[b]	14.27[a]	0.67[b]	11.62[a]
疣微菌门 Verrucomicrobia	0.44	0.02	0.00	0.70
广古菌门 Euryarchaeota	0.17	0.00	0.02	0.03
放线菌门 Actinobacteria	0.15	0.02	0.48	0.00

（续表）

项目	试验1组	试验2组	试验3组	试验4组
uncultured_bacterium_k_Bacteria	0.07	0.00	0.00	0.00
蓝细菌门 Cyanobacteria	0.07	0.00	0.00	0.00
互养菌门 Synergistetes	0.04	0.00	0.00	0.00
螺旋菌门 Spirochaetes	0.00	0.00	0.00	0.12

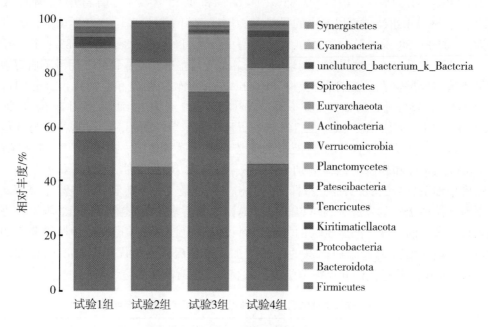

图7-6　门水平上瘤胃菌群分布图

（2）属水平结构分析（前十）

滩羊瘤胃细菌在属水平上的组成和相对丰度见图7-7和表7-31，4组滩羊瘤胃液菌群总共包含80个属，其中有28个菌属相对丰度比例在1%以上，分别为其他解琥珀酸菌属、普雷沃菌属、胃球菌属、*uncultured_bacterium_f_Muribaculaceae*、普雷沃氏菌科*UCG-001*、牛月形单胞菌、毛螺菌科*ND3007*、未分类的乳球菌科、*uncultured_bacterium_o_WCHB1-41*、理研菌科*RC9*、念珠菌糖单胞菌、韦荣球菌属*UCG-001*、乳球菌科*UCG-014*、毛螺菌科*AC2044*、凸腹真杆菌科、未分类的软化细菌科*RF39*、未分类的毛螺旋菌科、小梨形菌属、未分类的韦荣球菌科、瘤胃球菌属_2、琥珀酸弧菌科_*UCG-001*、巨球型菌属、*Prevotella*、琥珀酸弧菌、*Shuttleworthia*、*Succinivibrionaceae_UCG-002*、未分类的普雷沃氏菌科等。与试验1组相比，试验2组瘤胃液中巨球形菌属和琥珀酸弧菌属的细菌相对丰度显著高于试验1组（$P<0.05$），其他细菌属相对丰度与试验1组相比具有相等或者降低的趋势；试验3组瘤胃液中解琥珀酸菌属和普雷沃氏菌属的相对丰度显著高于试验1组（$P<0.05$），其余细菌属相对丰度与对照组相比具有降

低的趋势；试验 4 组瘤胃液中解琥珀酸菌、*uncultured_bacterium_f_Muribaculaceae*、理研菌科 *RC9 Rikenellaceae_RC9_gut_group* 的相对丰度显著高于对照组（$P<0.05$），其余细菌属丰度与试验 1 组无显著差异。

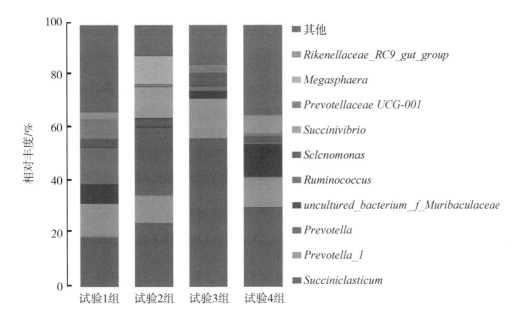

图 7-7　属水平上瘤胃菌群分布图

表 7-31　柠条发酵饲料对滩羊瘤胃菌群在属水平上相对丰度的影响（前十）

项目	试验 1 组	试验 2 组	试验 3 组	试验 4 组
其他	33.14[a]	11.63[b]	15.03[b]	34.51[a]
解琥珀酸菌属	19.31[b]	24.52[b]	56.79[a]	30.43[ab]
胃球菌属	13.96[a]	0.32[b]	2.03[ab]	0.93[b]
普雷沃菌属	12.66[b]	15.19[b]	25.98[a]	11.69[b]
uncultured_bacterium_f_Muribaculaceae	7.37[ab]	0.47[c]	2.80[bc]	12.40[a]
普雷沃菌科	7.23[a]	0.99[b]	2.87[ab]	0.94[b]
牛月形单胞菌	3.21	2.86	4.75	2.13
理研菌科 *RC9*	2.72[ab]	0.14[b]	0.37[b]	6.96[a]
巨球形菌属	0.24[b]	10.63[a]	0.01[b]	0.01[b]
琥珀酸弧菌属	0.16[b]	12.11[a]	0.17[b]	0.00[b]

三、讨论

（1）反刍动物瘤胃是比较复杂的发酵容器，寄居着多种数量庞大的微生物菌群，包括细菌、真菌和纤毛虫等，可以将粗纤维含量较高和可利用率低的牧草与秸秆类作物转化为机体所需的营养物质，满足动物机体的生长需求。有研究表明，反刍动物瘤胃中的优势菌群主要为厚壁菌门和拟杆菌门，其在瘤胃发酵过程中扮演着重要角色。前人研究发现，努比亚山羊瘤胃中优势菌群依次为拟杆菌门和厚壁菌门；拟杆菌门为湖羊瘤胃第一优势菌；羊瘤胃细菌群落组成中的优势菌种依次为拟杆菌门 43.11%、厚壁菌门 32.24%、变形菌门 3.95%、放线菌门 1.13%；滩羊瘤胃中优势菌群按照相对丰度由大到小依次为厚壁菌门、拟杆菌门和放线菌门。本研究结果显示：优势菌群按照相对丰度由大到小依次为厚壁菌门、拟杆菌门和变形菌门，这个结果与上述研究结果一致。

（2）进一步从门水平上来看，滩羊瘤胃液中优势菌门是厚壁菌门、拟杆菌门和变形菌门。有研究表明，厚壁菌门和拟杆菌门二者含量的比例会影响机体对能量的吸收，而且两者的比例对发酵多糖也很重要，拟杆菌门降低或厚壁菌门增加都有助于促进脂肪吸收累积；肥胖者肠道菌群中拟杆菌门、厚壁菌门的比例较之体重正常者明显降低，厚壁菌门和拟杆菌门存在一种相互促进的共生关系，它们共同促进宿主吸收或储存能量，这可能是因为厚壁菌门细菌富含淀粉、半乳糖及丁酸等代谢酶，有助于促进机体对能量的吸收，更有利于脂肪的沉积；发酵饲料组厚壁菌门相对丰度远大于非发酵饲料组，说明饲喂发酵饲料显著增加了厚壁菌门的相对丰度（乳杆菌属为厚壁菌门）。本试验中试验 2 组厚壁菌门相对丰度明显增加，有助于滩羊羔羊的生长和发育，促进增重，正好解释了试验 2 组羔羊生长性能最高的原因。

（3）进一步从属水平来看，普雷沃氏菌属是普遍存在于草食动物瘤胃中数量最多的一类拟杆菌门菌属，参与多种微生物代谢、具有较高活性的半纤维素降解能力和适应不同日粮结构的能力，在蛋白质、淀粉、木聚糖和果胶的降解过程中发挥着重要作用。研究表明，解琥珀酸菌属中产琥珀酸拟杆菌，具有很高的纤维分解活性，能够将瘤胃球菌不能降解的晶体纤维素降解，是最早被研究的瘤胃菌种之一。还有研究结果显示，产琥珀酸丝状杆菌产生的酶具有独立的纤维素化区和结合区，纤维降解能力很强，并且还能降解黄白瘤胃球。本试验研究表明：除了其他菌群外，解琥珀酸菌属、胃球菌属和普雷沃菌属是滩羊瘤胃中的优势菌种，而其中试验 3 组中的解琥珀酸菌属和普雷沃菌属的丰度最高，说明添加 50%柠条发酵饲料可以有效增加厚壁菌门、解琥珀酸菌属和普雷沃菌属的丰度，可以增加对纤维素的降解吸收。

综上可知，日粮中添加柠条发酵饲料虽然不能提高滩羊羔羊菌群多样性，但可以改善瘤胃微生物菌落结构和菌群丰度，从而提高育肥终重，且以试验 3 组添加 50%柠条发酵饲料的育肥效果最好。

第八章　柠条发酵饲料对滩羊肉品质的影响研究

近年来，随着生活水平的不断提高，人们对优质羊肉的需求量不断增加。滩羊在宁夏养殖中历史悠久，对促进宁夏养羊业的发展以及稳定当地社会秩序发挥着重要的作用。羊肉氨基酸和脂肪酸的组成及含量对羊肉的风味及品质影响巨大，所以对羊肉中氨基酸及脂肪酸的研究和分析非常必要。柠条作为滩羊饲料，其蛋白质及各种营养元素非常丰富，但最大缺点是适口性差及消化率低。发酵饲料却能够通过微生物的自身代谢和降解，不仅降低了饲养成本，还具有提高饲料适口性、提高动物抵抗力、使饲料除毒脱毒等优点。所以为了节能环保，提高柠条的饲用价值，故将废弃的柠条通过发酵，加入饲料，饲喂滩羊。不仅能够将副产物变废为宝，有效利用了废弃资源，保护环境，还能缓解饲料短缺的窘况。本研究旨在探究微生物发酵的柠条对滩羊氨基酸和脂肪酸含量及组成的影响，为生物发酵饲料在反刍动物中的应用提供理论基础，也为肉品质的研究和柠条的资源利用提供参考依据。

第一节　试验材料与方法

一、试验动物选择及试验设计

选用体重相近（24.55±1.02）kg、健康状况良好的 24 只 9 月龄滩羊羯羊，通过单因素随机试验设计，随机分为 A（对照组）、B（试验组）两组。两组试验羊在定量饲喂相同的补饲颗粒料的同时，A 组试验羊自由采食常规粉碎的柠条饲料，B 组试验羊自由采食柠条发酵饲料，进行为期 40 d 的饲养试验（其中预饲期 12 d）。A、B 两组中，每组 3 个重复，每个重复 4 只羊。

二、发酵饲料的制备

处理 1 t 柠条，分别加入纤维素酶高产菌 3 g、单宁降解菌 3 g、酿酒酵母菌菌剂 33 mL。发酵 1 t 柠条需饮用水 500 kg。窖底先铺一层厚约 20 cm 切碎的柠条，然后分层喷洒配制好的菌剂，用喷壶喷洒均匀，层与层之间不能出现干层。分层压实，装入带单向呼吸阀的厌氧专用发酵袋发酵。密封，发酵 30 d 后即可使用。

三、试验羊饲养管理

试验羊每日饲喂 2 次，采取分餐后补饲颗粒料定量饲喂与粗饲料自由采食的饲喂方法。两组首先每次投喂补饲颗粒料（原料组成及营养水平详见表 8-1）400 g/只。30 min 后 A 组投喂足量的柠条饲料，B 组投喂足量的柠条发酵饲料。试验羊全天供给足量清洁饮水。

表 8-1　补饲颗粒料的组成及营养水平（风干基础）

原料组成	含量/%	营养水平[2]	
苜蓿	33.33	消化能 DE/（MJ/kg）	10.95
玉米	39.33	粗蛋白质 CP/%	14.38
小麦麸	11.33	钙 Ca/%	0.96
菜籽饼	4.67	磷 P/%	0.35
亚麻仁饼	4.67		
预混料[1]	6.67		
合计	100.0		

注：[1]单位预混料中含有维生素 A 20 000 000 IU，维生素 D_3 8 000 000 IU，维生素 E 60 000 IU，维生素 B_1 2000 mg，维生素 B_2 10 000 mg，烟酰胺 50 000 mg，泛酸钙 10 000 mg，生物素 30 mg，钙 960 g，磷 350 g。[2]DE、Ca 和 P 为计算值（风干基础），其他均为实测值。

四、屠宰取样

在试验结束 7 d 后，随机在每组中各选择 3 只试验羊进行屠宰试验。屠宰前 24 h 停止喂料，宰前 2 h 停止饮水。宰杀后去头、皮、蹄和内脏，取胸深后肌、腹壁肌、背最长肌、臀肌、臂三头肌、冈下肌、股二头肌、腰大肌、股四头肌、环颈最长肌 10 个不同部位肌肉组织各 500 g。将所得肉样块用自封袋封口包装，贴上标签，0~4 ℃贮存备用。

第二节　柠条发酵饲料对滩羊肉品质的影响

一、试验目的

本试验将柠条进行复合微生物发酵（纤维素酶高产菌、单宁降解菌与酿酒酵母菌）再添加到饲料中，用该柠条发酵饲料饲喂滩羊，通过饲养试验和屠宰试验，对对照组 A（未采食柠条发酵饲料）和试验组 B（采食柠条发酵饲料）的滩羊不同部位肌肉组织 pH 值、剪切力、蒸煮损失、水分、粗脂肪、粗灰分进行测定，分析柠条发酵饲料对滩羊肉品质的影响，为不断提高滩羊肉品质提供科学的理论依据。

二、统计与分析

1. 柠条发酵饲料对滩羊肉 pH 值的影响

柠条发酵饲料对滩羊肉 pH 值的影响如图 8-1 所示。对照组及试验组不同部位的肌肉 pH 值均在 5.7~6.5，在新鲜肉的正常范围之内。与对照组相比，试验组滩羊背最长肌、股四头肌、冈下肌、臀肌、腰大肌、环颈最长肌的 pH 值差异不显著（$P>0.05$）；但试验组滩羊股二头肌、臂三头肌、腹壁肌 3 个部位肌肉组织与对照组股二头肌、臂三头肌和腹壁肌 3 个部位肌肉组织的 pH 值相比显著提高（$P<0.05$）；试验组和对照组相比，股二头肌肌肉组织 pH 值差异最大（0.44），腹壁肌次之（0.35），臂三头肌差异最小（0.25）。

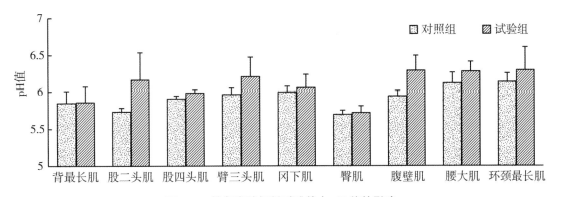

图 8-1　柠条发酵饲料对滩羊肉 pH 值的影响

由图 8-1 可以看出，对照组组间，环颈最长肌 pH 值最高，显著高于背最长肌、股二头肌、股四头肌、臀肌和腹壁肌（$P<0.05$）；但与臂三头肌、冈下肌、腰大肌无显著差异（$P>0.05$）；依次是腰大肌>冈下肌>腹壁肌>臂三头肌>股四头肌>背最长肌>股二头肌>臀肌。臀肌 pH 值最低，显著低于股四头肌、臂三头肌、股二头肌、冈下肌、腹壁肌、腰大肌和环颈最长肌（$P<0.05$）。试验组组间，环颈最长肌 pH 值最高，显著高于背最长肌、股四头肌、冈下肌和臀肌（$P<0.05$）；与其余 5 个部位间差异不显著（$P>0.05$）；依次是腹壁肌>腰大肌>臂三头肌>股二头肌>冈下肌>股四头肌>背最长肌>臀肌。臀肌 pH 值最低，与背最长肌无明显差异（$P>0.05$），显著低于股四头肌、臂三头肌、冈下肌、臀肌、腹壁肌、腰大肌、环颈最长肌（$P<0.05$）。

2. 柠条发酵对滩羊肉剪切力的影响

柠条发酵对滩羊肉剪切力的影响如图 8-2 所示。与对照组相比，试验组滩羊背最长肌、股二头肌、股四头肌、臂三头肌、冈下肌、臀肌、腹壁肌、腰大肌及环颈最长肌 9 个部位的肌肉剪切力的差异不显著（$P>0.05$）；对照组组间，冈下肌剪切力最大，显著高于臀肌和腰大肌（$P<0.05$），但与背最长肌、股二头肌、股四头肌、臂三头肌、冈下肌、腹壁肌、环颈最长肌无显著差异（$P>0.05$）；依次是环颈最长肌>股四头肌>腹壁肌>背最长肌>臂三头肌>股二头肌>臀肌>腰大肌。腰大肌剪切力值最小，显著低于冈下肌（$P<0.05$），与其余 8 个部位无显著差异（$P>0.05$）。试验组组间，环颈最长肌剪切力值最大，且显著高于股二头肌、臂三头肌、冈下肌、臀肌和腰大肌（$P<0.05$），与背最长肌、股四头肌差异不显著（$P>0.05$）；依次是环颈最长肌>股四头肌>腹壁肌>背最长肌>臂三头肌>股二头肌>臀肌>腰大肌。腰大肌剪切力值最小，与其余部位无明显差异（$P>0.05$）。

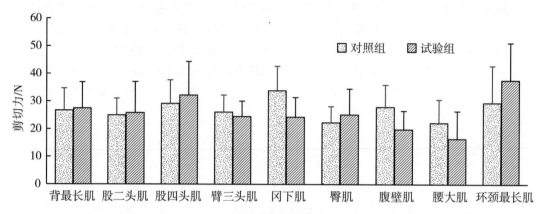

图 8-2　柠条发酵饲料对滩羊肉剪切力的影响

3. 柠条发酵饲料对滩羊肉蒸煮损失的影响

柠条发酵饲料对滩羊肉蒸煮损失的影响如图 8-3 所示。与对照组相比，试验组滩羊背最长肌、股二头肌、股四头肌、臂三头肌、冈下肌、腹壁肌、腰大肌、环颈最长肌的蒸煮损失的差异不显著（$P>0.05$）；试验组臀肌与对照组臀肌的蒸煮损失显著提高（$P<0.05$），且试验组和对照组间臀肌蒸煮损失差异最大（5.29%）。

由图 8-3 可以看出，对照组组间，冈下肌蒸煮损失值最高，显著高于环颈最长肌（$P<0.05$）；与背最长肌、股二头肌、股四头肌、臂三头肌、臀肌、腹壁肌、腰大肌相比差异不显著（$P>0.05$）。环颈最长肌蒸煮损失值最低，显著低于股四头肌、臂三头肌、股二头肌、冈下肌、腹壁肌、腰大肌和环颈最长肌（$P<0.05$）。试验组组间，臀肌蒸煮损失最高，显著高于股四头肌和环颈最长肌（$P<0.05$）；与其余背最长肌、股二头肌、臂三头肌、冈下肌、臀肌、腹壁肌、腰大肌 6 个部位差异不明显（$P>0.05$）。环颈最长肌蒸煮损失值最低，显著低于臀肌与腹壁肌（$P<0.05$），但与其余 8 个部位均无明

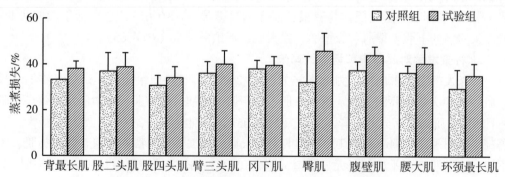

图 8-3　柠条发酵饲料对滩羊肉蒸煮损失的影响

显差异（*P*>0.05）。

4. 柠条发酵饲料对滩羊肉水分的影响

柠条发酵饲料对滩羊肉水分的影响如图8-4所示。与对照组相比，试验组滩羊胸深后肌、腹壁肌、背最长肌、臀肌、臂三头肌、冈下肌、股二头肌、腰大肌、股四头肌、环颈最长肌肌肉组织的水分含量显著降低（*P*<0.05）。试验组和对照组间股二头肌水分含量差异最大（5.29%），臀肌（4.70%）次之，胸深后肌差异最小（0.72%）。

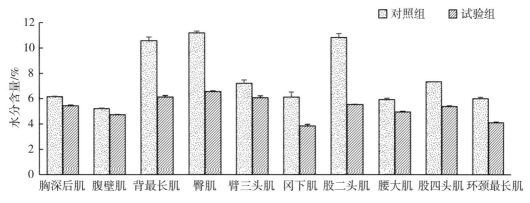

图8-4　柠条发酵饲料对滩羊肉水分的影响

由图8-4可以看出，对照组组间，臀肌水分含量最高，显著比背胸深后肌、腹壁肌、背最长肌、臂三头肌、冈下肌、股二头肌、腰大肌、股四头肌、环颈最长肌9个部位肌肉组织的水分含量高（*P*<0.05）；背最长肌和股二头肌较高，臂三头肌、股四头肌次之，胸深后肌、冈下肌、腰大肌、环颈最长肌较低，腹壁肌最低且显著低于其余胸深后肌、背最长肌、臀肌、臂三头肌、冈下肌、股二头肌、腰大肌、股四头肌、环颈最长肌9个部位（*P*<0.05）。试验组组间，臀肌水分含量最高，显著高于背胸深后肌、腹壁肌、背最长肌、臂三头肌、冈下肌、股二头肌、腰大肌、股四头肌、环颈最长肌9个部位的水分含量（*P*<0.05）；背最长肌和臂三头肌较高，胸深后肌、股四头肌次之，腰大肌、腹壁肌较低，冈下肌与环颈最长肌最低且显著低于其余胸深后肌、背最长肌、臀肌、臂三头肌、冈下肌、股二头肌、腰大肌、股四头肌8个部位（*P*<0.05）。

5. 柠条发酵饲料对滩羊肉粗灰分的影响

柠条发酵饲料对滩羊肉灰分的影响如图8-5所示。与对照组相比，试验组滩羊胸深后肌、背最长肌、臀肌、臂三头肌、冈下肌、股二头肌肌肉组织的灰分含量显著提高（*P*<0.05）；但腹壁肌、腰大肌、股四头肌、环颈最长肌4个部位肌肉组织的灰分含量无显著差异（*P*>0.05）。试验组和对照组间臀肌灰分含量差异最大（0.86%），胸深后肌（0.83%）次之，腰大肌差异最小（0.04%）。

由图8-5可以看出，对照组股二头肌灰分含量最高，显著高于胸深后肌、腹壁肌、臂三头肌、背最长肌、冈下肌、股二头肌、腰大肌及环颈最长肌（*P*<0.05），但与臀肌、股四头肌无显著差异（*P*>0.05）。依次是臀肌>股四头肌>冈下肌>臂三头肌>背最长肌>腹壁肌>环颈最长肌>胸深后肌>腰大肌，其中腰大肌灰分含量最低，显著低于胸

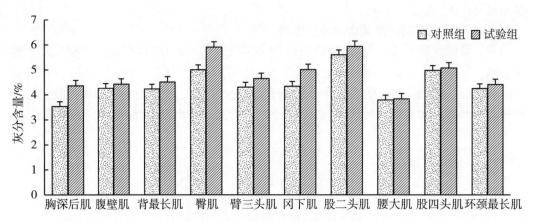

图 8-5　柠条发酵对滩羊肉灰分的影响

深后肌、腹壁肌、背最长肌、臀肌、臂三头肌、冈下肌、股二头肌、股四头肌、环颈最长肌 9 个部位的灰分含量（$P<0.05$）。试验组组间，股二头肌灰分含量最高，显著高于胸深后肌、腹壁肌、背最长肌、冈下肌、股二头肌、腰大肌、臂三头肌及环颈最长肌（$P<0.05$），但与臀肌、股四头肌无显著差异（$P>0.05$）；其次是依次是臀肌>股四头肌>冈下肌>臂三头肌>背最长肌>腹壁肌>环颈最长肌>胸深后肌>腰大肌，腰大肌灰分含量最低且显著低于胸深后肌腹壁肌、背最长肌、臀肌、臂三头肌、冈下肌、股二头肌、股四头肌、环颈最长肌 9 个部位的灰分含量（$P<0.05$）。

6. 柠条发酵饲料对滩羊肉粗脂肪的影响

柠条发酵饲料对滩羊肉粗脂肪的影响如图 8-6 所示。与对照组相比，试验组滩羊胸深后肌、腹壁肌、背最长肌、臀肌、臂三头肌、冈下肌、股二头肌、腰大肌、股四头肌、环颈最长肌肌肉组织的粗脂肪含量显著提高（$P>0.05$）。试验组和对照组间股二头肌粗脂肪含量差异最大（11.99%），胸深后肌（11.76%）次之，臀肌差异最小（1.52%）。对照组组间，胸深后肌粗脂肪含量最高，明显比腹壁肌、背最长肌、臀肌、臂三头肌、冈下肌、腰大肌、股二头肌、股四头肌和环颈最长肌 9 个部位肌肉粗脂肪含

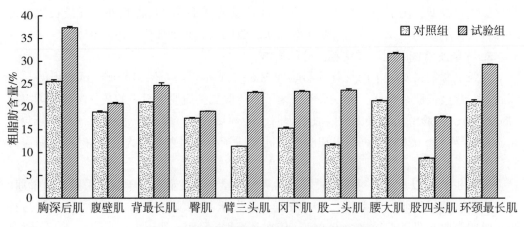

图 8-6　柠条发酵饲料对滩羊肉粗脂肪的影响

量高（$P<0.05$）；依次是腰大肌>背最长肌、环颈最长肌>腹壁肌>臀肌>冈下肌>臂三头肌、股二头肌>股四头肌。股四头肌粗脂肪含量最低，显著低于胸深后肌、腹壁肌、背最长肌、臀肌、臂三头肌、冈下肌、股二头肌、股四头肌、环颈最长肌9个部位的粗脂肪含量（$P<0.05$）。试验组组间，胸深后肌粗脂肪含量最高，依次是腰大肌>环颈最长肌>背最长肌>股二头肌>臂三头肌>环颈最长肌>腹壁肌>臀肌>股四头肌，股四头肌粗脂肪含量最低，明显低于胸深后肌、背最长肌、臀肌、腹壁肌、臂三头肌、冈下肌、股二头肌、股四头肌及环颈最长肌9个部位的粗脂肪含量（$P<0.05$）。

三、讨论与结论

1. 讨论

pH值表现羊屠宰后肌糖原的酵解速度和强度，pH值高有利于提高肌肉系水力。结果表明：柠条发酵对滩羊的背最长肌、股四头肌、冈下肌、臀肌、腰大肌、环颈最长肌的肌肉组织pH值影响不显著，显著提高了滩羊股二头肌、臂三头肌、腹壁肌3个部位肌肉组织的pH值；试验组pH值在5.72~6.30，对照组pH值在5.69~6.14，均在正常范围之内。且试验组pH值比对照组略高，说明试验组柠条发酵饲料可降低肌糖元的酵解速度和强度，从而提高滩羊肉品质。本试验结果与前人提出的滩羊饲料中添加甘草提取物可提高滩羊肉品质的结论一致。

剪切力反映肉品的嫩度，剪切力值越低表明肉的嫩度越好。本试验结果表明：饲喂柠条发酵对试验组滩羊背最长肌、股二头肌、股四头肌、臂三头肌、冈下肌、臀肌、腹壁肌、腰大肌、环颈最长肌9个部位的肌肉剪切力均未产生显著影响（$P>0.05$）；但试验组大部分部位的剪切力都比对照组的略高，提示饲喂柠条发酵会降低滩羊肌肉嫩度。

肉质的保水力（WHC）通常用失水率、系水力、蒸煮损失和熟肉率来衡量，蒸煮损失越大，说明肌肉的保水性能越差。本试验结果表明：对照组与试验组之间背最长肌、股二头肌、股四头肌、臂三头肌、冈下肌、腹壁肌、腰大肌、环颈最长肌的蒸煮损失差异均不显著（$P>0.05$）；但较之对照组，饲喂柠条发酵饲料却显著提高了臀肌的蒸煮损失（$P<0.05$）。

水分的多少与肉品的色泽、嫩度、多汁性、风味和保藏性等食用品质有直接关系。本试验结果表明：柠条发酵有显著降低滩羊胸深后肌、腹壁肌、背最长肌、臀肌、臂三头肌、冈下肌、股二头肌、腰大肌、股四头肌、环颈最长肌的水分含量的趋势（$P>0.05$），与前人提出的补饲会显著降低牛肉辣椒条水分含量的研究结果一致（$P<0.05$）。

肌肉中灰分由各种矿物质组成，反映肌肉中的总矿物质及微量元素的多少。肌内脂肪含量与肉的嫩度、多汁性成正相关。本试验结果表明：柠条发酵有显著提高滩羊胸深后肌、腹壁肌、背最长肌、臀肌、臂三头肌、冈下肌、股二头肌、腰大肌、股四头肌、环颈最长肌的灰分含量的趋势（$P>0.05$），说明柠条发酵能提高肉品质的矿物质含量。对照组及试验组两组间不同部位肌肉组织粗脂肪含量均有显著差异（$P<0.05$），说明柠条发酵能显著提高滩羊肌肉的粗脂肪含量（$P<0.05$）。

因为柠条具有丰富的脂肪及矿物质等营养元素，而经过发酵的柠条富含有益菌，能提高滩羊的消化率，促进滩羊对脂肪及矿物质的吸收，从而提高滩羊肌肉组织内粗脂肪和粗灰分的含量。

2. 结论

柠条发酵饲料显著提高了滩羊股二头肌、臂三头肌、腹壁肌 3 个部位肌肉组织的 pH 值（$P<0.05$），对其余部位的 pH 值没有显著影响（$P>0.05$）；柠条发酵饲料对滩羊肌肉组织的剪切力没有显著影响（$P>0.05$）；柠条发酵饲料显著提高了滩羊臀肌的蒸煮损失（$P<0.05$），对其余部位的蒸煮损失没有显著影响（$P>0.05$）；柠条发酵饲料显著提高了滩羊肌肉组织的灰分含量和粗脂肪含量（$P<0.05$）；柠条发酵饲料显著降低了滩羊肌肉组织的水分含量（$P<0.05$）。

第三节　柠条发酵饲料对滩羊肉常规营养成分的影响

一、试验目的

本试验使用复合微生物菌剂发酵柠条再添加至饲料中，采取餐后补饲颗粒料定量饲喂（试验组）与粗饲料自由采食的饲喂（对照组）研究柠条发酵饲料对滩羊肉不同部位（胸深后肌、腰大肌、环颈最长肌、背最长肌、股二头肌、股四头肌、腹壁肌、臀肌、臂三头肌、冈下肌）肌肉组织常规营养成分（水分、干物质、粗蛋白质、粗脂肪、粗纤维、灰分、微量元素、无氮浸出物）的影响。

二、结果与分析

1. 不同部位水分含量的差异比较

试验组和对照组滩羊不同部位肌肉组织水分含量如图 8-7 所示，对照组和试验组各部位肌肉组织水分含量相比差异显著（$P<0.05$）。股四头肌试验组水分含量（7.3%）显著高于对照组（5.4%）；臀肌试验组水分含量（6.6%）显著高于对照组

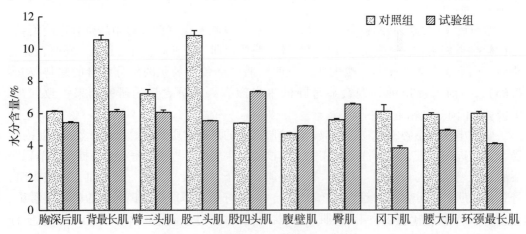

图 8-7　不同部位水分含量的差异比较

（5.6%）；腹壁肌试验组水分含量（5.2%）显著高于对照组（4.7%）。

试验组胸深后肌和股二头肌、腹壁肌相比水分含量差异不显著（$P>0.05$），和其他部位相比水分含量差异均显著（$P<0.05$）。背最长肌和臂三头肌相比水分含量差异不显著（$P>0.05$），和其他部位相比水分含量差异均显著（$P<0.05$）。腹壁肌和腰大肌、胸深后肌相比水分含量差异不显著（$P>0.05$），和其他部位相比水分含量差异均显著（$P<0.05$）。冈下肌和环颈最长肌相比水分含量差异不显著（$P>0.05$）。试验组股四头肌水分含量（7.3%）最高，冈下肌水分含量最低。

2. 不同部位干物质含量的差异比较

试验组和对照组滩羊不同部位肌肉组织干物质含量如图 8-8 所示，对照组和试验组各部位干物质含量相比差异显著（$P<0.05$）。股二头肌试验组（94.5%）和对照组（89.2%）干物质含量差异最大，背最长肌次之。试验组胸深后肌和腹壁肌、股二头肌相比干物质含量差异不显著（$P>0.05$），和其他部位相比干物质含量差异均显著（$P<0.05$）；腹壁肌和胸深后肌、腰大肌干物质含量差异不显著（$P>0.05$），和其他部位相比干物质含量差异均显著（$P<0.05$）；背最长肌和臂三头肌相比干物质含量差异不显著（$P>0.05$），和其他部位相比干物质含量差异均显著（$P<0.05$）；冈下肌和环颈最长肌相比干物质含量差异不显著（$P>0.05$），和其他部位相比干物质含量差异均显著（$P<0.05$）。试验组中，冈下肌干物质含量（96.2%）最高，环颈最长肌（95.9%）次之，股四头肌（92.7%）干物质含量最低。

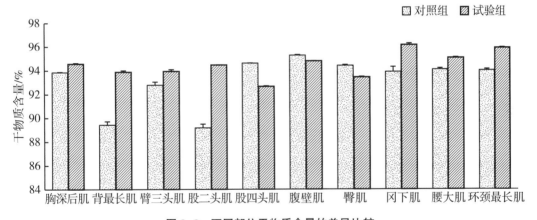

图 8-8　不同部位干物质含量的差异比较

3. 不同部位粗蛋白质含量的差异比较

试验组和对照组滩羊不同部位肌肉组织粗蛋白质含量如图 8-9 所示，股二头肌、臂三头肌、臀肌、背最长肌、胸深后肌、环颈最长肌和腹壁肌试验组和对照组相比差异显著（$P<0.05$）。胸深后肌试验组和对照组相比含量差异（7.77%）最大，环颈最长肌（6.93%）次之，股四头肌试验组和对照组相比含量差异（0.04%）最小。试验组臂三头肌和冈下肌相比粗蛋白质含量差异不显著（$P>0.05$），和其他部位干物质含量相比差异均显著（$P<0.05$）。胸深后肌（37.44%）最高，腰大肌（32.78%）次之，股四头肌（22.48%）含量最低。

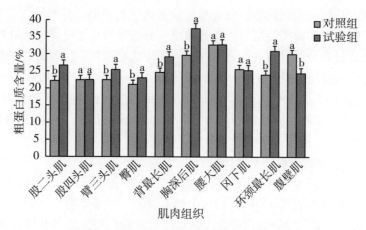

图 8-9　不同部位粗蛋白质含量的差异比较

4. 不同部位粗脂肪含量的差异比较

试验组和对照组滩羊不同部位肌肉组织粗脂肪含量如图 8-10 所示，试验组和对照组不同部位肌肉组织粗脂肪含量相比差异显著（$P<0.05$）。各部位试验组粗脂肪含量均高于对照组。臂三头肌和胸深后肌试验组与对照组相比粗脂肪含量差异（11.8%）最大，股二头肌（12.0%）次之，臀肌试验组与对照组相比粗脂肪含量差异（3.6%）最小。试验组股二头肌和冈下肌相比粗脂肪含量差异不显著（$P>0.05$），和其他部位相比干物质含量差异均显著（$P<0.05$）；臂三头肌和冈下肌相比粗脂肪含量差异不显著（$P>0.05$），和其他部位相比干物质含量差异均显著（$P<0.05$）。胸深后肌粗脂肪含量（37.4%）最高，腰大肌（31.7%）次之，股四头肌（17.8%）粗脂肪含量最低。

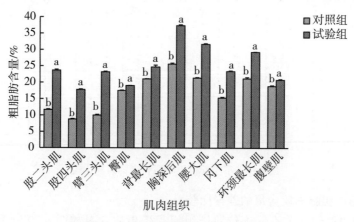

图 8-10　不同部位粗脂肪含量的差异比较

5. 不同部位粗纤维含量的差异比较

试验组和对照组滩羊不同部位肌肉组织粗纤维含量如图 8-11 所示，臂三头肌、胸深后肌、腰大肌、环颈最长肌和腹壁肌试验组和对照组粗纤维含量相比差异显著（$P<0.05$）。环颈最长肌试验组和对照组粗相比纤维含量差异（2.4%）最大，腹壁肌（2.1%）次之，股二头肌试验组和对照组相比粗纤维含量差异（0.05%）最小。试验

组冈下肌和股二头肌、股四头肌、背最长肌相比粗纤维含量差异不显著（$P>0.05$），与其他部位相比粗纤维含量差异均显著（$P<0.05$）。胸深后肌和环颈最长肌相比粗纤维含量差异不显著（$P>0.05$）。腰大肌粗纤维含量（4.51%）最高，环颈最长肌（3.21%）次之，臀肌粗纤维含量（0.58%）最低。

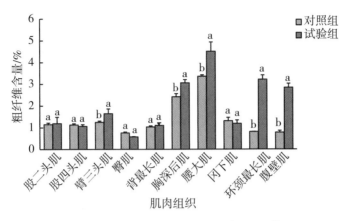

图 8-11　不同部位粗纤维含量的差异比较

6. 不同部位灰分含量的差异比较

试验组和对照组滩羊不同部位肌肉组织灰分含量如图 8-12 所示，腹壁肌、股四头肌、腰大肌和环颈最长肌试验组和对照组相比灰分含量差异不显著（$P>0.05$），其他部位试验组和对照组相比灰分含量差异均显著（$P<0.05$）。臀肌试验组和对照组灰分含量差异（0.86%）最大，胸深后肌（0.83%）次之，腰大肌试验组和对照组灰分含量差异（0.04%）最小。

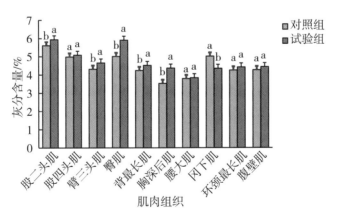

图 8-12　不同部位灰分含量的差异比较

试验组中腹壁肌（或冈下肌、环颈最长肌、胸深后肌、背最长肌）、股二头肌、股四头肌、臀三头肌和腰大肌灰分含量相比差异显著（$P<0.05$）；腹壁肌、背最长肌、胸深后肌、冈下肌和环颈最长肌灰分含量相比差异不显著（$P>0.05$）；股二头肌和臀肌灰分含量相比差异不显著（$P>0.05$）；臀三头肌、环颈最长肌和背最长肌灰分含量相比差异不显著（*P*>0.05）。股二头肌灰分含量（5.94%）最高，臀肌（5.91%）次之，腰大肌灰分含量（3.84%）最低。

7. 不同部位微量元素含量的差异比较

（1）不同部位铁含量的差异比较

试验组和对照组滩羊不同部位肌肉组织铁含量如图 8-13 所示，除股四头肌外，其他部位肌肉组织试验组和对照组铁含量相比差异显著（*P*<0.05）。冈下肌试验组与对照组相比铁含量差异（3.96 μg/g）最大，股二头肌（3.53 μg/g）次之，股四头肌试验组和对照组相比铁含量差异（0.06 μg/g）最小。试验组中除股二头肌和环颈最长肌、股四头肌铁含量相比差异不显著（*P*>0.05），其他部位间相比铁含量差异均显著（*P*<0.05）。冈下肌铁含量（16.02 μg/g）最高，臀肌（14.88 μg/g）次之，胸深后肌（6.60 μg/g）铁含量最低。

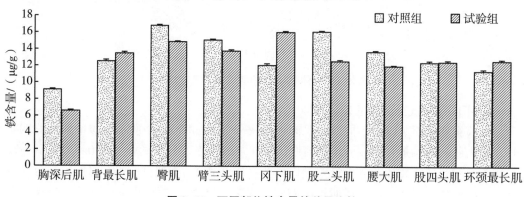

图 8-13　不同部位铁含量的差异比较

（2）不同部位钙含量的差异比较

试验组和对照组滩羊不同部位肌肉组织钙含量如图 8-14 所示，除臀肌外，其他部位试验组和对照组钙含量相比差异显著（*P*<0.05）。试验组臀肌、臂三头肌、冈下肌、股二头肌、股四头肌和环颈最长肌钙含量均高于对照组。腰大肌试验组和对照组钙含量差异（2.07 μg/g）最大，臂三头肌（1.11 μg/g）次之，臀肌试验组和对照组钙含量差异（0.10 μg/g）最小。试验组胸深后肌和臂三头肌相比、冈下肌和环颈最长肌相比钙

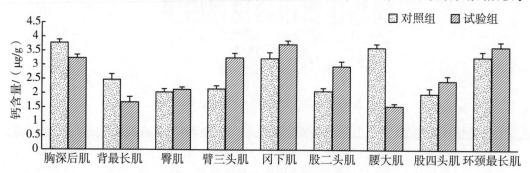

图 8-14　不同部位钙含量的差异比较

含量差异不显著（$P>0.05$）外，其他部位间相比钙含量差异均显著（$P<0.05$）。冈下肌钙含量（3.73 μg/g）最高，环颈最长肌（3.64 μg/g）次之，腰大肌（1.68 μg/g）钙含量最低。

（3）不同部位锰含量的差异比较

试验组和对照组滩羊不同部位肌肉组织锰含量如图 8-15 所示，除胸深后肌外，试验组、对照组不同部位肌肉组织锰含量相比差异显著（$P<0.05$）。腰大肌对照组和试验组相比锰含量差异（0.175 μg/g）最大，股二头肌（0.148 μg/g）次之，胸深后肌对照组和试验组锰含量相比差异（0.004 μg/g）最小。试验组除背最长肌和臀肌、股二头肌和环颈最长肌、臂三头肌和腰大肌、股二头肌和环颈最长肌相比锰含量差异不显著（$P>0.05$）外，其他部位肌肉组织间相比锰含量差异显著（$P<0.05$）。冈下肌锰含量（0.65 μg/g）最高，臀肌（0.62 μg/g）次之，胸深后肌锰含量（0.45 μg/g）最低。

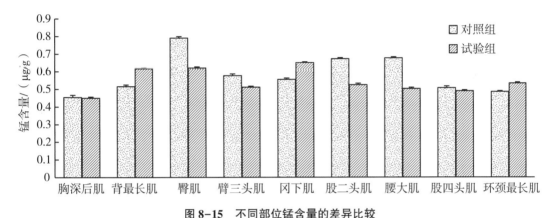

图 8-15　不同部位锰含量的差异比较

（4）不同部位铜含量的差异比较

试验组和对照组滩羊不同部位肌肉组织铜含量如图 8-16 所示，除股二头肌外，其他部位试验组和对照组铜含量相比差异显著（$P<0.05$）。腰大肌试验组和对照组铜含量

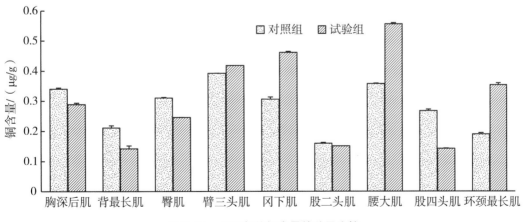

图 8-16　不同部位铜含量的差异比较

（0.198 µg/g）差异最大，环颈最长肌（0.164 µg/g）次之，股二头肌试验组和对照组铜含量（0.009 µg/g）差异最小。试验组背最长肌、股二头肌和股四头肌相比铜含量差异不显著（P>0.05）外，其他部位间铜含量相比差异显著（P<0.05）。腰大肌铜含量（0.556 µg/g）最高，冈下肌（0.461 µg/g）次之，背最长肌和股四头肌铜含量（0.142 µg/g）最低。

（5）不同部位锌含量的差异比较

试验组和对照组滩羊不同部位肌肉组织锌含量如图 8-17 所示，胸深后肌、臀肌、腰大肌、股四头肌和环颈最长肌试验组和对照组锌含量相比差异显著（P<0.05），其余部位试验组和对照组锌含量相比差异不显著（P>0.05）。腰大肌试验组和对照组锌含量差异（0.38 µg/g）最大，胸深后肌（0.22 µg/g）次之，冈下肌试验组和对照组锌含量差异（0.01 µg/g）最小。试验组胸深后肌和腰大肌、臀肌和股二头肌锌含量相比差异不显著（P>0.05）外，其他部位间锌含量相比差异显著（P<0.05）。股二头肌锌含量（6.130 µg/g）最高，臀肌（6.128 µg/g）次之，冈下肌锌含量（5.091 µg/g）最低。

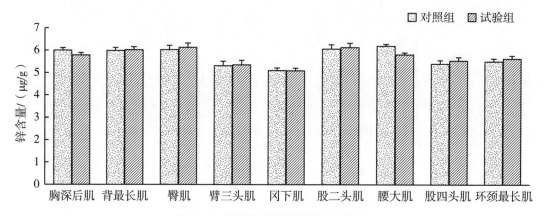

图 8-17　不同部位锌含量的差异比较

（6）不同部位铬含量的差异比较

试验组和对照组滩羊不同部位肌肉组织铬含量如图 8-18 所示，试验组、对照组不

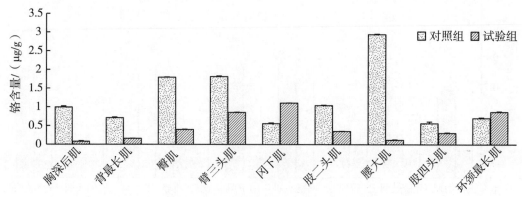

图 8-18　不同部位铬含量的差异比较

同部位肌肉组织铬含量相比差异显著（$P<0.05$）。腰大肌试验组和对照组铬含量差异（2.82 μg/g）最大，臀肌（1.40 μg/g）次之，环颈最长肌试验组和对照组铬含量差异（0.17 μg/g）最小。试验组除臂三头肌和环颈最长肌相比铬含量差异不显著（$P>0.05$），其他部位肌肉组织铬含量相比差异显著（$P<0.05$）。冈下肌铬含量（1.11 μg/g）最高，环颈最长肌（0.87 μg/g）次之，胸深后肌铬含量（0.08 μg/g）最低。

8. 不同部位无氮浸出物含量的差异比较

试验组和对照组滩羊不同部位肌肉组织无氮浸出物如图 8-19 所示，试验组和对照组不同部位肌肉组织无氮浸出物相比差异显著（$P<0.05$）。对照组不同部位肌肉组织无氮浸出物均高于试验组不同部位肌肉组织无氮浸出物。胸深后肌试验组和对照组无氮浸出物差异（20%）最大，环颈最长肌（16%）次之，腹壁肌试验组和对照组无氮浸出物差异（1%）最小。

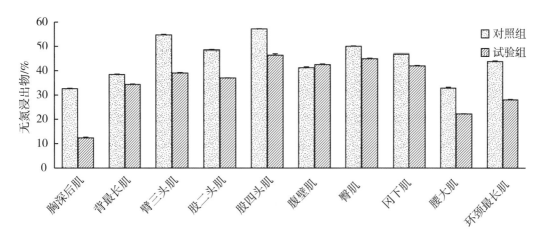

图 8-19 不同部位无氮浸出物含量的差异比较

试验组腹壁肌和冈下肌相比无氮浸出物差异不显著（$P>0.05$），其他部位间无氮浸出物相比差异显著（$P<0.05$）。股四头肌无氮浸出物（46.4%）最高，臀肌（44.9%）次之，胸深后肌无氮浸出物（12.3%）最低。

三、讨论

本研究主要讨论柠条发酵对滩羊不同部位肌肉组织常规营养成分的影响。研究认为，肌肉中必须含有一定数量的肌内脂肪含量，这种肌内脂肪的含量是与肉品的风味多汁性和嫩度呈正相关的。肉内脂肪含量的高低决定了肉的风味和多汁性，二者呈现出正相关的关系。在本试验中，饲喂柠条发酵后，不同部位肌肉组织粗脂肪含量均显著提高（$P<0.05$），说明饲喂柠条发酵可以提高滩羊肉的嫩度和风味。据试验报道，羊肉中的粗蛋白质含量一般可达到 21% 以上。本试验对照组各部位肌肉组织粗蛋白质含量在 21%~29%，试验组粗蛋白质与对照组相比含量普遍升高 2%~10%，提高了滩羊肉营养价值，说明饲喂柠条发酵饲料可以生产优质滩羊肉。

羊肉中矿物质元素以钙最为丰富，每百克羊肉中的含量为 12.6 mg，钙、锌可降低肉的保水性；铁离子为肌红蛋白的结合成分，直接影响着肉色的变化。研究表明，饲料中添加发酵饲料可以改善肉色，显著提高红色度。本试验饲喂柠条发酵饲料，背最长肌、冈下肌和环颈最长肌铁含量显著提高（$P<0.05$），背最长肌干物质含量提高 4.5%，并且与对照组相比差异显著（$P<0.05$）。但有研究表明，与对照组相比，饲喂全株发酵玉米的生长育肥猪试验猪背最长肌中干物质含量提高 2.89%，但差异均不显著（$P>0.05$）。研究人员研究羔羊发现，肌纤维密度与肉品质呈显著正相关，肌纤维密度越大，肉质越嫩。本试验表明，饲喂柠条发酵后，除腰大肌外，各部位肌肉组织粗纤维含量均显著提高（$P<0.05$），说明饲喂柠条发酵饲料可以改善肉质。

目前的研究结果发现，日粮中添加锰可以提高肉色和持水力，其效果与添加镁的研究效果很相似。研究人员做了货架期内锰对肉品质影响的研究，结果表明，添加 350 mg/kg 的氨基酸螯合锰在货架期内可以提高肉色，延迟肉变色。本试验中，饲喂柠条发酵后臂三头肌、臀肌、股二头肌、腰大肌和股四头肌锰含量与对照组相比均显著提高（$P<0.05$）。前人通过添加丙酸铬对 144 头去势猪的研究结果表明，饲喂丙酸铬可以显著提高大理石花纹评分，显著降低背最长肌滴水损失。丙酸铬可以提高肉品质，特别是可显著提高鲜肉和冻肉的持水力。本试验中除冈下肌和环颈最长肌外，其他部位肌肉组织铬含量均显著提高（$P<0.05$）。可认为柠条发酵饲料有提高各部位肌肉组织粗蛋白质、粗纤维、干物质和粗灰分的趋势，综合多项指标认为，柠条发酵饲料对改善肉质及营养特性有较好的趋势。

四、结论

饲喂柠条发酵饲料后股四头肌、腹壁肌和臀肌水分含量显著提高（$P<0.05$），其他部位肌肉组织水分含量均下降；背最长肌干物质含量提高 4.5%，并且与对照组相比差异显著（$P<0.05$）；各部位肌肉组织粗脂肪和粗蛋白质含量均显著提高（$P<0.05$）；除臀肌外，各部位肌肉组织粗纤维含量也都显著提高（$P<0.05$）；除冈下肌外，各部位肌肉组织灰分含量显著提高（$P<0.05$）；除腹壁肌外，其他各部位肌肉组织无氮浸出物含量均显著提高（$P<0.05$）；臂三头肌、臀肌、股二头肌、腰大肌和股四头肌锰含量显著提高（$P<0.05$）；臂三头肌、冈下肌、股二头肌和背最长肌锌含量与对照组相比差异不显著（$P>0.05$）；胸深后肌、臀肌、臂三头肌、股二头肌和腰大肌铁含量均显著提高（$P<0.05$）；除冈下肌和环颈最长肌外，其他部位肌肉组织铬含量均显著提高（$P<0.05$）。

第四节　柠条发酵饲料对滩羊肉嫩度的影响

一、试验目的

人们对肉的品质要求越来越高，而嫩度作为肉品质的重要指标之一，已越来越引起人们的重视。客观准确地评价屠宰后羊肉的嫩度是非常复杂的，它涉及许多内在和外在因素的影响。通过改变肌纤维、结缔组织和肌内脂肪的特性，实现品种、年龄、性别、解剖部位、宰后成熟、冷冻、煮熟方式、加热温度等外部因素对羊肉嫩度的影响。本试验以滩羊不同部位（腹壁肌、股二头肌、臀肌、冈下肌、背最长肌）肌肉组织为试验材料，测定滴水损失、蒸煮损失、失水率、剪切力、硬度、咀嚼性、肌原纤维及肌浆蛋白溶解度等指标，对其进行差异比较，分析不同部位肌肉组织嫩度的差异性。

二、结果与分析

1. 滴水损失的差异比较

饲喂柠条发酵饲料的滩羊（试验组）和饲喂普通柠条饲料的滩羊（对照组）不同部位肌肉组织滴水损失如图 8-20 所示，饲喂柠条发酵饲料的滩羊和饲喂普通柠条饲料的滩羊相比腰大肌的滴水损失差异不显著（$P>0.05$）；环颈最长肌的滴水损失差异不显著（$P>0.05$），但试验组比对照组高于 1.8%；股四头肌的滴水损失差异不显著（$P>0.05$）；臂三头肌的滴水损失差异也不显著（$P>0.05$）。饲喂柠条发酵饲料的滩羊（试验组）腰大肌、环颈最长肌、股四头肌和臂三头肌的滴水损失相比差异都不显著（$P>0.05$）。

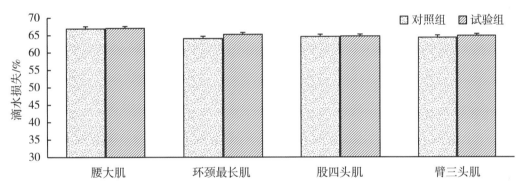

图 8-20　不同部位肌肉组织滴水损失

2. 蒸煮损失的差异比较

饲喂柠条发酵饲料的滩羊（试验组）和饲喂普通柠条饲料的滩羊（对照组）不同部位肌肉组织蒸煮损失如图 8-21 所示，饲喂柠条发酵饲料的滩羊和饲喂普通柠条饲料的滩羊相比腰大肌的蒸煮损失差异显著（$P<0.05$）；环颈最长肌的蒸煮损失差异显著（$P<0.05$）；股四头肌的滴水损失差异显著（$P<0.05$）；臂三头肌的蒸煮损失差异显著（$P<0.05$）。

饲喂柠条发酵饲料滩羊（试验组）各肌肉组织里蒸煮损失最大的是腰大肌，蒸煮损失最小的是股四头肌，腰大肌的蒸煮损失比股四头肌的蒸煮损失高于 15.7%；腰大肌和环颈最长肌、股四头肌的蒸煮损失相比差异显著（$P<0.05$）；腰大肌和臂三头肌的蒸煮损失相比差异不显著（$P>0.05$）；环颈最长肌和股四头肌的蒸煮损失相比差异不显著（$P>0.05$）；臂三头肌和环颈最长肌、股四头肌的蒸煮损失相比差异显著（$P<0.05$）。

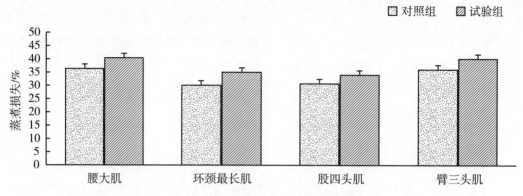

图 8-21　不同部位肌肉组织蒸煮损失

3. 失水率的差异比较

饲喂柠条发酵饲料的滩羊（试验组）和饲喂普通柠条饲料的滩羊（对照组）不同部位肌肉组织失水率如图 8-22 所示，饲喂柠条发酵饲料的滩羊和饲喂普通柠条饲料的滩羊相比腰大肌的失水率差异不显著（$P > 0.05$）；环颈最长肌的失水率差异不显著（$P > 0.05$）；股四头肌的失水率差异显著（$P < 0.05$）；臂三头肌的失水率差异显著（$P < 0.05$）。

饲喂柠条发酵饲料滩羊（试验组）各肌肉组织里失水率最大的是腰大肌，失水率最小的是环颈最长肌，腰大肌的失水率比环颈最长肌的失水率高于 38%；腰大肌和环颈最长肌、臂三头肌、股四头肌的失水率相比差异显著（$P < 0.05$）；环颈最长肌和腰大肌的失水率相比差异显著（$P < 0.05$）；股四头肌和腰大肌的失水率相比差异显著（$P < 0.05$）；臂三头肌和腰大肌的失水率相比差异显著（$P < 0.05$）；环颈最长肌和股四头肌、臂三头肌的失水率失差异不显著（$P > 0.05$）。

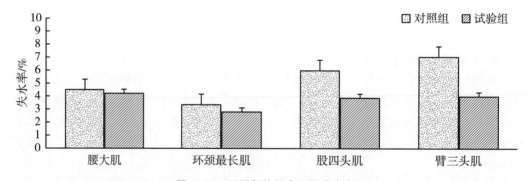

图 8-22　不同部位肌肉组织失水率

4. 剪切力的差异比较

饲喂柠条发酵饲料的滩羊（试验组）和饲喂普通柠条饲料的滩羊（对照组）不同部位肌肉组织剪切力如图 8-23 所示，饲喂柠条发酵饲料的滩羊和饲喂普通柠条饲料的滩羊相比腰大肌的剪切力差异显著（$P < 0.05$）；环颈最长肌的剪切力差异显著（$P < 0.05$）；股四头肌的剪切力差异显著（$P < 0.05$）；臂三头肌的剪切力差异也不显著

（$P>0.05$）。

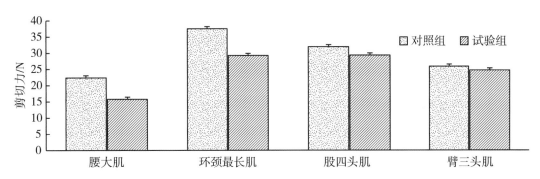

图 8-23　不同部位肌肉组织剪切力

　　饲喂柠条发酵饲料滩羊（试验组）各肌肉组织里剪切力最大的是环颈最长肌，剪切力最小的是腰大肌，环颈最长肌的剪切力比腰大肌的剪切力高于49%；腰大肌和环颈最长肌、股四头肌、臂三头肌剪切力相比差异都显著（$P<0.05$）；环颈最长肌和腰大肌、臂三头肌的剪切力相比差异都显著（$P<0.05$）；股四头肌和腰大肌、臂三头肌的剪切力相比差异都显著（$P<0.05$）；臂三头肌和腰大肌、环颈最长肌、股四头肌的剪切力相比差异都显著（$P<0.05$）；环颈最长肌和股四头肌差异不显著（$P>0.05$）。

　　5. 肉样质构的差异比较

　　（1）硬度的差异比较

　　饲喂柠条发酵饲料的滩羊（试验组）和饲喂普通柠条饲料的滩羊（对照组）不同部位肌肉组硬度如图8-24所示，饲喂柠条发酵饲料的滩羊和饲喂普通柠条饲料的滩羊相比腰大肌的硬度差异显著（$P<0.05$）；环颈最长肌的硬度差异显著（$P<0.05$）；股四头肌的硬度差异显著（$P<0.05$）；臂三头肌的硬度差异显著（$P<0.05$）。

　　饲喂柠条发酵饲料滩羊（试验组）各肌肉组织里硬度最大的是股四头肌，硬度最小的是环颈最长肌，股四头肌的硬度比环颈最长肌的硬度高于36.5%；腰大肌和股四头肌的硬度相比差异显著（$P<0.05$）；环颈最长肌和股四头肌的硬度相比差异显著（$P<0.05$）；股四头肌和腰大肌、环颈最长肌、臂三头肌硬度相比差异显著（$P<0.05$）；臂三头肌和股四头肌硬度相比差异显著（$P<0.05$）；腰大肌和环颈最长肌、臂三头肌硬

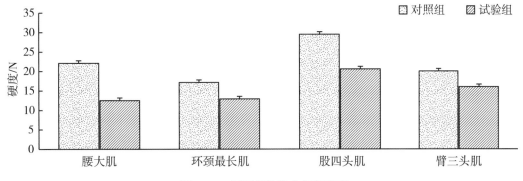

图 8-24　不同部位肌肉组织硬度

度相比差异不显著（*P*>0.05）。

（2）咀嚼性的差异比较

饲喂柠条发酵饲料的滩羊（试验组）和饲喂普通柠条饲料的滩羊（对照组）不同部位肌肉组织咀嚼性如图 8-25 所示，饲喂柠条发酵饲料的滩羊和饲喂普通柠条饲料的滩羊相比腰大肌的咀嚼性差异显著（*P*<0.05）；环颈最长肌的咀嚼性差异显著（*P*<0.05）；股四头肌的咀嚼性差异显著（*P*<0.05）；臂三头肌的咀嚼性差异也显著（*P*<0.05）。

饲喂柠条发酵饲料滩羊（试验组）各肌肉组织里腰大肌和环颈最长肌、股四头肌、臂三头肌的咀嚼性相比差异显著（*P*<0.05）；环颈最长肌和腰大肌、股四头肌咀嚼性相比差异显著（*P*<0.05）；股四头肌和腰大肌、环颈最长肌、臂三头肌的咀嚼性相比差异显著（*P*<0.05）；臂三头肌和腰大肌、股四头肌咀嚼性相比差异显著（*P*<0.05）。

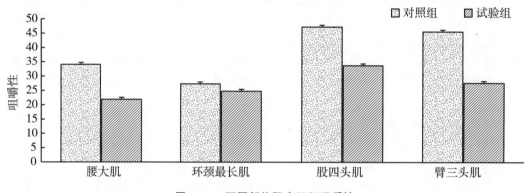

图 8-25　不同部位肌肉组织咀嚼性

6. 肌原纤维蛋白和肌浆蛋白溶解度的差异比较

（1）肌原纤维蛋白溶解度的差异比较

饲喂柠条发酵饲料的滩羊（试验组）和饲喂普通柠条饲料滩羊（对照组）不同部位肌肉组织的肌原纤维蛋白溶解度如图 8-26 所示，饲喂柠条发酵饲料的滩羊和饲喂普通柠条饲料的滩羊相比腰大肌的肌原纤维蛋白的溶解度差异显著（*P*<0.05）；环颈最长肌的肌原纤维蛋白的溶解度差异显著（*P*<0.05）；股四头肌的原纤维蛋白的溶解度差异显著（*P*<0.05）；臂三头肌的肌原纤维蛋白的溶解度相比差异显著（*P*<0.05）。

饲喂柠条发酵饲料滩羊各肌肉组织里肌原纤维蛋白的溶解度最大的是腰大肌，肌原纤维蛋白的溶解度最小的是臂三头肌，腰大肌的肌原纤维蛋白的溶解度比臂三头肌的肌原纤维蛋白的溶解度高 29.7%；腰大肌和环颈最长肌、股四头肌、臂三头肌的肌原纤维蛋白的溶解度相比差异显著（*P*<0.05）；环颈最长肌和腰大肌、臂三头肌的原纤维蛋白的溶解度相比差异显著（*P*<0.05）；股四头肌和腰大肌、臂三头肌的原纤维蛋白的溶解度相比差异显著（*P*<0.05）；臂三头肌和腰大肌、环颈最长肌、股四头肌的原纤维蛋白的溶解度相比差异都显著（*P*<0.05）；环颈最长肌和股四头肌的原纤维蛋白的溶解度相比差异不显著（*P*>0.05）。

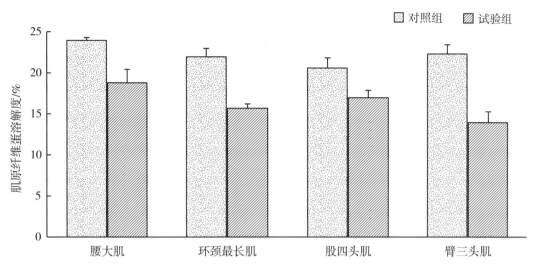

图 8-26　不同部位肌肉组织肌原纤维蛋白溶解度

（2）肌浆蛋白溶解度的差异比较

饲喂柠条发酵饲料的滩羊和饲喂普通柠条饲料的滩羊不同部位肌肉组织肌浆蛋白含量如图 8-27 所示，饲喂柠条发酵饲料的滩羊和饲喂普通柠条饲料的滩羊相比腰大肌的肌浆蛋白的溶解度差异显著（$P<0.05$）；环颈最长肌的肌浆蛋白的溶解度差异不显著（$P>0.05$）；股四头肌的肌浆蛋白的溶解度差异不显著（$P>0.05$）；臂三头肌的肌浆蛋白的溶解度差异显著（$P<0.05$）。

饲喂柠条发酵饲料滩羊各肌肉组织里肌浆蛋白的溶解度最大的是臂三头肌，肌浆蛋白的溶解度最小的是腰大肌，臂三头肌的肌浆蛋白的溶解度比腰大肌的肌浆蛋白的溶解度高41.4%；腰大肌和环颈最长肌、臂三头肌的肌浆蛋白的溶解度相比差异显著（$P<0.05$）；环颈最长肌和腰大肌、股四头肌和臂三头肌的浆蛋白的溶解度相比差异显著（$P<0.05$）；股四头肌和环颈最长肌、臂三头肌的肌浆蛋白含的溶解度相比差异显著（$P<0.05$）；臂三头肌和腰大肌、环颈最长肌、股四头肌的肌浆蛋白的溶解度相比差异都显著（$P<0.05$）；腰大肌和股四头肌的肌浆蛋白的溶解度相比差异不显著（$P>0.05$）。

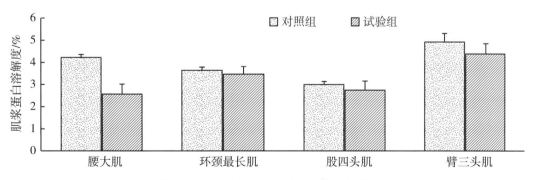

图 8-27　不同部位肌肉组织肌浆蛋白溶解度

三、讨论

1. 水分损失与肉嫩度的关系

肉的保水性（Water-holding capacity，WHC）又称系水力和持水力，是指当肌肉受外作用（如加压、切碎、加热、冷冻、解冻、腌制等）加工或贮藏条件下保持其原有水分与添加水分的能力，表现为在外力作用下从肌肉蛋白质系统释放出的液体量。肌肉保水性是一项重要的肉质性状，它不仅影响到肉的色泽、风味、多汁性等，还会影响肉嫩度。衡量持水性的指标主要有水分含量、滴水损失、失水率和蒸煮损失。肌肉的系水力越高，肉的嫩度越好。滴水损失是反映肉的保水性时应用比较多的指标，它能很好地模拟生肉在自然吊挂及销售过程中水分的流失情况。研究发现，滴水损失越小，表明肉的嫩度越好，与嫩度负相关。蒸煮损失是反映肉的保水性用得最多的指标，蒸煮损失是指肉在特定温度的水浴中加热一定时间后减少的质量，因水分、可溶性蛋白和脂肪的流失造成蒸煮损失。蒸煮损失与保水性紧密相关，对肉加工后的产量有很大影响。有试验结果表明，蒸煮损失越高，肉的嫩度越好，与嫩度正相关。失水率也是反映肉质保水性能的一项指标，肌肉的失水率越低，表示保水性能强，嫩度越好，与嫩度负相关。本试验我们用滴水损失、失水率、蒸煮损失 3 个指标检测饲喂柠条发酵饲料和普通柠条饲料的滩羊各部位肌肉组织的保水性，我们的试验结果表明：试验组和对照组的滴水损失相比差异不显著（$P>0.05$），各部位肌肉组织滴水损失相比差异也不显著（$P>0.05$），可以说明，柠条发酵饲料对滴水损失没有太大影响。试验组和对照组各部位的蒸煮损失相比差异都显著（$P<0.05$），试验组各部位的蒸煮损失都比对照组的蒸煮损失大；试验组和对照组各部位肌肉组织的失水率除了腰大肌，环颈最长肌、股四头肌和臂三头肌 3 个部位的差异均显著（$P<0.05$）；说明试验组各部位嫩度可能有了改善。

2. 剪切力、质构与肉嫩度的关系

剪切力是衡量肌肉嫩度的一个重要指标，剪切力越大，说明肉的嫩度越差；有许多研究表明，剪切力升高会引起肉嫩度的下降，与嫩度负相关。质构也是直接关系着肉的嫩度、口感，常用的质构指标有硬度、黏附性、内聚性、胶黏性及咀嚼性。研究人员认为嫩度与多汁性、硬度、咀嚼性等有关，低硬度、低咀嚼性的肉嫩度较好。本试验结果：试验组与对照组的剪切力相比，腰大肌的剪切力差异显著（$P<0.05$）试验组的比对照组的小；环颈最长肌和股四头肌的试验组和对照组的差异显著（$P<0.05$），试验组比对照组的大；臂三头肌差异不显著（$P>0.05$），没有明显的规律，可能是取样时没有标准工具，肉羊的大小和厚度的不一样导致的。试验组和对照组腰大肌、环颈最长肌、股四头肌、臂三头肌 4 个部位肌肉组织的硬度和咀嚼性差异均显著（$P<0.05$），而且试验组明显比对照组小，说明试验组的嫩度有了改善。

3. 肌原纤维蛋白和肌浆蛋白的溶解度与肉嫩度的关系

肌原纤维蛋白大约占动物肌肉组织中蛋白质的 55%，主要有肌球蛋白和肌动蛋白等，肌原纤维蛋白的变化对于肉品多汁性的影响尤为显著，肌原纤维蛋白溶解度可直接导致肌原纤维结构发生改变；前人的实验结果表明，肌球蛋白降解时肌原纤维蛋白发生

横向收缩，从而使肉品中的水分损失；肌动蛋白降解时肌肉也会发生收缩；蛋白质收缩分为横向收缩和纵向收缩，蛋白质发生收缩时，会将水分挤出；蛋白质降解程度越大，其保持水分的能力越低。研究表明，肌原纤维蛋白的溶解度降低，肌原纤维发生收缩，肉的嫩度改善。肌浆蛋白大约占动物肌肉组织中蛋白质的 25.8%，主要有肌红蛋白和清蛋白等。一般认为肌浆蛋白能够形成凝胶，将肉块各部分连接起来，对肉品嫩度的改善有一定的作用，肌浆蛋白的溶解会导致肉嫩度的变差。有研究表明，肌原纤维蛋白和肌浆蛋白的溶解度都跟嫩度负相关。本试验结果，各部位肌肉组织的肌原纤维蛋白溶解度的差异都显著（$P<0.05$），腰大肌和环颈最长肌的肌原纤维蛋白溶解度试验组的比对照组的小，股四头肌和臂三头肌的肌原纤维蛋白的溶解度试验组的比对照组大，腰大肌和臂三头肌的肌浆蛋白溶解度差异显著（$P<0.05$），环颈最长肌和股四头肌的肌浆蛋白的溶解度差异不显著（$P>0.05$），但试验组 4 个部位肌肉组织肌浆蛋白的溶解度都比对照组的小，说明试验组的肉嫩度有所提高。

四、结论

（1）柠条发酵饲料对滩羊肉品的蒸煮损失和失水率性有显著性影响（$P<0.05$），饲喂柠条发酵饲料和饲喂普通柠条饲料的滩羊相比肌肉组织的蒸煮损失显著性增大（$P<0.05$）。而饲喂柠条发酵饲料的滩羊肌肉组织的失水率比饲喂普通柠条饲料的滩羊肌肉组织的失水率显著减小（$P<0.05$），饲喂柠条发酵饲料和普通柠条饲料的滩羊相比肉品滴水损失差异不显著（$P>0.05$）。

（2）柠条发酵饲料对滩羊肉品的硬度和咀嚼性有显著性影响（$P<0.05$），饲喂柠条发酵饲料滩羊的肉品的硬度和咀嚼性显著小于饲喂普通柠条饲料的滩羊。饲喂柠条发酵饲料的滩羊肌肉组织的剪切力也比饲喂普通柠条饲料的滩羊肌肉组织显著减小（$P<0.05$）。

（3）发酵的柠条饲料对滩羊的肌原纤维蛋白和肌浆蛋白的溶解性有明显的影响，饲喂柠条发酵饲料的滩羊肌肉组织的肌原纤维蛋白和肌浆蛋白的溶解度与饲喂普通柠条饲料的滩羊相比显著降低（$P<0.05$）。

第五节　柠条发酵饲料对滩羊氨基酸、脂肪酸组成及含量的影响

一、试验目的

氨基酸为羊肉的生长发育提供能量和物质基础，而羊肉中的氨基酸的种类和含量直接影响着蛋白质的营养价值。本研究旨在探究微生物发酵的柠条饲料对滩羊氨基酸和脂肪酸含量及组成的影响，为生物发酵饲料在反刍动物中的应用提供理论基础，也为肉品质的研究和柠条的资源利用提供参考依据。

二、氨基酸测定的结果与分析

1. 滩羊不同部位的氨基酸总含量分析

由表 8-2 可知，在冈下肌中试验组的氨基酸总含量比对照组高 0.25%，但差异不显著（$P>0.05$）；在臂三头肌中试验组的氨基酸总含量比对照组高 1.93%，存在显著差异（$P<0.05$）；在臀肌、股四头肌、背最长肌和股二头肌中，试验组的氨基酸总含量比对照组低，但均差异不显著（$P>0.05$）；试验组与对照组中均以股二头肌的氨基酸总含量最高。

表 8-2　滩羊不同部位的氨基酸总含量　　　　　　　　　　　　　单位：mg/kg

不同部位	对照组	试验组
冈下肌	15.807±1.331[a]	16.052±0.991[a]
臂三头肌	14.870±0.992[b]	16.799±0.338[a]
臀肌	15.704±0.452[a]	15.658±1.129[a]
股四头肌	17.713±0.507[a]	17.136±0.634[a]
背最长肌	17.778±0.550[a]	17.749±0.554[a]
环颈最长肌	16.730±0.159[a]	15.593±0.238[b]
股二头肌	17.985±0.649[a]	17.961±0.282[a]

注：对照组为饲喂常规柠条饲料，试验组为饲喂柠条发酵饲料。同行数据肩标不含有相同小写字母表示差异显著（$P<0.05$），含有相同小写字母或无字母表示差异不显著（$P>0.05$）；下表同。

（1）冈下肌中的氨基酸组成及含量分析

由图 8-28 可知，在同一部位冈下肌中，天门冬氨酸、谷氨酸、甘氨酸、丙氨酸、胱氨酸、缬氨酸、精氨酸和脯氨酸的含量为试验组高于对照组，其中的天门冬氨酸和谷

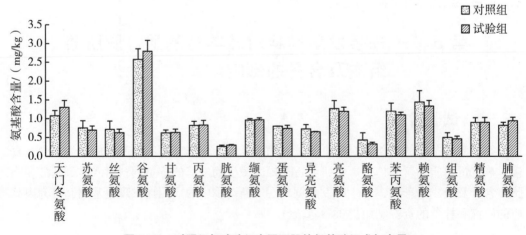

图 8-28　对照组与试验组中冈下肌的氨基酸组成与含量

氨酸的含量在两组中存在显著差异（$P<0.05$）；苏氨酸、丝氨酸、蛋氨酸、异亮氨酸、亮氨酸、酪氨酸和赖氨酸的含量为对照组比试验组高，但两组之间差异均不显著（$P>0.05$）。两组中均以谷氨酸含量最高。

（2）臂三头肌中的氨基酸组成与含量分析

由图8-29可知，在同一部位臂三头肌中，天门冬氨酸、苏氨酸、丝氨酸、谷氨酸、甘氨酸、丙氨酸、缬氨酸和精氨酸的含量为试验组高于对照组，并存在显著差异（$P<0.05$）；胱氨酸、蛋氨酸、异亮氨酸、亮氨酸、酪氨酸、赖氨酸和脯氨酸的含量同样为试验组高于对照组，但两组之间差异不显著（$P>0.05$）；两组中均以谷氨酸含量最高。

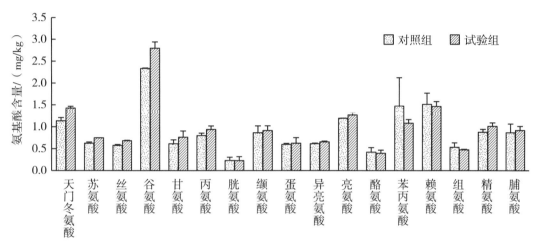

图8-29　对照组与试验组中臂三头肌的氨基酸组成与含量

（3）臀肌中的氨基酸组成与含量分析

由图8-30可知，在同一部位臀肌中，谷氨酸、胱氨酸和精氨酸的含量为试验组高

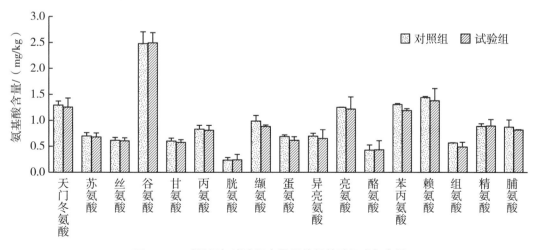

图8-30　对照组与试验组中臀肌的氨基酸组成与含量

于对照组，其余氨基酸为对照组高于试验组，但两组之间差异不显著（$P>0.05$）；两组中均以谷氨酸含量最高。

（4）股四头肌中氨基酸组成与含量分析

由图 8-31 可知，在同一部位股四头肌中，甘氨酸、胱氨酸、蛋氨酸和脯氨酸的含量为试验组高于对照组，其中的脯氨酸的含量在两组中存在显著差异（$P<0.05$）；天门冬氨酸、苏氨酸、丝氨酸、谷氨酸、丙氨酸、异亮氨酸、亮氨酸、苯丙氨酸和精氨酸的含量为对照组高于试验组，但两组之间差异不显著（$P>0.05$）；两组中均以谷氨酸含量最高。

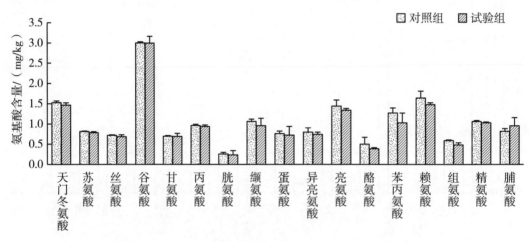

图 8-31　对照组与试验组中股四头肌的氨基酸组成与含量

（5）背最长肌中的氨基酸组成与含量分析

由图 8-32 可知，在同一部位背最长肌中，苏氨酸、谷氨酸、胱氨酸、苯丙氨酸、赖氨酸、组氨酸、脯氨酸的含量为试验组高于对照组，其中谷氨酸、胱氨酸、苯丙氨酸、组氨酸和脯氨酸的含量在两组中存在显著差异（$P<0.05$）；天门冬氨酸、丝氨酸、

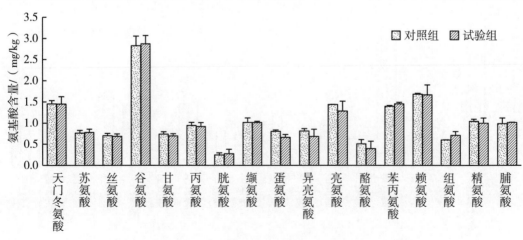

图 8-32　对照组与试验组中背最长肌的氨基酸组成与含量

甘氨酸、丙氨酸和精氨酸的含量为对照组高于试验组，但两组之间差异不显著（$P>0.05$）；两组中均以谷氨酸含量最高。

（6）环颈最长肌中的氨基酸组成与含量分析

如图 8-33 所示，同一部位环颈最长肌中，胱氨酸、苯丙氨酸、组氨酸和脯氨酸的含量为试验组高于对照组，其中胱氨酸和苯丙氨酸的含量存在显著差异（$P<0.05$）；谷氨酸、缬氨酸和酪氨酸的含量为对照组高于试验组，但两组之间差异不显著（$P>0.05$）；两组中均以谷氨酸含量最高。

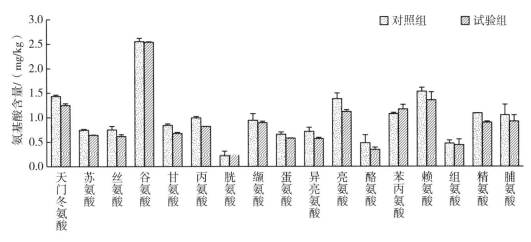

图 8-33　对照组与试验组中环颈最长肌的氨基酸组成与含量

（7）股二头肌中的氨基酸组成与含量分析

由图 8-34 可知，在同一部位股二头肌中，胱氨酸、缬氨酸、蛋氨酸、异亮氨酸、苯丙氨酸和脯氨酸的含量为试验组高于对照组，其中胱氨酸、缬氨酸、蛋氨酸、苯丙氨酸和脯氨酸的含量存在显著差异（$P<0.05$）；苏氨酸、丝氨酸、亮氨酸和赖氨酸的含量为对照组高于试验组，但两组之间差异不显著（$P>0.05$）；两组中均以谷氨酸含量

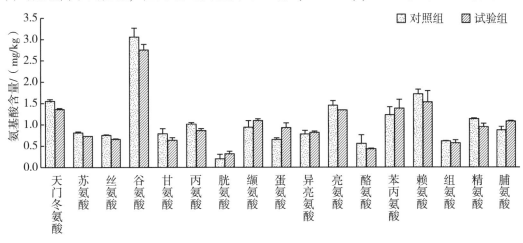

图 8-34　对照组与试验组中股二头肌的氨基酸组成与含量

最高。

2. 滩羊不同部位的脂肪酸总含量分析

由表 8-3 可知，试验组的脂肪酸总含量在冈下肌、臂三头肌、臀肌、股四头肌、环颈最长肌和股二头肌中比对照组分别高了 0.29 g/100 g、1.29 g/100 g、0.48 g/100 g、0.41 g/100 g、0.61 g/100 g、0.60 g/100 g，其中除股四头肌差异不显著外（$P>0.05$），其余部位的脂肪酸总含量在两组之间均存在显著差异（$P<0.05$）；试验组的脂肪酸总含量在背最长肌中比对照组低了 0.32 g/100 g，但差异不显著（$P>0.05$）；两组中均以环颈最长肌的脂肪酸总含量最高。

表 8-3　滩羊不同部位的脂肪酸总含量　　　　　　　　单位：g/100 g

不同部位	对照组	试验组
冈下肌	1.4823±0.3016[b]	1.7740±0.2324[a]
臂三头肌	1.1253±0.1838[b]	2.4143±0.2827[a]
臀肌	1.6720±0.2589[b]	2.1530±0.0464[a]
股四头肌	1.9490±0.3394[a]	2.3618±0.2383[a]
背最长肌	2.0414±0.0451[a]	1.7246±0.3929[a]
环颈最长肌	2.2896±0.5079[b]	2.9022±0.2799[a]
股二头肌	1.8323±0.3220[b]	2.4297±0.5509[a]

（1）不同部位中饱和脂肪酸的含量分析

由图 8-35 可知，7 个部位的饱和脂肪酸含量均为试验组高于对照组，其中在臂三头肌、股四头肌、环颈最长肌和股二头肌中的饱和脂肪酸含量在两组中均存在显著差异（$P<0.05$）；不同部位在两组中均以环颈最长肌的饱和脂肪酸含量最高。

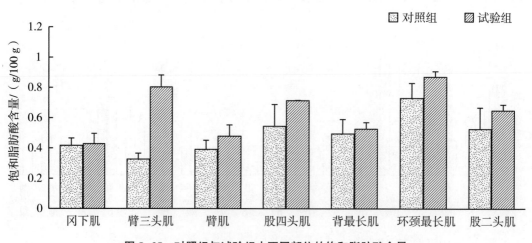

图 8-35　对照组与试验组中不同部位的饱和脂肪酸含量

（2）不同部位中单不饱和脂肪酸含量分析

由图 8-36 可知，冈下肌、臂三头肌、臀肌、股四头肌、环颈最长肌和股二头肌的单不饱和脂肪酸含量为试验组高于对照组，其中冈下肌、臂三头肌、股四头肌和股二头肌中的含量在两组之间存在显著差异（$P<0.05$）；背最长肌中的单不饱和脂肪酸含量为对照组高于试验组，但差异不显著（$P>0.05$）；两组中的不同部位均以环颈最长肌的单不饱和脂肪酸含量最高。

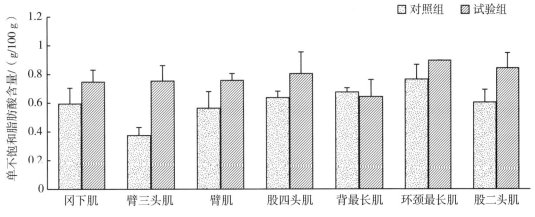

图 8-36　对照组与试验组中不同部位的单不饱和脂肪酸含量

（3）不同部位中多不饱和脂肪酸含量分析

由图 8-37 可知，冈下肌、臂三头肌、臀肌、股四头肌、环颈最长肌和股二头肌中的多不饱和脂肪酸为试验组高于对照组，其中冈下肌、臂三头肌、臀肌、环颈最长肌和股二头肌在两组之间存在差异显著（$P<0.05$）；背最长肌中的多不饱和脂肪酸为对照组高于试验组，但差异不显著（$P>0.05$）；多不饱和脂肪酸含量在试验组与对照组中最高的分别在环颈最长肌和背最长肌。

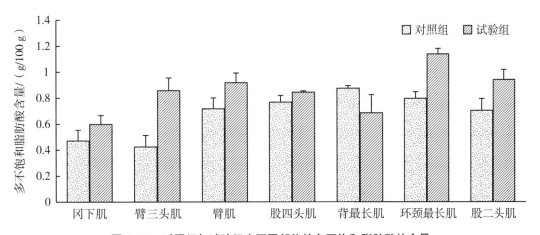

图 8-37　对照组与试验组中不同部位的多不饱和脂肪酸的含量

3. 试验组中不同部位的脂肪酸组成及含量分析

（1）试验组中不同部位饱和脂肪酸的组成及含量分析

由表8-4可知，不同部位中环颈最长肌的饱和脂肪酸含量最高；不同部位饱和脂肪酸中均以C20（二十碳酸甲酯）的含量最高，其中含量最高的在环颈最长肌；C4（丁酸）、C6、C17和C18（硬脂酸）的含量在每个部位的饱和脂肪酸含量中占大部分，C12（月桂酸）和C14（肉豆蔻酸）的含量相对较少。

表8-4　试验组中不同部位饱和脂肪酸的组成及含量　　　　单位：g/100 g

饱和脂肪酸	冈下肌	臂三头肌	臀肌	股四头肌	背最长肌	环颈最长肌	股二头肌
C4	0.0432±0.0125	0.0799±0.0121	0.0466±0.0072	0.0669±0.0007	0.0519±0.0086	0.0667±0.0075	0.0356±0.0055
C6	0.0640±0.0073	0.1256±0.0236	0.0676±0.0277	0.1521±0.0360	0.0400±0.0177	0.1800±0.0801	0.1080±0.0784
C8	0.0117±0.0086	0.0508±0.0290	0.0041±0.0001	0.0235±0.0109	0.0073±0.0008	0.0128±0.0106	0.0187±0.0070
C10	0.0008±0.0000	0.0015±0.0005	0.0008±0.0003	0.0054±0.0025	0.0006±0.0001	0.0013±0.0006	0.0046±0.0052
C11	0.0062±0.0008	0.0141±0.0010	0.0051±0.0002	0.0128±0.0059	0.0042±0.0018	0.0067±0.0008	0.0316±0.0360
C12	0.0002±0.0001	0.0017±0.0013	0.0004±0.0002	0.0022±0.0018	0.0002±0.0002	0.0004±0.0002	0.0015±0.0021
C13	0.0035±0.0006	0.0061±0.0059	0.0038±0.0012	0.0053±0.0012	0.0017±0.0007	0.0041±0.0020	0.0037±0.0016
C14	0.0003±0.0001	0.0007±0.0001	0.0003±0.0003	0.0007±0.0000	0.0005±0.0006	0.0006±0.0007	0.0006±0.0001
C15	0.0022±0.0001	0.0055±0.0031	0.0047±0.0021	0.0062±0.0007	0.0030±0.0001	0.0027±0.0028	0.0070±0.0051
C16	0.0004±0.0004	0.0017±0.0000	0.0003±0.0000	0.0005±0.0000	0.0012±0.0010	0.0008±0.0008	0.0020±0.0019
C17	0.0425±0.0064	0.0469±0.0086	0.0499±0.0092	0.0616±0.0135	0.0401±0.0050	0.0409±0.0086	0.0512±0.0103
C18	0.0242±0.0001	0.0633±0.0113	0.0247±0.0069	0.0468±0.0096	0.0334±0.0262	0.0699±0.0023	0.0532±0.0334
C20	0.2157±0.0644	0.3987±0.0659	0.2501±0.0500	0.3058±0.0353	0.3323±0.0049	0.4702±0.1544	0.3093±0.1247
C21	0.0079±0.0010	0.0024±0.0025	0.0123±0.0064	0.0184±0.0103	0.0088±0.0037	0.0053±0.0044	0.0065±0.0042
C22	0.0036±0.0028	0.0014±0.0001	0.0042±0.0032	0.0008±0.0001	0.0014±0.0002	0.0046±0.0030	0.0060±0.0037

（续表）

饱和脂肪酸	冈下肌	臂三头肌	臀肌	股四头肌	背最长肌	环颈最长肌	股二头肌
C23	0.0001± 0.0001	0.0017± 0.0003	0.0010± 0.0011	0.0025± 0.0030	0.0001± 0.0001	0.0010± 0.0001	0.0057± 0.0080
C24	0.0010± 0.0003	0.0007± 0.0003	0.0019± 0.0022	0.0026± 0.0010	0.0006± 0.0007	0.0015± 0.0009	0.0034± 0.0044
总和	0.4277	0.8028	0.4778	0.7140	0.5272	0.8696	0.6484

（2）试验组中单不饱和脂肪酸的组成及含量分析

由表 8-5 可知，不同部位中环颈最长肌的单不饱和脂肪酸含量最高；不同部位单不饱和脂肪酸中均以 C18：1n9t（反-9 油酸）的含量最高，其中含量最高的在环颈最长肌；C16：1（棕榈油酸）和 C18：1n9t（反-9 油酸）的含量在每个部位的单不饱和脂肪酸含量中占大部分，C22：1n9 和 C24：1n9 的含量相对较少。

表 8-5　试验组中不同部位单不饱和脂肪酸的组成及含量　　　单位：g/100 g

单不饱和脂肪酸	冈下肌	臂三头肌	臀肌	股四头肌	背最长肌	环颈最长肌	股二头肌
C14：1	0.0476± 0.0172	0.0498± 0.0070	0.0538± 0.0069	0.0592± 0.0284	0.0376± 0.0148	0.0413± 0.0032	0.055± 0.0101
C15：1	0.0083± 0.0009	0.0171± 0.0043	0.0076± 0.0010	0.0125± 0.0069	0.0055± 0.0014	0.0087± 0.0025	0.0124± 0.0045
C16：1	0.2831± 0.0532	0.2232± 0.0341	0.2345± 0.0209	0.2752± 0.1092	0.1886± 0.0765	0.2549± 0.0176	0.2491± 0.0280
C17：1	0.0209± 0.0048	0.0209± 0.0018	0.0179± 0.0018	0.0213± 0.0019	0.0209± 0.0030	0.0205± 0.0015	0.0241± 0.0032
C18：1n9t	0.2794± 0.1229	0.3420± 0.0764	0.3310± 0.0202	0.3653± 0.1625	0.3194± 0.0483	0.4514± 0.0448	0.3848± 0.1347
C18：1n9c	0.0759± 0.0449	0.0646± 0.0186	0.0950± 0.0523	0.0319± 0.0138	0.0545± 0.0212	0.0852± 0.0172	0.0751± 0.0154
C20：1	0.0310± 0.0114	0.0350± 0.0176	0.0175± 0.0092	0.0375± 0.0286	0.0152± 0.0040	0.0300± 0.0102	0.0400± 0.0229
C22：1n9	0.0001± 0.0000	0.0004± 0.0004	0.0002± 0.0001	0.0010± 0.0011	0.0004± 0.0003	0.0004± 0.0004	0.0014± 0.0016
C24：1n9	0.0009± 0.0004	0.0008± 0.0002	0.0002± 0.0000	0.0004± 0.0001	0.0001± 0.0000	0.0029± 0.0021	0.0005± 0.0006
总和	0.7473	0.7538	0.7577	0.8042	0.6423	0.8953	0.8423

（3）试验组中多不饱和脂肪酸的组成及含量分析

由表 8-6 可知，不同部位中环颈最长肌的多不饱和脂肪酸含量最高；不同部位多不饱和脂肪酸中均以 C18∶2n6t（反亚油酸甲酯）的含量最高，其中含量最高的在环颈最长肌。

表 8-6　试验组中不同部位多不饱和脂肪酸的组成及含量　　　单位：g/100 g

多不饱和脂肪酸	冈下肌	臂三头肌	臀肌	股四头肌	背最长肌	环颈最长肌	股二头肌
C18∶2n6t	0.5115± 0.0648	0.6775± 0.0203	0.8151± 0.0991	0.6867± 0.0064	0.4918± 0.0842	0.9035± 0.0631	0.7253± 0.0374
C18∶2n6c	0.0006± 0.0001	0.0069± 0.0082	0.0019± 0.0014	0.0017± 0.0012	0.0036± 0.0037	0.0038± 0.0014	0.0025± 0.0008
C18∶3n6	0.0022± 0.0011	0.0033± 0.0013	0.0032± 0.0008	0.0029± 0.0012	0.0041± 0.0012	0.0047± 0.0009	0.0117± 0.0065
C18∶3n3	0.0024± 0.0011	0.0052± 0.0044	0.0025± 0.0013	0.0044± 0.0019	0.0041± 0.0005	0.0106± 0.0067	0.0146± 0.0100
C20∶2	0.0017± 0.0000	0.0021± 0.0019	0.0012± 0.0013	0.0031± 0.0012	0.0022± 0.0007	0.0015± 0.0005	0.0013± 0.0000
C20∶3n6	0.0006± 0.0004	0.0013± 0.0009	0.0001± 0.0000	0.0005± 0.0001	0.0002± 0.0002	0.0003± 0.0001	0.0047± 0.0052
C20∶3n3	0.0070± 0.0017	0.0125± 0.0063	0.0055± 0.0001	0.0109± 0.0013	0.0049± 0.0033	0.0141± 0.0034	0.0047± 0.0009
C20∶4n6	0.0625± 0.0006	0.1307± 0.0645	0.0797± 0.0220	0.1181± 0.0124	0.0660± 0.0467	0.1739± 0.0745	0.1527± 0.0034
C22∶2n6	0.0004± 0.0003	0.0048± 0.0030	0.0006± 0.0002	0.0026± 0.0032	0.0002± 0.0002	0.0014± 0.0017	0.0007± 0.0006
C20∶5n3	0.0066± 0.0055	0.0071± 0.0059	0.0070± 0.0039	0.0066± 0.0048	0.0056± 0.0023	0.0185± 0.0121	0.0192± 0.0216
C22∶6n3	0.0034± 0.0034	0.0063± 0.0017	0.0008± 0.0006	0.0061± 0.0074	0.0016± 0.0013	0.0050± 0.0040	0.0017± 0.0008
总和	0.5990	0.8577	0.9175	0.8437	0.5842	1.1373	0.9389

三、讨论

从滩羊中共检测出了 17 种氨基酸，但未检测到必需氨基酸中的色氨酸。从测定结果看，在 7 个部位中，试验组中冈下肌和臂三头肌的氨基酸总含量高于对照组，在臂三头肌中试验组氨基酸含量为 16.80 mg/kg，对照组为 14.87 mg/kg，试验组比对照组高了 1.93 mg/kg，存在显著差异（$P<0.05$）；股二头肌氨基酸总量含量最高，在试验组与对照组中分别为 17.96 mg/kg 和 17.98 mg/kg，差异不显著（$P>0.05$）。其余部位的氨基酸总含量都维持在相同水平。氨基酸是肉中最主要的营养成分，由此可知，饲喂柠条发酵饲料可以提高滩羊冈下肌和臂三头肌中的氨基酸含量，且臂三头肌与两组中含量最高的股二头肌均为最富有营养的部位。

氨基酸为羊肉的生长发育提供能量和物质基础，而羊肉中的氨基酸的种类和含量直接影响着蛋白质的营养价值。本试验发现，饲喂柠条发酵饲料可以显著提高滩羊冈下肌和臂三头肌中天门冬氨酸、谷氨酸、甘氨酸、丙氨酸、胱氨酸、精氨酸和脯氨酸的含量（$P<0.05$），而这几种氨基酸均具有明显的呈味性，呈味性又决定了肌肉的鲜美程度，故饲喂柠条发酵饲料可以显著提高滩羊冈下肌和臂三头肌的鲜味及外观色泽度；饲喂柠条发酵饲料，不仅提高了滩羊臂三头肌中的氨基酸总含量（$P<0.05$），还显著提高了苏氨酸、缬氨酸、蛋氨酸、异亮氨酸、亮氨酸和赖氨酸的含量（$P<0.05$），而这几种氨基酸又是人体必需氨基酸，进而提高了滩羊臂三头肌的食用价值；对照组中背最长肌的氨基酸含量虽然比试验组高，但差异不显著（$P<0.05$），并且试验组背最长肌中的苏氨酸、谷氨酸、胱氨酸、苯丙氨酸、赖氨酸、组氨酸和脯氨酸的含量比对照组高，其中的赖氨酸能促进人体发育、增强免疫功能，并有提高中枢神经组织的作用。试验组股二头肌中的缬氨酸、蛋氨酸和苯丙氨酸依然显著高于对照组（$P<0.05$），并且这几种氨基酸也是人体必需氨基酸。人体食用后，若参加激烈体力活动时，缬氨酸可以给肌肉提供额外的能量产生葡萄糖，以防止肌肉衰弱。总体来看，羊只饲喂柠条发酵饲料后，在一定程度上改善了羊肉品质，能够满足人体必需氨基酸的含量，提供人体机能所需的营养物质和能量。

从宁夏滩羊肉中共检测出了 37 种脂肪酸，其中饱和脂肪酸 17 种、单不饱和脂肪酸 9 种以及多不饱和脂肪酸 11 种。从测定结果看，虽然在背最长肌中对照组的脂肪酸总含量比试验组高，但其余部位的脂肪酸总含量均为试验组高于对照组。并且在冈下肌、臂三头肌、臀肌、环颈最长肌和股二头肌中的脂肪酸总含量为试验组显著高于对照组（$P<0.05$）。脂肪酸作为机体内所必须的营养物质，又决定了羊肉的风味鲜味以及肉品质。总体来看，饲喂柠条发酵饲料可以改善滩羊的肉质性状，使滩羊肉质较好些，并且能够显著增加冈下肌、臂三头肌、臀肌、环颈最长肌和股二头肌的硬度、风味、柔韧性和多汁性。

目前，人们对饱和脂肪酸的研究还存在不足，原始意识上总认为饱和脂肪酸对人体不好。实际研究表明，摄入饱和脂肪酸确实能够使血液脂蛋白中的胆固醇含量增高，但其生理功能却各不相同。饱和脂肪酸在一定程度上是可以为机体提供能量的。从结果来看，试验组中的滩羊其体内的饱和脂肪酸含量高于对照组，也就说明饲喂柠条发酵饲料的滩羊能够为人类提供更多的能量。不饱和脂肪酸可以使人体血液中的胆固醇水平降低，并且抑制其在心血管壁上的沉积，进而降低血脂、软化血管。从结果来看，不饱和脂肪酸的含量依然是试验组高于对照组，说明饲喂柠条发酵饲料可以显著提高滩羊体内不饱和脂肪酸的含量。虽然人体食用饱和脂肪酸后，一定程度上会引发肥胖症、糖尿病及心血管疾病等疾病，但不饱和脂肪酸含量的增加会大大抑制高密度脂蛋白胆固醇的合成，并减缓动脉粥样硬化。并且，不饱和脂肪酸中还含有人体自身不能合成的必需脂肪酸。因此，柠条发酵饲料能够作为优良的滩羊饲料，使滩羊肉质的营养水平达到人体的需求。

在试验组中，饱和脂肪酸含量中占大部分的 C4（丁酸）能够为机体提供能量、C18（硬脂酸）在一定程度上可以降低胆固醇含量。单不饱和脂肪酸含量最多的为 C16：1（棕榈油酸）和 C18：1n9t（反-9 油酸），研究表明两者对血浆的胆固醇水平有有益的作用，并能转换肝脏脂蛋白的代谢及促进胆固醇油酸的积聚。饲喂柠条发酵饲料能够增强滩羊机体机能，使机体必需脂肪酸含量增加，并显著改善其功能优势。

四、结论

柠条发酵饲料能够显著提高滩羊臂三头肌的氨基酸总含量（$P<0.05$），不同部位天门冬氨酸、谷氨酸、甘氨酸、丙氨酸、胱氨酸、苯丙氨酸和脯氨酸含量均显著提高；柠条发酵饲料对滩羊17种氨基酸组成无影响。柠条发酵饲料能够显著提高滩羊冈下肌、臂三头肌、臀肌、股二头肌、环颈最长肌的脂肪酸总含量（$P<0.05$），其中饱和脂肪酸以C20含量最高，单不饱和脂肪酸含量以C18：1n9t含量最高，多不饱和脂肪酸含量以C18：2n6t含量最高；柠条发酵饲料对滩羊37种脂肪酸组成无影响。

第六节　柠条发酵饲料对滩羊肉肌苷酸及肌内脂肪沉积的影响

一、试验目的

肌苷酸（IMP）和肌内脂肪（IMF）是影响肌肉鲜味和风味的重要物质，也是衡量肉质优良的重要指标。目前我国草场退化严重、耕地面积减少、退耕还林及实行禁牧、圈内饲养对畜禽的采食习惯、肉质风味和营养结构造成了很大的影响，因此研制和开发出绿色有效的饲料，从而改善肉类品质和风味的研究成了热点。本试验通过测定滩羊不同组织部位肌肉中肌苷酸和肌内脂肪的含量来研究柠条发酵饲料对滩羊肌苷酸及肌内脂肪沉积的影响，为今后发酵饲料的发展应用和肉类品质研究提供参考依据。

二、结果与分析

1. 滩羊不同部位肌苷酸含量差异性分析

由图8-38可知，臀肌的肌苷酸含量最高，为531.25 μg/g，冈下肌的肌苷酸含量最低，为362.55 μg/g。臀肌与冈下肌、臂三头肌、股四头肌的肌苷酸含量相比差异均

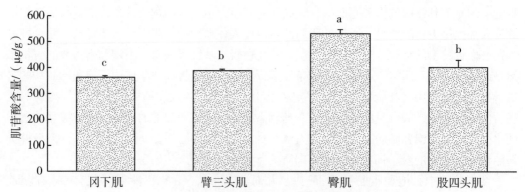

图8-38　对照组滩羊各部位的肌苷酸含量

注：柱形图上方字母不同表示各部位间差异显著（$P<0.05$），下图同。

显著（$P<0.05$），分别高出 168.70 μg/g、142.96 μg/g、129.26 μg/g。股四头肌与冈下肌的肌苷酸含量相比差异显著（$P<0.05$），股四头肌的肌苷酸含量要比冈下肌的高出 39.44 μg/g。股四头肌与臂三头肌的肌苷酸含量相比差异不显著（$P>0.05$）。

由图 8-39 可知，臀肌的肌苷酸含量最高，为 657.86 μg/g。冈下肌的肌苷酸含量最低，为 450.66 μg/g。臀肌与冈下肌的肌苷酸含量相比差异显著（$P<0.05$），臀肌比冈下肌的肌苷酸含量高出 207.20 μg/g。臀肌与股四头肌的肌苷酸含量相比差异显著（$P<0.05$），臀肌比股四头肌的肌苷酸含量高出 153.85 μg/g。臀肌与臂三头肌的肌苷酸含量相比差异显著（$P<0.05$），臀肌比臂三头肌的肌苷酸含量高出 142.80 μg/g。股四头肌与冈下肌的肌苷酸含量相比差异显著（$P<0.05$），股四头肌比冈下肌的肌苷酸含量高出 53.35 μg/g。股四头肌与臂三头肌的肌苷酸含量相比差异不显著（$P>0.05$）。

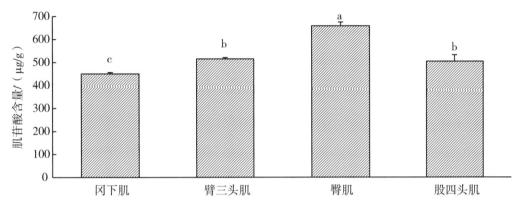

图 8-39 试验组滩羊各部位的肌苷酸含量

2. 滩羊不同部位肌内脂肪含量差异性分析

由图 8-40 可知，臀肌中的肌内脂肪含量最高，为 18%。股四头肌的肌内脂肪含量最低，为 9%。各个部位之间的差异均显著（$P<0.05$），臀肌比股四头肌、臂三头肌、冈下肌的肌内脂肪含量分别高 9%、7%、3%。冈下肌比股四头肌、臂三头肌的肌内脂

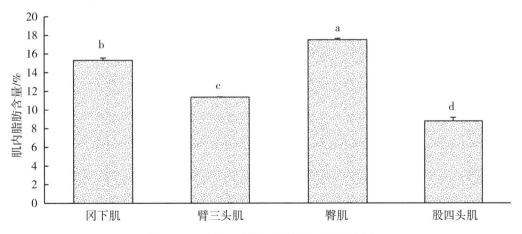

图 8-40 对照组滩羊各部位肌内脂肪的含量

肪含量分别高 6%、4%。臂三头肌比股四头肌的肌内脂肪含量高 2%。

由图 8-41 可知，冈下肌的肌内脂肪含量最高为 23%。股四头肌的肌内脂肪含量最低为 18%。冈下肌与臂三头肌相比差异不显著（$P>0.05$）。冈下肌与臀肌、股四头肌相比差异显著（$P<0.05$），冈下肌比臀肌、股四头肌的肌内脂肪含量分别高 4%、5%。臀肌与股四头肌的肌内脂肪含量相比差异显著（$P<0.05$），臀肌比股四头肌的肌内脂肪含量高 1%。

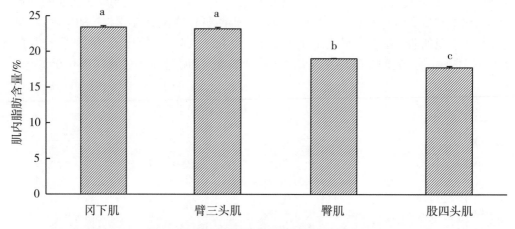

图 8-41　试验组滩羊各部位肌内脂肪的含量

3. 柠条发酵饲料对滩羊不同部位肌苷酸的影响

由图 8-42 可知，试验组与对照组相比差异均显著（$P<0.05$），并且各个部位肌苷酸的含量均显著提高。冈下肌、臂三头肌、臀肌、股四头肌的肌苷酸含量分别提高了 88.11 μg/g、126.77 μg/g、126.61 μg/g、102.02 μg/g。其中臂三头肌的肌苷酸含量提高最多（$P<0.05$）。

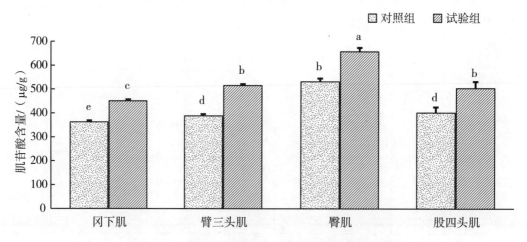

图 8-42　试验组与对照组滩羊不同部位肌苷酸的含量

4. 柠条发酵饲料对滩羊不同部位肌内脂肪沉积的影响

由图 8-43 可知，试验组与对照组差异均显著（$P<0.05$），并且各部位的肌内脂肪含量均显著提高。冈下肌、臂三头肌、臀肌、股四头肌的肌内脂肪含量分别提高了 8%、12%、1%、9%，其中臂三头肌的肌内脂肪含量提高最多。

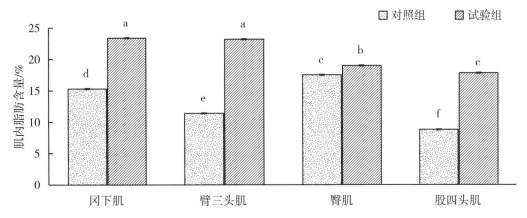

图 8-43 试验组与对照组滩羊不同部位肌内脂肪的含量

三、讨论

肌苷酸是畜禽肌肉中重要的呈鲜物质之一，其含量是衡量肌肉新鲜度的指标之一。本试验在滩羊的基础日粮中加入柠条发酵饲料可显著提高滩羊各个部位的肌苷酸含量（$P<0.05$），对照组和试验组中都显示臀肌的肌苷酸含量最高，分别为 657.86 μg/g 和 531.25 μg/g。冈下肌的肌苷酸含量最低，分别为 450.66 μg/g 和 362.55 μg/g，除了能看出滩羊各个部位的肌苷酸含量提高之外，再无发现其他显著规律，原因可能是不同动物对于外界的刺激会有不同的应激反应，肌苷酸在生成途径中的酶活性受到影响而导致肌苷酸的含量的差异性。目前对于肌苷酸含量最多的研究是关于鸡肉的，大量研究表明影响肌苷酸含量的因素有品种、年龄、饲养方式、饲料添加剂，其中饲料添加剂是最重要的因素。本试验中饲喂柠条发酵饲料的滩羊各部位肌苷酸含量都显著提高，说明柠条发酵饲料的饲喂效果很理想。

肉品质的主要决定因素之一是肌内脂肪的含量，肌内脂肪含量的高低直接影响肌肉的多汁性以及风味。含有适量的肌内脂肪的肉对提升口感有很好的作用，当肌内脂肪含量低于 25% 时，肌肉的多汁性及风味很差，同时口感也很差，而高于 3% 时，肉的风味也不会再提高。含过高肌内脂肪含量的肉，一般很难被消费者接受。改变肌内脂肪含量是改善肌肉品质的一条有效途径。

与对照组（普通柠条饲料）相比，试验组（柠条发酵饲料）中滩羊各个部位的肌内脂肪含量显著提高（$P<0.05$）。饲喂柠条发酵饲料后，冈下肌与臂三头肌中的肌内脂肪含量最高，都为 23%。柠条发酵饲料是提高了滩羊不同部位的肌内脂肪含量，但各个部位均低于 25%，肉的嫩度、多汁性及口感还是很差。沙圣玉（2007）对山羊不同部位的肌内脂肪沉积进行分析，发现背最长肌与半腱肌相比差异显著且背最长肌的肌内

脂肪含量高于半腱肌的。郝称莉（2008）对湖羊不同部位的肌内脂肪沉积进行分析，发现背最长肌和腰大肌这两个组织部位的肌内脂肪含量高于股二头肌的。Caneque 等（2005）对 Manchego 羔羊不同部位的肌内脂肪沉积进行分析，也发现背最长肌的肌内脂肪含量高于股四头肌的。其他研究也发现了类似的结果。

四、结论

（1）柠条发酵饲料显著提高了滩羊肉（冈下肌、臂三头肌、臀肌、股四头肌）的肌苷酸含量（$P<0.05$），与对照组相比分别提高了 88.11 μg/g、126.77 μg/g、126.61 μg/g、102.02 μg/g。

（2）柠条发酵饲料显著提高了滩羊肉（冈下肌、臂三头肌、臀肌、股四头肌）的肌内脂肪含量（$P<0.05$），与对照组相比分别提高了 8%、12%、1%、9%。

第九章 柠条发酵饲料中毒素污染与防控

第一节 饲料中霉菌毒素快速检测技术
研究现状及发展方向

据联合国粮食及农业组织（FAO）估算，全世界每年约有25%的谷物受霉菌毒素污染，约2%的农产品因霉变而失去营养和经济价值，给农业带来严重的经济损失。被霉菌污染的饲料和粮食颜色、气味发生改变，脂肪变质，适口性变差，因而导致动物的采食量下降，生长性能降低。霉菌毒素还会引起动物繁殖功能紊乱，造成繁殖性能降低；降低免疫细胞活性，导致免疫抑制；还可抑制蛋白质和酶的合成，破坏组织细胞结构，损害动物的肝肾、肠道、神经等器官和组织。霉菌毒素在动物产品中（如肉蛋奶中）也会有一定残留，可通过食物链对人体造成危害。

因此，早期对饲料及食品中的霉菌毒素进行监控和防治，从而降低霉菌毒素对畜牧业的危害、减少经济损失，对保障消费者身体健康和国家粮食食品安全意义深远。我国《饲料卫生标准》（GB 13078—2017）和《食品安全国家标准　食品中真菌毒素限量》（GB 2761—2017）对饲料及原料和食品中各霉菌毒素的最大允许量都制定了严格的限制标准。由于饲料在储存、加工过程中受多种非可控因素的影响，所以饲料受霉菌毒素污染情况不尽相同，加之霉菌在适宜的条件下便会生长，所以大多数饲料都存在多重霉菌毒素并存现象，而霉菌毒素之间又存在协同作用，从而使霉菌毒素的限定标准和风险管控变得更为复杂。因此，为减少霉菌毒素污染给畜牧业带来的危害，我们应从原料的各个环节来防控霉菌毒素的污染，对于已经受霉菌毒素污染的饲料和饲料原料，为防止其给动物带来危害，在饲喂动物之前，我们应采取合适的措施对其进行脱毒处理。

霉菌毒素广泛存在于自然界中，根据存储方式不同进行分类，可分为田间霉菌和仓储霉菌。当饲料原料在存储过程中由于各种原因滋生霉菌后，对动物饲养以及养殖场的健康运行有着极大危害。一旦畜禽摄入被霉菌污染的饲料后，霉菌毒素便会通过一段时间的积累对动物造成毒害，导致饲料利用率下降、免疫力降低、免疫抑制等，间接造成死亡率增加。另外，动物长期食用被霉菌毒素污染的饲料，会使动物产品受到严重污染，导致肉类食品卫生安全问题。所以，认识、熟悉各类霉菌并掌握脱霉方法有着深远的意义。

第二节　霉菌毒素的基本特性

一、霉菌毒素的生物学特性

霉菌毒素是霉菌产生的毒性较强的代谢产物，据估计至少有 200 余种产毒霉菌可在谷物/饲料中生长，400 多种已知的霉菌毒素对人类和动物具有潜在毒性。根据产生环境可将霉菌毒素分为田间霉菌毒素和仓储霉菌毒素两类，田间霉菌毒素是在田间生长过程中受霉菌污染而分泌的，包括萎蔫酸、烟曲霉毒素、念珠菌毒素、单端孢霉烯毒素、呕吐毒素、蛇形菌素等；仓储霉菌毒素则是由储存过程中受霉菌污染而分泌的，主要包括黄曲霉毒素、青霉菌毒素等。

二、霉菌毒素的结构

根据结构可将饲料中常见的霉菌毒素分为 3 种：刚性共面苯环结构（如黄曲霉毒素）、部分共面结构（如玉米赤霉烯酮和赫曲霉毒素）和没有共面的倍半萜烯结构（如呕吐霉素和 T-2 毒素），这 3 种结构的毒素对酵母细胞壁提取物、氢氧化硅铝酸钠钙等吸附剂的吸附能力依次降低。

三、霉菌毒素产生的条件

产生黄曲霉毒素的最基本条件是产毒真菌的存在。经过大量试验证明，能产生黄曲霉毒素的真菌主要是黄曲霉菌和寄生曲霉菌，而黄曲霉菌是一种广泛分布于世界各地区的比较常见的腐生菌，适宜的条件是它产生毒素的温床。影响曲霉菌生长繁殖及产毒的因素有很多，与食品关系密切的主要有水分、温度、食品基质、通风条件等。

1. 水分

水分是微生物生存不可或缺的，食品中水分以结合水和游离水两种状态存在，结合水存在于食品的组织本身，它是活组织的一部分，是细胞所有生理过程所必需的。而微生物能利用的水分是游离水。一般来说，米麦类水分在 14% 以下，大豆类在 11% 以下，干菜和干果类在 30% 以下，微生物生长比较困难，食品中真正能被微生物利用的那部分水称为水分活性（Water activity，Aw），纯水的 Aw 为 1.0（相当于相对湿度 100%），当 Aw 值越小时，细菌能利用的水越少，水分活性越接近 1，微生物就越易生长繁殖，当食品中的 Aw 为 0.98 时，微生物最易生长繁殖，当 Aw 降为 0.93 时，微生物繁殖受到抑制，但霉菌仍能生长，当 Aw 小于 0.7 时，则霉菌的生长受到一定抑制，可以阻止产毒的霉菌繁殖。

2. 温度与通风

温度对霉菌的繁殖和产毒均有重要影响，不同种类的霉菌最适温度是不一样的。在相对湿度为 80%~90%，大多数霉菌繁殖最适宜的温度是 25~30 ℃，在 0 ℃ 以下不能产毒。如黄曲霉的最低繁殖温度范围是 6~8 ℃，最高繁殖温度是 44~46 ℃，最适宜生长温度是 37 ℃ 左右，产毒温度略低于最适宜生长温度，为 25~32 ℃。缓慢通风比快速风干的霉菌容易繁殖产毒。

3. 食品基质

与其他微生物生长繁殖的条件一样，菌株腐生的基质也很重要。不同的食品基质霉菌的生长情况不同，一般来说，营养丰富的食品，霉菌生长的可能性就大，天然基质比人工培养基质的产毒效果好。

四、霉菌毒素的危害

1. 影响饲料的适口性

发酵饲料霉变后经常散发出霉臭的气味，饲料的颜色也会变黑。饲料中的各类有机成分被霉菌分解，产生很多带有刺激性气味的特殊物质，若饲料的霉变程度高，饲料中的蛋白质会分解生成硫化物、氨及氨化物，有机碳化合物分解生成酮类和碳醛类等，这些物质都会散发异味，并带有极强的刺激性，进而导致饲料的适口性大幅度下降，禽畜也会拒绝采食霉变程度高的饲料。

2. 降低饲料的营养价值

霉菌会在发生霉变后的饲料中快速繁殖，饲料中的营养物质是其生长繁殖所必需的，因此，霉菌会消耗有价值的饲料养分，如维生素和氨基酸，并将能量转化为水和二氧化碳。霉菌也会分泌可以使饲料分解的酶，进而大幅度削弱饲料的营养价值。发酵饲料中蛋白质的质量下降，特别是精氨酸、赖氨酸的含量明显下降。随着霉菌的快速增殖，维生素 A、维生素 D、维生素 E 等的比例也随之减少。

第三节　霉菌毒素的主要种类及其危害

一、黄曲霉毒素

黄曲霉毒素不是一种单一的化合物，它是由一类结构类似的化合物组成（图 9-1）。在有机溶剂中易溶解，但是很难溶解于水。临床发现，黄曲霉毒素是最有毒性的

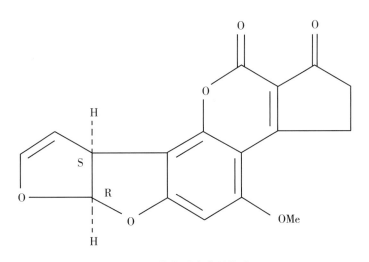

图 9-1　黄曲霉毒素结构式

一种毒素，其中起主要作用的是黄曲霉毒素 B1，它的主要毒害对象是肝脏，摄入过量黄曲霉毒素后，会引发肝癌。此外，黄曲霉毒素在临床上还可以引起妊娠动物死胎、畸形以及明显的免疫抑制。

二、玉米赤霉烯酮

玉米赤霉烯酮是一种酚的内酯结构（图 9-2），极易溶解于碱性溶液中。该毒素在临床也较常见，主要对母畜有毒害作用，毒害的主要器官为肝脏。临床上母猪摄入过量玉米赤霉烯酮后会表现出明显的繁殖性能障碍现象，出现外阴红肿、假发情、排卵异常等，另外，免疫力也会受到严重的影响。

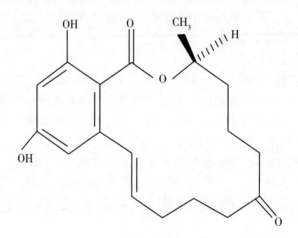

图 9-2　玉米赤霉烯酮结构式

三、伏马毒素

伏马菌素（Fumonisin，FB）是一种霉菌毒素，是由串珠镰刀菌（*Fusarium monili-forme Sheld*）产生的水溶性代谢产物（图 9-3），是一类由不同的多氢醇和丙三羧酸组成的结构类似的双酯化合物。伏马毒素溶于水以及有机溶剂，而且对高温稳定。临床上

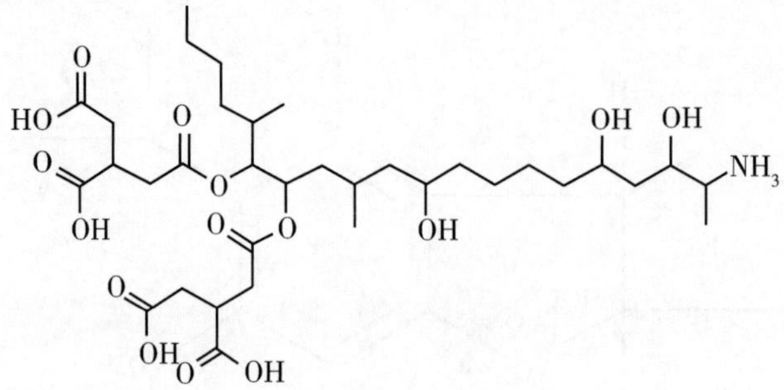

图 9-3　伏马毒素结构式

摄入过量伏马毒素会引起动物器官损伤，如心脏、肝脏、肾脏的损伤，还会引起猪出现肺水肿现象。人通过动物产品摄入毒素后，则会诱发食管癌和神经管型缺陷病。

四、T-2毒素

T-2毒素是由多种真菌主要是三线镰刀菌产生的单端孢霉烯族化合物（Trichothecenes，TS）之一（图9-4）。它广泛分布于自然界，是常见的污染田间作物和库存谷物的主要毒素，对人、畜危害较大。T-2毒素主要作用于细胞分裂旺盛的组织器官，如胸腺、骨髓、肝、脾、淋巴结、生殖腺及胃肠黏膜等，抑制这些器官细胞蛋白质和DNA合成。此外，还发现该毒素可引起淋巴细胞中DNA单链的断裂。T-2毒素还可作用于氧化磷酸化的多个部位而引起线粒体呼吸抑制。

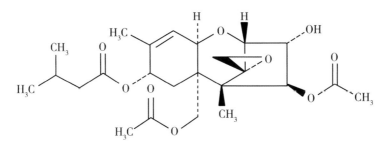

图9-4　T-2毒素结构式

五、脱氧雪腐镰刀菌烯醇

在全世界范围内，脱氧雪腐镰刀菌烯醇（DON）是最常见的一种污染饲料和食品的霉菌毒素之一（图9-5），严重影响人和牲畜的健康。它不仅可以污染农作物，也可以污染粮食制品，对人和动物可以产生广泛的毒性效应。近年研究发现，脱氧雪腐镰刀菌烯醇对人和动物的免疫功能产生明显的影响。根据DON的剂量和暴露时间不同可引起免疫抑制或免疫刺激的作用。国内外，对DON的研究比较多。低剂量DON，主要引起动物的食欲下降，体重减轻、代谢紊乱等症状，大剂量可导致呕吐。动物对DON的反应有种属和性别差异，雄性动物对毒素比较敏感，猪比小鼠、家禽和反刍动物更敏感。

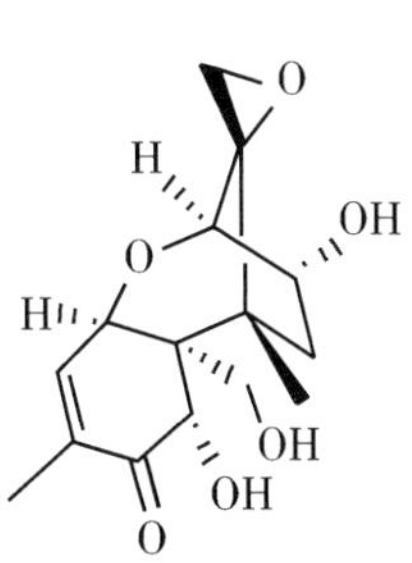

图9-5　脱氧雪腐镰刀菌烯醇结构式

第四节　霉菌毒素的检测方法

霉菌毒素的现有检测方法主要有两大类：确认方法和快速方法。确认方法又叫仪器方法，主要基于理化仪器设备，如薄层色谱法（TLC）、气相色谱法（GC）、高效液相色谱法（HPLC）和各种联用技术，如气质联用（GC–MS）、液质联用（HPLC–MS）等。仪器分析法因其灵敏度高、结果准确可靠而受到检测机构的青睐，并作为霉菌毒素的常用确证检测方法。但这种方法需要较为昂贵的精密设备，配备专业的实验操作人员，且检测样本成本高、样品前处理复杂、操作步骤烦琐，无法满足基层单位对批量样品的快速筛查检测的需求。同时，随着经济发展，粮油食品及饲料相关的贸易流通业务日益频繁，各级质量控制部门对于样品检测的压力也越来越大，这就要求对霉菌毒素检测向快捷准确方向发展。

现在较多的快速检测方法主要基于免疫化学，包括酶联免疫吸附法（ELISA）和免疫层析方法。酶联免疫吸附法的基本原理是将已知的抗原或抗体固定在固相载体上，再用做好标记的酶与底物反应显色，以此来判断是否有相应的免疫反应。该法的优点是免疫反应特异性强、灵敏度较高、样品预处理简便，通过酶标仪读取检测结果准确且稳定，现已成为最常见的快速检测饲料和食品中霉菌毒素的方法。

免疫层析法主要通过免疫层析试纸条进行检测，免疫层析试纸条主要由样本垫、结合垫、硝酸纤维素膜（NC膜）、吸水垫及黏性底板等部分组成。试纸条上NC膜固定有测试线和质控线；样品溶液加入至样本垫，预先在结合垫上喷涂抗体标记物，样品溶液通过毛细作用在层析试纸上移动，经过检测线时会发生特异性免疫反应，而游离的抗体标记物进一步与质控线发生免疫反应，已着色的标记物在短时间（5~10 min）便可显示出结果；测试线的显色深浅或吸光度大小进行定性或半定量判定，检测结果往往存在一定误差。

由于霉菌毒素属半抗原，不具有免疫原性，因此在制备抗体前首先要合成霉菌毒素–载体蛋白结合物免疫原。由于各种霉菌毒素分子结构不同，其在绝大部分情况下不具备连接反应基因，因此霉菌毒素分子首先要经过衍生过程，而衍生所需要一定的连接化学反应条件，这种反应条件一定不能导致其半抗原分子结构发生改变，之后再通过连接物与载体蛋白连接。常用的载体蛋白有牛血清白蛋白（BSA）、人血清白蛋白（HAS）和卵清蛋白（OVA）等。制备好的半抗原结合物在免疫动物前，要测定结合物中半抗原数目，因为结合物中半抗原分子数目太多或太少，都会导致诱发抗体的能力较差。基于胶体金为标记材料的免疫层析法生产的霉菌毒素检测试纸条是目前应用最广泛的一种快速检测产品，并已大量应用于AFB1、ZEN、DON以及OTA等霉菌毒素的快速检测。且该技术由于无需精密仪器、方法简单快速、成本低廉等优点，适用于饲料和粮食现场快检和大规模样品筛查，现已被广泛应用。

第五节　霉菌毒素安全性评价

发酵过程中产生的有毒有害物质主要是霉菌毒素。由于饲料中霉菌毒素可通过动物代谢到人类可食用的畜禽产品中，并且近年来饲料中霉菌毒素污染事件常有发生。《食品安全国家标准　食品中真菌毒素限量》（GB 2761—2017）规定乳及乳制品中黄曲霉毒素每毫升限量为 0.5 μg/kg；《饲料卫生标准》（GB 13078—2017）规定了奶牛精料补充料中黄曲霉毒素 B1 限量为 10 μg/kg，肉牛精料补充料中黄曲霉毒素 B1 限量为 50 μg/kg，玉米、花生饼（粕）、棉籽饼（粕）、菜籽饼（粕）中的限量为 50 μg/kg，豆粕中的限量为 30 μg/kg。却没有对生物发酵饲料中霉菌毒素等危害因子限量做出规定。因此，发酵饲料中霉菌毒素的评价是反刍动物养殖者和科研机构应该重点关注的内容。

饲料产品、饲料添加剂中霉菌毒素限量见表 9-1。

表 9-1　饲料产品、饲料添加剂中霉菌毒素限量

序号	卫生指标项目	产品名称	指标	试验方法
1	黄曲霉毒素 B1/（μg/kg）	其他浓缩饲料	≤20	NY/T 2071
		犊牛、羔羊料补充料	≤20	
		泌乳期精料补充料	≤10	
		其他精料补充料	≤30	
		其他配合饲料	≤15	
2	赭曲霉毒素 A/（μg/kg）	配合饲料	≤100	GB/T 30957
3	玉米赤霉烯酮/（mg/kg）	犊牛、羔羊、泌乳期精料补充料	≤0.5	NY/T 2071
		其他配合饲料	≤0.5	
4	脱氧雪腐镰刀菌烯醇（呕吐毒素）/（mg/kg）	犊牛、羔羊、泌乳期精料补充料	≤1	GB/T 30956
		其他精料补充	≤3	
		其他配合饲料	≤3	
5	T-2霉素/（mg/kg）	猪、禽配合饲料	≤0.5	NY/T 2071
6	伏马霉菌（B1＋B2）/（mg/kg）	犊牛、羔羊精料补充料	≤20	NY/T 1970
		其他反刍动物精料补充料	≤50	
		猪浓缩饲料	≤5	
		家禽浓缩饲料	≤20	

研究发现，青贮饲料中霉菌毒素的主要种类为黄曲霉毒素、玉米赤霉烯酮和呕吐毒素。因此，青贮饲料中霉菌毒素评定的主要指标为黄曲霉毒素，其次为玉米赤霉烯酮和呕吐毒素（表 9-1）。

按照饲料及饲料原料样品中黄曲霉毒素、玉米赤霉烯酮和呕吐毒素含量高于检出限

作为检出，本研究中阳性样品判定标准即检出限值如下：黄曲霉毒素 B1≥0.5 μg/kg、玉米赤霉烯酮≥1 μg/kg 和呕吐毒素≥10 μg/kg、伏马毒素≥25 μg/kg、T-2≥50 μg/kg。饲料和原料中黄曲霉毒素 B1、玉米赤霉烯酮和呕吐毒素允许限量参照我国国家标准 GB 13078—2017《饲料卫生标准》。

第六节　柠条发酵饲料中霉菌毒素研究

一、试验方法

试验材料：柠条发酵饲料。

试验设计：通过试验的方法，使柠条发酵饲料在开放的条件下产生霉菌毒素。取 10 kg 饲料，搁置在温度为 18.0~25.0 ℃的房间内，湿度 20%~50%。每天定量喷洒水分，使得柠条生物发酵饲料水分达到测试要求。5 d 采样一次进行菌群计数，并测定 T-2 毒素、伏马毒素、黄曲霉毒素、呕吐毒素、玉米赤霉烯酮 5 种霉菌毒素的含量变化。

二、营养成分变化

霉菌产生的霉菌毒素严重危害人和动物的安全和健康。但是也有些有益的霉菌，对饲料质量提升具有好处，真菌拥有丰富的酶系，且菌丝穿透能力和产酶能力都很强，发酵过程中菌种通过消耗粗脂肪中碳水化合物作为生长繁殖碳源，同时霉菌分泌的蛋白酶可将大分子蛋白质降解为小分子肽和游离氨基酸，使得氨基酸含量得到提高（表 9-2）。

表 9-2　发酵饲料霉变后氨基酸含量变化情况　　　　　　　　　　单位：%

检测项目	发霉前原料	发霉后第一天	增减
天冬氨酸	0.91	0.93	0.02
苏氨酸	0.36	0.43	0.07
丝氨酸	0.40	0.42	0.02
谷氨酸	1.10	2.00	0.90
甘氨酸	0.41	0.51	0.10
丙氨酸	0.62	0.71	0.09
缬氨酸	0.48	0.58	0.10
蛋氨酸	0.10	0.11	0.01
异亮氨酸	0.38	0.48	0.10
亮氨酸	0.74	0.94	0.20

（续表）

检测项目	发霉前原料	发霉后第一天	增减
酪氨酸	0.17	0.22	0.05
苯丙氨酸	0.46	0.54	0.08
赖氨酸	0.49	0.56	0.07
组氨酸	0.19	0.32	0.13
精氨酸	0.39	0.60	0.21
脯氨酸	0.43	0.78	0.35
总和	7.63	10.13	2.50

三、饲料中霉菌毒素含量变化

目前，绝大多数报道的是单一霉菌毒素对各种动物的影响。近年来，养殖业更加关注多种霉菌毒素污染和中毒的问题。这种关注源于这样一个事实，几种霉菌毒素协同作用对动物健康和生产性能的副作用比一种霉菌毒素单独作用的副作用要大，即实际生产条件下引起动物生产性能下降和中毒症的单一霉菌毒素的含量低于试验控制条件下引起同样毒性效应的剂量。另外，几种霉菌毒素同时存在于饲料原料和全价料中是常见的，如在同一种谷物中黄曲霉毒素、烟曲霉毒素、呕吐毒素和玉米赤霉烯酮往往同时并存。因此，一种谷物在自然条件不大可能只受一种霉菌毒素污染。即使每种原料只含有一种霉菌毒素，将众多原料配合成一种饲粮，这种日粮就含有多种不同的霉菌毒素。通过试验检测结果如表9-3所示。

表9-3　发酵饲料中的主要毒素种类及含量

原样品编号	霉菌和酵母菌计数/（cfu/g）	T-2毒素/（μg/kg）	伏马毒素B1/（μg/kg）	黄曲霉毒素B1/（μg/kg）	呕吐毒素/（μg/kg）	玉米赤霉烯酮/（μg/kg）	合计/（μg/kg）
1	5.0×10^2	0.035	51	0.72	51	22	124.76
6	2.0×10^3	0.029	47	0.62	62	22	131.65
11	3.6×10^3	0.034	46	0.79	61	24	131.82
16	1.0×10^4	0.027	36	0.66	60	29	134.69
21	1.0×10^5	0.023	44	0.73	63	28	155.75
26	2.8×10^5	0.021	41	1.00	50	26	118.02

1. 霉菌和酵母菌

由表9-3和图9-6可以看出，随着时间的变化，霉菌和酵母菌从最初的第一天的$5.0×10^2$ cfu/g上升到26 d的$2.8×10^5$ cfu/g，霉菌和酵母菌数量呈指数上升，$y=3.2594e^{0.2537x}$（$R^2=0.9705$）。

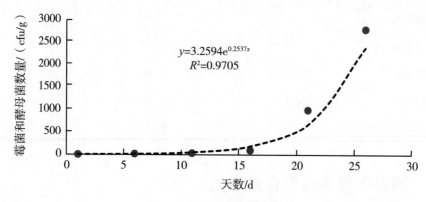

图9-6　霉菌和酵母菌计数

2. T-2毒素

由表9-3、图9-7可以看出，随着时间的变化，T-2毒素从最初的第一天的0.035 μg/kg开始有下降的趋势，到26 d的为0.021 μg/kg，数量变化呈直线回归模型：$y=-0.0005x+0.0355$（$R^2=0.8016$）。

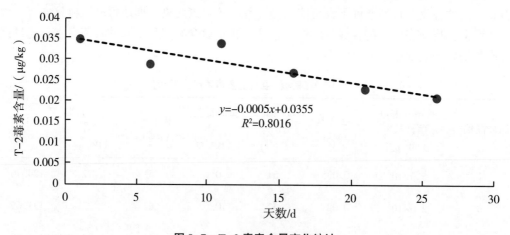

图9-7　T-2毒素含量变化统计

3. 伏马毒素B1

由表9-3、图9-8可以看出随着时间的变化，伏马毒素呈抛物线趋势，到15 d到达低谷，数学回归模型：$y=0.0236x^2-1.0193x+52.246$（$R^2=0.7307$）。

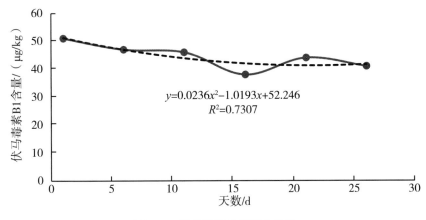

图 9-8 伏马毒素含量变化统计

4. 黄曲霉毒素 B1

由图 9-9 可以看出，随着时间的变化，黄曲霉毒素呈直线上升趋势，从最初的第一天的 0.072 μg/kg 开始有下降的趋势，到 26 d 的为 1.00 μg/kg，数学回归模型：$y = 0.0091x + 0.6299$（$R^2 = 0.4048$）。

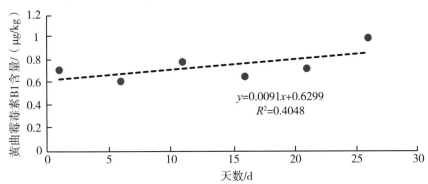

图 9-9 黄曲霉毒素 B1 含量变化统计

5. 呕吐毒素

由表 9-3、图 9-10 可以看出，随着时间的变化，呕吐毒素变化趋势不明显，一直

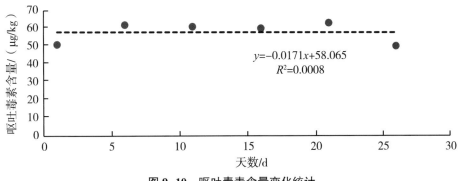

图 9-10 呕吐毒素含量变化统计

处于平稳静止不变的状态。

6. 玉米赤霉烯酮

由表9-3、图9-11可以看出，随着时间的变化，玉米赤霉烯酮从最初的第一天的 22 μg/kg 上升到 26 d 的 26 μg/kg，数量呈指数上升，$y = 21.863e^{0.01x}$（$R^2 = 0.6169$）。

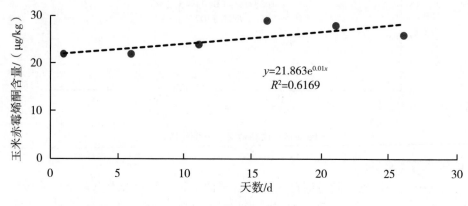

图9-11　玉米赤霉烯酮含量变化统计

四、不同霉菌毒素的互作关系

不同的霉菌毒素之间存在一定相互协作的关系。通过数据分析主要有以下几种关系。在大多数情况下，霉菌毒素对饲料和食物的污染是混合污染。研究显示，饲喂自然污染的霉菌毒素，饲料产生的中毒症状往往比饲喂纯化霉菌毒素的毒性效应要大，这是由2种或2种以上霉菌毒素的互作效应导致的。通常多种霉菌毒素同时存在时的毒性可能表现为加性效应、亚加性效应、协同效应、增效效应和颉颃效应。霉菌毒素毒性间的互作效应普遍存在，其中镰孢菌毒素之间及镰孢菌毒素与和其他霉菌毒素之间的毒性互作效应最为常见，如脱氧雪腐镰刀菌烯醇和萎蔫酸，黄曲霉毒素 B1 和 T-2 毒素，黄曲霉毒素 B1、赭曲霉毒素和 T-2 毒素等的互作效应主要表现为加性效应和协同效应（表9-4）。

表9-4　关联系数分析

因子	T-2 毒素	伏马毒素 B1	黄曲霉毒素 B1	呕吐毒素	玉米赤霉烯酮
T-2 毒素		0.0233	0.3870	0.9802	0.1525
伏马毒素 B1	0.8728		0.1862	0.9480	0.1573
黄曲霉毒素 B1	−0.4364	−0.6232		0.1752	0.8024
呕吐毒素	0.0132	−0.0347	−0.6354		0.6402
玉米赤霉烯酮	−0.6614	−0.6559	0.1325	0.2447	

T-2 毒素与伏马毒素之间存在正相关关系，黄曲霉毒素 B1 与 T-2 毒素、伏马毒素、呕吐毒素之间存在负相关关系，玉米赤霉烯酮和 T-2 毒素、伏马毒素之间存在负

相关关系(图9-12)。

1. T-2毒素和伏马毒素

从图9-12中可以看出,T-2毒素和伏马毒素之间存在协助,伏马毒素的含量随着T-2毒素含量的增加而增加。两者之间相互促进生长,两者之间存在直线回归关系:$y=511.92x+31.248$($R^2=0.7617$)。

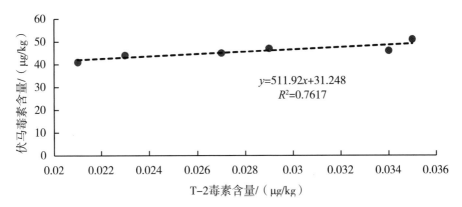

图9-12 T-2毒素与伏马毒素互作效应

2. 伏马毒素和黄曲霉毒素

从图9-13中可以看出,伏马毒素和黄曲霉毒素之间存在关系,黄曲霉毒素随着伏马毒素的含量的增加而减少。两者之间相互抑制生长关系,数学模型:$y=-0.0252x+1.9033$($R^2=0.3884$)。

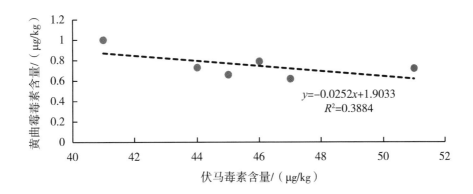

图9-13 伏马毒素与黄曲霉毒素互作效应

3. 黄曲霉毒素和呕吐毒素

从图9-14中可以看出,伏马毒素和呕吐毒素之间存在关系,呕吐毒素随着黄曲霉毒素的含量的增加而减少。两者之间相互抑制生长关系,数学模型:$y=-27.306x+78.404$($R^2=0.4037$)。

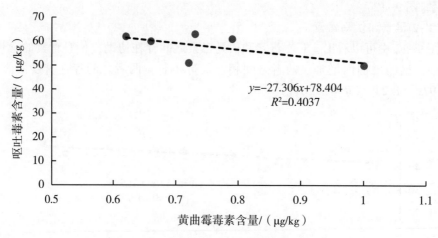

图 9-14　黄曲霉毒素和呕吐毒素互作效应

4. T-2 毒素和呕吐毒素

从图 9-15 可以看出，T-2 毒素和呕吐毒素之间存在二次曲线存在关系，随着 T-2 毒素的增加，达到一定范围后，呕吐毒素先是增加，随后降低，数学模型：$y = -197\ 556x^2 + 11\ 155x - 94.349$（$R^2 = 0.5568$）。

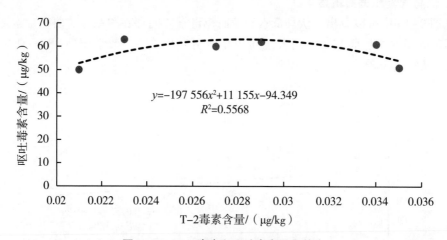

图 9-15　T-2 毒素和呕吐毒素互作效应

第七节　柠条发酵饲料中霉菌毒素的防控措施

柠条发酵饲料因其具有气味芳香、营养丰富、适口性好、消化率高等优点，可成为反刍动物的优良饲料。柠条发酵饲料中的霉菌污染主要来自于两个方面：一是取用过程中饲料的二次发酵；二是田间污染。饲料被霉菌污染后不仅会导致饲料质量降低、营养物质流失，而且会严重侵害反刍动物的消化和免疫系统。因此，对柠条发酵饲料必须加强霉菌毒素的防御、检验和管理工作。

霉菌毒素是霉菌在生长代谢过程中产生的有毒次级代谢产物。比如黄曲霉菌经过外界环境氧化应激刺激后产生黄曲霉毒素 B1、黄曲霉毒素 B2 等，镰刀菌产生玉米赤霉烯酮等。饲料及谷物中常见的产毒素霉菌包括曲霉菌属（黄曲霉菌、寄生曲霉菌等）、镰刀菌属（禾谷镰刀菌、雪腐镰刀菌等）（Labuda 等，2005）。一种霉菌可产生多种霉菌毒素，比如禾谷镰刀菌既可以产生玉米赤霉烯酮，也可以产生呕吐毒素。柠条发酵饲料可能会受到多种霉菌毒素污染，在取用发酵饲料时，空气与饲料外表面接触，进入饲料内部，引起被抑制的好氧性微生物（霉菌和酵母等）复苏，开始繁殖和滋生，饲料温度随之上升，导致微生物进一步繁殖，使饲料腐败变质加速。

一、做好柠条的收获工作

首先应该严格控制杂草；其次选择恰当的收获时间，收获后快速降低水分，除去多余的杂质。

二、控制原料的水分含量

水分是饲料原料安全储存的重要指标，水分含量超过规定的标准，饲料容易发生霉菌的污染。

三、采用包装袋和适当的防霉剂

饲料发酵袋用双层袋包装，内层用不透气的塑料袋，外层再用编织袋，并尽量使袋内缺氧，这样可抑制袋内霉菌繁殖。添加防霉剂也能在很大程度上预防饲料原料的霉变，常用的防霉剂包括有机酸类及其盐类，如丙酸、山梨酸、苯甲酸及其盐类。

四、添加发酵菌剂

劣质青贮饲料不易发生霉变，因为其含有的酪氨酸能够有效减少酵母及霉菌的滋生；普通的青贮饲料易产生霉变，是因为其含有较多的酵母。所以，为减少青贮饲料发生霉变，可以在制作过程中加入促进发酵的乳酸菌，得到酵母含量低的高品质青贮饲料。乳酸菌是一种重要的生物保鲜剂，作为可食用的安全菌株，其在食品发酵以及饲料的生产、保存中被广泛应用（Messens 等，2002；Lavermicocca 等，2000）。乳酸菌不仅可以抑制某些真菌产毒与生长，而且能做到吸附已有毒素。乳酸菌能吸附黄曲霉毒素，也能降解黄曲霉毒素，实现其脱毒解毒的目的。研究发现，乳酸乳球菌接种发酵乳后，有毒的黄曲霉毒素 B1 被转变为无毒性的黄曲霉毒素 B2a 和弱毒性的黄曲霉毒素 R0，与黄曲霉毒素 B1 相比，黄曲霉毒素 R0 的毒性已大大降低（Megalla 等，1984）。微生物是通过破坏黄曲霉毒素的毒性基团从而降低毒素的含量。Liu 等（2001）研究表明，假蜜环菌的胞内多酶体系可以将黄曲霉毒素 B1 水解打开双呋喃环基团，从而达到降低毒素的效果。崔彦召等（2013）试验证明，乳酸菌剂可以使全混合发酵日粮中的霉菌毒素含量大大减少，BM 乳酸菌剂的作用尤为突出。芽孢杆菌对霉菌、腐败菌和病原微生物等的滋生存在抑制作用。生物发酵饲料的发酵可借助多种有益菌，包括大肠杆菌、乳酸菌、芽孢杆菌等，它们可生成氨基酸、维生素、酶制剂类、乳酸等有益物质。作为纯天然的香味剂、去霉剂、酸化剂和自然改善剂的乳酸，可以去除饲料中80%以上的霉菌毒素，使中毒性腹泻的可能性降低。与普通饲料相比，发酵饲料中沙门氏菌、大肠杆菌等杂菌的含量减少了大约1000倍，可以有效地加快饲料转化率和营养物质的摄取。饲喂动物时，可以通过加入生物发酵饲料实现降解霉菌毒素的效果。发酵饲料不仅营养成分全面（粗灰分<9.0%、粗蛋白质>24%、粗纤维<8.0%、钙2.0%~3.5%、磷>0.6%、有益菌>1×10^7cfu/g），还可提供充足的有益菌群（陆文清等，2008）。

五、物理处理方法

物理方法脱毒包括：微波处理、热处理、紫外线照射、水洗处理、射线照射、加入吸附剂等。在日粮中加入吸附剂可以有效减少霉菌毒素对动物的侵害。吸附脱毒法是目前应用最为广泛的物理方法。吸附法作为一种运用比较成熟、经济可行的物理脱毒法，本质是在已发生霉变饲料中加入能够吸附霉菌毒素的物质，使毒素在通过胃肠道时直接从体外排出，并不被吸收。这种物质对霉菌毒素具有选择性吸附的能力，是由于其片状结构和大的比表面积，负电荷缺失，从而得到结合阳离子化合物的能力。常用的吸附剂有以下几种。

1. 铝硅酸盐

铝硅酸盐对霉菌毒素具有选择性吸附的能力，但吸附力有限、效率低、饲料空间占用大，还会吸附一部分营养物质，一般不会直接加入饲料。

2. 甘露聚糖

甘露聚糖是酵母细胞壁的重要活性组成，其可强有力的吸附霉菌毒素，并成功地抵御其毒性。

3. 活性炭

活性炭可以有效地吸附霉菌毒素脱毒。

六、微生物法

近年来，采用微生物法进行脱毒受到了很多研究人员的重视。该方法采用乳酸菌、面包酵母、酿酒酵母等微生物分解霉菌毒素，微生物代谢产生的某些酶可与霉菌毒素发生反应，使毒素分子结构中毒性基团被破坏而生成无毒降解产物，从而达到脱毒的效果。微生物不仅对多种霉菌毒素有降解作用，而且不吸附维生素、微量元素等小分子有机化合物，能够有效保存饲料中的营养成分，可以广泛应用于饲料中。

总之，霉菌毒素在饲料中普遍存在，而且会给畜牧业造成非常严重的后果。为了保证畜牧业的健康发展，为人类提供安全的畜产品，采取科学有效的方法对饲料霉菌毒素进行预防和清除，对促进我国畜牧业朝绿色、健康、环保的方向前进，具有重要的经济意义与社会意义。

第十章　柠条发酵饲料质量评价

优质柠条发酵饲料对反刍动物的生产具有提质增效的作用，而劣质饲料会对动物健康产生不良影响。因此，调制好的柠条发酵饲料在使用之前需要对其进行质量评价。目前对柠条发酵饲料的评价方式没有相关的评判标准。主要借鉴于青贮饲料的质量评价方法进行。柠条发酵饲料主要有感官鉴定、化学成分分析以及微生物检测等。

第一节　感官鉴定

感官鉴定法是用于评价柠条发酵饲料质量最直接的方法，感官鉴定主要有 3 个评价指标：颜色、气味和质地。

一、颜色

柠条发酵饲料的颜色越接近于原本植株的颜色，质量越好；劣质的柠条发酵饲料颜色呈黑褐色。当制作柠条发酵饲料压实度不够时，发酵容器中存留大量氧气，在发酵过程中好氧微生物发酵产热，过高的温度会导致发生美拉德反应。蛋白质在高温条件下与糖结合生成一种褐色的物质。美拉德反应会使发酵饲料中的蛋白质和糖类的生物利用率降低，并造成发酵饲料中的能量损失。所以，调制发酵饲料时，饲料应充分切碎，快速包装，尽快密封，以便除去饲料中的空气，并防止空气进入饲料中。

二、气味

气味可用于评估柠条发酵饲料的质量。微生物发酵产生的终产物中有许多挥发性物质，会产生各种不同的气味。大多数柠条发酵饲料会有轻微的乙酸味道。在发酵结束时乙酸的浓度仅次于乳酸，相比乳酸，乙酸的挥发性很强。另外，乙醇是青贮过程中产生的一种重要的产物，主要由酵母菌发酵而来，是柠条发酵饲料中最重要的挥发性有机物之一。此外，乙醇可能与柠条发酵饲料中的酸发生反应，生成酯类，增加青贮饲料的果香味。所以，优质的柠条发酵饲料带着酸香味，有时也会带有果香；劣质柠条发酵饲料的味道刺鼻。柠条发酵饲料中的泥土气味是芽孢杆菌生长的标志，梭状芽孢杆菌（如孢子梭状芽孢杆菌）可发酵蛋白质，使其转化为氨和生物胺。大量的蛋白质分解会产生臭味、鱼腥味、氨水味。另外，如果在微生物发酵过程中产生大量的丁酸，柠条发酵饲料会有腐臭的味道。

三、质地

优质的柠条发酵饲料质地松软、茎叶分明。通过梭状芽孢杆菌发酵的劣质柠条发酵饲料通常有黏稠的橄榄绿色外观。这种柠条发酵饲料的能量含量低、可溶性蛋白质含量较高，适口性差，影响采食量。被霉菌污染的青贮饲料会产生霉味，并且会有明显的霉变，在柠条发酵饲料上长出菌丝等。霉变青贮饲料不能饲喂动物，霉菌产生的次级代谢产物——霉菌毒素，会影响动物的生产和繁殖。通过观察颜色，辨别气味和质地，可以对柠条发酵将柠条发酵饲料分成不同的等级饲料进行感官鉴定。详见表10-1。

表10-1　柠条发酵饲料感官鉴定评价标准

等级	颜色	香气	酸味	质地
优良	一般比较接近原料的颜色	芳香，酒香味	较浓	柔软湿润，原料保持原状，松软
中等	与原料颜色相差较大，呈黄褐色或暗绿色	方向味弱，稍有醋酸味	中等	柔软，水分稍多，原料基本保持原状
劣等	黑色或褐色	刺鼻腐臭味，霉味	淡，味苦	霉烂，黏结或干燥，原料原状极差

第二节　化学成分分析

柠条发酵饲料作为一种发酵型的饲料，在评价其化学成分时主要从常规营养成分和发酵产物两方面进行分析。

一、常规营养成分

柠条发酵饲料的常规营养成分指标主要有：水分（干物质）、粗蛋白质、酸性洗涤纤维、中性洗涤纤维等，其含量会影响柠条发酵饲料饲喂动物的效果。柠条发酵饲料中的常规营养性指标主要是受其原料的营养成分影响，饲料原料的不同是影响青贮原料的常规营养成分的主要因素。所以，在进行柠条发酵调制前，选择质量好的原料是最重要的一步（表10-2）。

表10-2　主要营养成分检测方法

检测项目	检测方法	检测标准
水分	烘干法	GB/T 5009.3—2016
干物质	权重法	GB/T 5009.4—2016
粗蛋白质	凯氏定氮法	GB/T 5009.5—2016
粗纤维	酸碱法	GB/T 5009.10—2016

（续表）

检测项目	检测方法	检测标准
养分消化率	实验室饲喂试验	GB/T 5009.16—2016
微生物分析	培养法	GB/T 5009.24—2016
NDF	坩埚法	GB/T 20806—2022
ADF	洗涤法	NY/T 1459—2022

二、发酵产物

原料发酵的品质直接影响柠条发酵饲料的营养价值，主要从 pH 值、有机酸和氨态氮几个方面进行评价。目前，国内外对青贮饲料的评价方式也主要依据有机酸含量、比例，或者有机酸与氨态氮的含量及其比例几个方面进行。农业行业标准《青贮饲料质量评定标准》将 pH 值评分、氨态氮评分和有机酸评分结合，规定各占 25%、25% 和 50%。具体方法是将有机酸得分数除以 2，可得到有机酸的相对得分；再将有机酸相对得分与 pH 值得分和氨态氮得分相加，即可获得综合得分。25 分以下为劣质，26~50 分为一般，51~75 分为良好，76~100 分为优等。

1. pH 值

pH 值是进行柠条发酵饲料品质评价的简单有效的指标（表 10-3）。微生物利用切碎原料进行发酵的过程中产生大量酸（主要是乳酸），使柠条发酵饲料 pH 值降低。低 pH 值的环境可以降低微生物的活性，甚至杀死某些不耐酸的菌，使柠条发酵饲料得以长期保存。一般 pH 值下降到 4.2 被认为是稳定发酵饲料。研究发现，全株玉米和苜蓿在切碎后，二者的 pH 值均在 5.5~6，但调制后青贮玉米的最终 pH 值为 3.7~4.0；豆科牧草青贮的最终 pH 值为 4.3~5.0。影响青贮饲料最终 pH 值的因素很多，但与植物的乳酸浓度和缓冲能力关系最大。缓冲力越高，pH 值下降越慢，发酵越慢，营养物质损失越多，青贮饲料品质越差。原料的缓冲力与粗蛋白质含量有关，二者之间成正比例关系。青贮玉米的 pH 值低于青贮豆科牧草，是因为具有较低的缓冲能力，玉米的缓冲能力为 200~250 ME/kg，豆科牧草的缓冲能力为 500~550 ME/kg。豆科牧草青贮时，需要添加一些添加剂，以减少高缓冲能力对青贮效果的影响。按照原料不同，对青贮后的饲料进行 pH 值划分等级。优质青贮紫云英和苜蓿的 pH 值为 3.6~4.0，优质青贮紫云英和苜蓿的 pH 值为 3.4~4.8。

表 10-3　青贮饲料中 pH 值判定标准

pH 值	<3.80	3.81~4.00	4.01~4.20	4.21~4.40	4.41~48.0	>4.81
得分	25	20	15	10	5	0

2. 有机酸

发酵饲料中主要有机酸包括乳酸、乙酸、丙酸和丁酸，其含量比例决定着发酵饲料品质的优劣。Flieg 评分法（表 10-4）就是针对青贮饲料中乳酸、乙酸和丁酸分别占总酸的比例分别赋分，再综合计算对其进行评价，这也是目前应用最为广泛的一种发酵饲料的评价方式之一。

表 10-4　发酵饲料中有机酸含量判定标准

占总酸比例/%	得分/分			占总酸比例/%	得分/分		
	乳酸	乙酸	丁酸		乳酸	乙酸	丁酸
<0.1	0	25	50	30.1~35.0	7	19	8
0.1~1.0	0	25	47	35.1~40.0	9	16	6
1.1~2.0	0	25	42	40.1~45.0	12	14	3
2.1~5.0	0	25	37	45.1~50.0	14	11	1
5.1~10.0	0	25	32	50.1~55.0	17	9	-2
10.1~15.0	0	25	27	55.1~60.0	19	6	-4
15.1~20.0	0	25	22	60.0~65.0	22	0	-9
20.1~25.0	2	23	17	65.1~70.0	24	0	-10
25.1~30.0	4	21	12	>70.0	25	0	-10

　　乳酸是发酵饲料中含量最高的酸，是发酵饲料乳酸菌等微生物正常发酵所产生的最主要产物。乳酸比发酵饲料中发现的其他主要酸（乙酸、丙酸等）的酸性强 10~12 倍，是使青贮 pH 值降低的主要原因。同型乳酸菌利用可溶性糖类等进行发酵时，只产生乳酸这一种代谢产物。此时，发酵饲料的干物质和能量损失较少、品质较高。但是，饲料作物的发酵过程非常复杂，涉及多种微生物，产生多种不同的代谢产物。正常发酵的发酵饲料中乳酸的浓度通常在 2%~4%，含糖量较低或水分含量较高的饲料原料青贮后，乳酸的含量可能会更高。

　　乙酸是发酵饲料中含量第二高的酸，含量通常为 1%~3%。反刍动物瘤胃可以直接吸收发酵饲料中的乙酸，用于提供能量、形成乳脂和体脂。乙酸含量通常与发酵原料中干物质的含量成反比。乙酸具有一定的抗真菌作用。发酵饲料中适宜的乙酸含量有利于青贮饲料的保存，可以降低有氧腐败的程度，能够在一定程度上防止二次发酵。使用布氏杆菌处理青贮饲料后，乙酸含量（3%~4%）中等偏高；发酵原料中水分含量过高时（>70%），肠杆菌、梭状芽孢杆菌或异型发酵乳酸菌含量较多，可导致发酵饲料中的乙酸含量高达 4%~6%。

　　丙酸在质量好的发酵饲料中含量很低（<0.1%），甚至检测不到。发酵饲料中的乙酸和丙酸浓度与泌乳期奶牛的采食量呈负相关，可能是由于产生较多乙酸和丙酸的发酵饲料质量较差。因为单独在饲料中添加等量的乙酸和丙酸不会产生这样的效果。

　　发酵良好的发酵饲料中丁酸不得检出。丁酸是一种具有腐臭酸味的有机酸，会导致发酵饲料适口性降低。丁酸的存在说明发酵饲料梭状芽孢杆菌的代谢异常活跃，会分解发酵饲料中的可溶性糖类和蛋白质，降低其干物质含量和营养价值。梭状芽孢杆菌活跃的青贮饲料通常 pH 值、乙酸、氨态氮和可溶性蛋白质浓度均较高，也具有较高的纤维和低消化率的倾向，因为发酵饲料中大部分易于消化的营养物质已经被梭状芽孢杆菌降解。另外，梭状芽孢杆菌会分解青贮原料产生生物胺（如腐胺、尸胺、酪胺和组胺），饲料中过高含量的生物胺会严重影响动物的生产性能。然而，丁酸具有强烈的抗真菌特性，含有丁酸的发酵饲料具有很高的有氧稳定性。

发酵饲料中的乳酸含量越高，发酵饲料的干物质损失越少，发酵饲料的质量越好。但是，近年来研究发现，发酵饲料中大量的乳酸可以作为底物，可以使微生物大量繁殖，从而导致发酵饲料的有氧腐败。同时存在一定量的乙酸可以一定程度上抑制微生物的活性，提高发酵饲料的有氧稳定性。因此，也可以将乳酸/乙酸的比例作为发酵的定性指标。优质发酵饲料中乳酸/乙酸的比例在 2.5~3.0 较好。青贮饲料中乙酸和丁酸的含量均能够准确地评价发酵饲料的厌氧稳定阶段和二次发酵阶段的发酵品质。乙酸含量代表青贮饲料有氧稳定性，丁酸则作为饲料品质优劣的评价指标。

3. 氨态氮

氨态氮是青贮饲料中以铵离子和氨等形式存在的含氮物质。优质发酵饲料氨态氮占总氮含量的比值越小，发酵饲料中粗蛋白质和氨基酸分解程度越低，发酵品质越好。国内 1996 年所定的青贮饲料质量评定标准，将发酵饲料的有机酸和氨态氮含量分别进行得分统计后，以综合评分作为对发酵饲料品质的最终评价（表 10-5）。但是，发酵饲料中氨态氮的含量不仅与发酵饲料发酵过程有关，还受不同种类饲料原料中化学成分含量的影响，发酵饲料中氨态氮含量不适宜用作评价所有发酵饲料发酵品质好坏的统一标准。研究人员等通过体外测定中性洗涤纤维、淀粉、粗蛋白质、粗脂肪、氨态氮和乳酸含量，利用标准评分函数和加权分配法建立综合玉米青贮品质指数（CSQI），并将其转换为玉米青贮品质评分（CSQS，0~100），将青贮饲料分为 5 个质量等级：差、一般、平均、良好和优秀。这种评价方式综合青贮饲料的营养指标和发酵指标，比单独针对发酵指标和营养指标进行评价，更加合理。

表 10-5　生物发酵饲料中氨态氮与总氮比值判定标准

氨态氮占总氮百分比/%	得分/分	氨态氮占总氮百分比/%	得分/分
<5.0	25	16.1~18.0	9
5.1~6.0	24	18.1~20.0	6
6.1~7.0	23	20.1~22.0	4
7.1~8.0	22	22.1~26.0	2
8.1~9.0	21	26.1~30.0	1
9.1~10.0	20	30.1~35.0	0
10.1~12.0	18	35.1~40.0	−3
12.1~14.0	15	>40.1	−6
14.1~16.0	12		

三、微生物检测

青贮饲料在使用过程中不仅要看其感官上的差异，同样也要对饲料本身的安全性进行评定，主要是对青贮饲料原料本身以及在青贮过程中产生的霉菌毒素进行安全评定。青贮饲料本身或多或少的都含有硝酸盐，而且与多年生的牧草相比，一般一年生牧草，如玉米，其含有的硝酸盐含量可能较高。硝酸盐代谢形成的亚硝酸盐会导致家畜的采食量下降，严重的还会引起中毒。青贮饲料中亚硝酸盐的含量超过 0 mg/kg（以干物质计，下同）后将对反刍动物的健康造成不良的影响。

发酵饲料的过程实际上就是微生物发酵的过程，发酵过程中，微生物菌落的构成以及其丰度变化均会影响发酵饲料的品质。与发酵饲料品质相关的微生物主要有片球菌、乳酸杆菌、酵母菌、大肠杆菌和梭菌等。检测发酵饲料中的微生物，可以一定程度上说明发酵饲料的品质。例如发酵饲料中酵母菌的存在会导致干物质损失。酵母会代谢产生乙醇，并且其数量与发酵饲料的有氧稳定性成反比。另外，发酵饲料中的酵母菌含量过高，可能影响动物的采食量。霉菌的生长代谢会降低青贮饲料的品质。霉菌利用青贮饲料中的有机物进行自身的繁殖，增大青贮饲料的干物质损失。霉菌还会代谢产生霉菌毒素，威胁动物的健康。发酵饲料中霉菌毒素的主要种类为黄曲霉毒素、玉米赤霉烯酮和呕吐毒素。因此，发酵饲料中霉菌毒素评定的主要指标为黄曲霉毒素，其次为玉米赤霉烯酮和呕吐毒素。

第三节　生物学分析

常用生物学分析包括体内法、尼龙袋法、体外发酵产气法和人工瘤胃法。体内法是比较直观和客观的方法，直接将饲料饲喂给动物后，分析其消化代谢产物从而评定饲料的消化情况；尼龙袋法是将待评定的饲料装入尼龙袋中并通过瘤胃瘘管投到反刍动物瘤胃中，通过测定其在不同时长的降解情况，计算降解率，从而了解饲料在瘤胃的消化情况；体外发酵产气法是通过在一定条件下模拟瘤胃的消化情况，将饲料放入模拟瘤胃内环境的产气装置中，通过收集产生的气体量来判断饲料的消化情况；人工瘤胃法是在模拟瘤胃内环境条件下将饲料、瘤胃液和水通入密封的动态发酵罐中，收集发酵产物，以此来判断饲料在反刍动物瘤胃中消化的情况。

一、体内法

体内法是通过动物饲养试验来评定饲料的营养价值，也是国际上衡量饲料消化率的标准方法。常用的测定动物饲料消化率的方法有全收粪法和点收粪法。全收粪法不仅需要准确测定试验动物摄入的营养物质量，还需要准确采集试验动物排出的全部粪便，并测定粪便中的剩余营养物质量，通过这些养分的差值来计算营养物质表观消化率。点收粪法以盐酸不溶灰分为内源指示剂，通过指示剂与养分的含量差值测定营养物质表观消化率。体内方法是最具生理学意义的方法，青贮饲料的质量会通过在反刍动物体内消化的情况反映出来，体内法相较于其他方法更为准确。但体内法成本高，耗时长，且需要大量的样本。

二、尼龙袋法

尼龙袋法又被称为半体内法。该方法最早是 20 世纪 30 年代研究人员将饲料装入天然丝袋并放置于羊的瘤胃中进行试验，经过不断地优化与改进之后，研究人员首次使用尼龙袋法测量了反刍动物饲料的蛋白质降解性。尼龙袋法是一种动态的方法，它涉及将试验饲料悬浮在瘘管动物的瘤胃中，允许瘤胃环境中饲料的充分相互作用，该技术多年来一直用于预测饲料在反刍动物瘤胃中的消化情况。尼龙袋法虽已被广泛使用，但也有受影响的因素存在。饲料消化率受日粮配方、袋孔大小、饲料颗粒度和动物的差异（物种、性别、年龄和生理状态）的影响。因此在进行尼龙袋法评价饲料之前建议对以上影响因素进行统一校正，对于估算饲料的真实消化率具有重要意义。尼龙袋法也有其局限性，它一次只能评估少量的饲料样品，并且还需要至少 3 只瘘管动物。研究人员将尼龙袋技术与体外两步法进行了比较，发现尼龙袋方法高估了发酵，高估的程度与饲料中碳水化合物组成密切相关，特别是在培养时间较短时，这表明差异主要是由快速发酵的部分造成的，该部分在发酵前从袋中损失。另外，由于微生物的黏附，可能低估了饲料在消化初期的干物质损失，导致该方法的准确性无法保证，结果可能与实际情况不符。

三、体外发酵产气法

一个多世纪以来，人们已经认识到瘤胃发酵和气体产生之间的密切联系，但直到 20 世纪 40 年代，才发展出了相应的气体测量技术。研究发现，体外产气量与反刍动物体内发酵参数具有较强的相关性，此后，体外发酵技术广泛应用于饲料营养价值的评价。反刍动物瘤胃中产生气体的主要来源是由机体摄入的饲料经过瘤胃微生物的发酵，把饲料中碳水化合物和蛋白质中含碳部分分解后产生的，它的最终产物主要包括二氧化碳、甲烷和氢气在内的气体。研究表明，反刍动物瘤胃内产生的气体量、瘤胃微生物的活力以及摄入瘤胃内的有机物三者之间有正相关的关系。体外产气量的多少能够从侧面反映出饲料在反刍动物瘤胃内的降解效率以及瘤胃微生物降解活性的高低，而瘤胃微生物被利用的程度高低则是从底物产气量的多少反映出来，同时这也说明了底物营养价值的高低程度。体外发酵产气法相较于体内法和尼龙袋法逐渐成为比较普遍的方法是由于其具有标准程度高、易于操作、可重复应用效果好等显著优点。体外发酵产气法多用来评价饲草的饲用价值以及潜在价值的可行性研究，研究人员利用体外发酵产气法评价 3 种玉米秸秆的饲用价值，研究发现体外产气法能有效模拟 3 种玉米秸秆在反刍动物瘤胃内的基本消化情况。研究人员利用体外发酵产气法探究茶渣在饲喂肉羊上替代苜蓿的可能性，研究表明茶渣并不能完全替代苜蓿，但可以作为非常规饲料饲喂肉羊。

四、人工瘤胃法

人工瘤胃最早是 Tappeiner 在 1882 年创立，用来研究公牛瘤胃细菌对纤维素的消化作用。其原理是利用密封动态发酵罐在一定环境条件下通入饲料、瘤胃液和水，模拟反刍动物瘤胃内环境，从而评定青贮饲料的营养价值。中国关于人工瘤胃的研究始于 20 世纪 60 年代，这一时期的发酵装置仅是在厌氧条件下对瘤胃液进行简单的发酵培养。1982 年，施学仕设计出一种半自动的人工瘤胃系统，实现了加热控温、进气、排气的功能；20 世纪 90 年代中期，王加启等在国内外研究的基础上，研制了新型人工瘤胃持续模拟装置（RSI），它由 8 个玻璃罐组成，实现了恒温、搅拌、样品收集等功能；1999 年，孟庆翔在前人研究的基础上设计了一种双外流连续培养系统（CCS），将发酵罐数量提升到 12 个，大大提高了结果的准确性；2012 年，沈维军等总结前人经验，在 RSI 系统和 CCS 系统基础之上对人工瘤胃系统进行改良升级，设计了一种双外流连续培养装置，解决了恒温难、内容物易堵塞等问题，提高了人工瘤胃系统的稳定性。张凯（2017）利用人工瘤胃法评价 4 种豆科植物青贮，研究结果表明，苦豆子青贮相较于花生秧青贮、苜蓿青贮和甘草叶青贮更适合作为优质粗饲料饲喂给反刍动物。相比于人工瘤胃法而言，体内法所需动物多、所需成本高、所需周期长以及易受外界环境因素影响，因此人工瘤胃法在反刍动物研究中得到了广泛认可和应用。但人工瘤胃装置较复杂，不易操作，运行参数上也存在差异，因此在实际应用和研究中，应统一优化标准，让其能够更好地运用在青贮饲料质量评定上。

第四节　近红外光谱分析技术

现代近红外光谱（NIRS）分析技术是控制饲料工业中质量和安全的有力工具，已经从农副产品扩展到了工业、医药等领域，逐渐取代"湿化学"技术（王多加等，2004）。近红外光谱技术检测青贮品质能提高生产效率，但由于青贮饲料具有含水量高和样品不均一等特点，使近红外光谱技术检测青贮饲料体系仍存在如何提高模型的精度、缺乏相关的技术标准、取样未实现标准化（杨雪萍等，2020）等问题。本研究综述了当前近红外光谱检测技术在青贮饲料上的研究进展，旨在为青贮饲料的快速无损检测提供一定的理论依据与参考。

一、NIR 光谱仪在青贮饲料无损检测中的应用

当前国外主要的 NIR 光谱仪生产商包括 FOSS、Carl Zeiss、Unity、BRUKER、POLYTEC、Ther-mo electron 等，国内起步较晚。但近年来，我国 NIR 光谱仪也有了一定成绩，主要的生产厂家有北京英贤仪器有限公司、聚光科技股份有限公司、北京伟创英图科技、南京中地仪器有限公司等。从近年来的产品迭代来看，NIR 光谱仪的发展方向为：①提高仪器的精准度和模型的稳定性；②降低仪器成本，生产更便携，适用于在线分析的 NIR 光谱仪；③建立标准化仪器，增强仪器的通用性（褚小立等，2007）。随着大数据时代的到来，NIR 光谱仪的发展要基于物联网和云计算来实现通信（Wilkinson 等，2018）。

当前在青贮领域使用较多的仪器是 FOSS NIRSystem 6500，在全株玉米、多年生黑麦草、混合牧草等青贮饲料中都有较好的预测效果。FOSS 拥有上万个农作物样本组成的分析模型库，在我国许多大型饲料厂都在使用 FOSS 的 NIR 光谱仪。从 NIR 光谱仪的

类型来看，近红外光谱技术分析青贮品质的研究更多的是建立在实验室 NIR 光谱仪基础之上，精准度高，模型稳定性更好，但需要磨细烘干样本进行分析，对于生产来说，便携式仪器能够实现就地实时分析，会带给牧场更高的效益。因此，商业上开发了很多微型、便携式近红外仪器，可以直接检测青贮饲料（Evangelista 等，2021），比如GRAINIT AURORA、AuNIR/AB Vista NIR4、ITPhotonicspoliSPEC 等（张欣欣等，2020）。但随着仪器的小型化，其精度和光谱分辨率等性能会受到限制（刘建学等，2019）。因此除了要提升仪器硬件和软件性能，还要加强与台式近红外光谱仪比较分析的可行性研究。

二、青贮饲料无损检测中化学计量学方法的选择和优化

通过优化化学计量学软件建立更高精确度的模型，是当前提升青贮湿样检测精度的重大技术要点。近红外光谱能获取绝大部分有机物组成性质以及分子结构的有效信息（刘进，2020），生物制品在近红外光照射下，内部各种化学成分和物理结构会产生特征的近红外吸收光谱（Karoui 等，2007），但这些信息不能直接从光谱中提取出来，并且该区域的多重共线性强（严衍禄等，2005）。化学计量学涵盖了所有的多变量校准方法，包括光谱数据预处理，以及用于定性和定量分析的校准模型开发（Rego 等，2020），因此，化学计量技术对于可靠地提取相关信息至关重要。

当前建立青贮饲料预测模型使用的化学计量学方法以传统的建模为主，光谱预处理方式包括：多元散射归一化法（MSC）、标准正态变量转化法（SNV）等，回归分析统计方法主要包括：最小偏二乘法（PLS）、主成分分析（PCA）、多元线性回归（MLR）等。传统的建模方法存在一些缺陷，且青贮样品的异质性使近红外光谱中的有效信息率低，影响预测精度。比如，玉米青贮的形态组成包括叶、穗轴、外壳、茎和籽粒，而苜蓿青贮通常是茎和叶异质性更小，与苜蓿青贮样品相比，测量玉米青贮样品的重复性较差（Donnelly 等，2018）。随着物联网、大数据分析的发展，现代统计学有了新方法，可以弥补传统光谱数据分析方法的缺点。Al-manjahie 等（2019）运用更适合的统计模型：函数非参数分位数回归（FNQR）、泛函局部线性分位数回归（FLLQR）等，得到了更稳健的模型。近年来，青贮饲料模型的转移也开始受到关注。由于光学、探测器和光源的差异以及仪器响应随时间的变化等，导致当仪器类型不同时，得到的光谱有差异（Liu 等，2011），将现有的近红外数据集转移到其他仪器，可以极大提高利用效率（Yakubu 等，2020）。Soldado 等（2013）尝试使用正交投影传递，将色散在线近红外仪（Foss NIR System 6500）转移到二极管阵列现场近红外仪（Zeiss Corona），实现了将校准数据从在线近红外仪器到现场近红外仪器，传输牧草质量预测提供了一种新的方法，克服了以往模型的缺陷。

三、青贮饲料无损检测技术的应用

近红外光谱分析技术预测青贮饲料水分、粗蛋白质、中性洗涤纤维、酸性洗涤纤维、干物质、总灰分等效果较好，消化率、代谢能、粗脂肪、可溶性碳水化合物等预测效果较差。刘娜（2019）、周昊杰等（2020）建立的全株玉米青贮饲料营养组分

近红外光谱模型，对多种营养成分均有较好的预测效果，预测结果可以准确反映真实营养成分。杨中平（2010）建立青贮饲料近红外模型也可以很好地测定捆包青贮样品的 pH 值、粗灰分和粗蛋白质含量，pH 值、粗蛋白质、粗灰分和 DM 的校正模型决定系数 R^2 以及外部验证决定系数 R_v^2 均大于 0.85，但可溶性碳水化合物预测精度有待提高。近红外光谱预测值在总灰分、粗蛋白质、粗纤维、中性洗涤纤维和酸性洗涤纤维含量方面的可靠性较高。Park 等（2011）对多花黑麦草青贮进行了近红外光谱分析，发现台式近红外光谱对水分、pH 值、酸性洗涤纤维、中性洗涤纤维、粗蛋白质有较好的预测效果，R^2 值分别为 0.96、0.82、0.96、0.97、0.82。青贮饲料中的化学成分影响着动物健康和动物生产，近红外光谱技术能够快速测定青贮饲料中的营养成分含量，有利于及时处理动物健康问题以及提高畜产品质量。为了更高效地分析饲料的营养品质，更多的研究趋向于建立青贮湿样近红外光谱模型预测营养成分，但湿近红外方法分析样品中可能存在更大的异质性，预测结果具有不可靠性。干燥和研磨过程能消除样品的异质性，干燥过程可能会改变牧草光谱，因此用烘干青饲料光谱校正模型能应用于烘干青饲料和干草，但不能应用于青贮样品（Andueza 等，2016）。Thomson（2018）研究了混合青贮中 15 种化学成分，不能高精度预测许多关键化学成分，只有 DM 能较好地被预测，RPD 值为 4.9。Davies（2012）也发现，使用湿近红外光谱预测青贮饲料成分，青贮饲料粗蛋白质被低估了22 g/kg DM。但有研究表明，青贮湿样近红外光谱模型可以预测营养成分。Cozzolino 等（2006）采集全株玉米青贮湿样进行测定，粗蛋白质、干物质、酸性洗涤纤维可以用近红外光谱分析，有机质消化率、中性洗涤纤维、pH 值则不能。王新基等（2021）建立全株玉米青贮近红外预测模型，构建的玉米青贮干物质、粗蛋白质、酸性洗涤纤维和粗灰分预测模型可以用于实际预测，粗脂肪和中性洗涤纤维含量构建的模型预测结果较差。Park 等（2016）用数学变换提高了模型的精度，近红外光谱可以较准确地预测湿玉米青贮的化学成分，交叉验证相关系数 R_{cv}^2 为 0.77~0.91。

综上所述，当前对玉米青贮营养品质的分析研究较多，对青贮样品进行前处理（烘干、磨粉）后预测精度更高。近年来，随着大数据和物联网的发展，NIR 光谱仪的发展进入了新时代，通过对 NIR 光谱仪软件和硬件的改进，不仅提升了模型预测效果而且拓宽了近红外光谱技术的应用场景。近红外光谱分析技术已广泛用于青贮饲料的品质测定，对青贮饲料的常规营养成分和发酵产物都可以有较好的预测效果，但对预测样品的前处理仍然是一个关键的问题，如果能直接测量青贮湿样，将极大提高检测效率。

因此，青贮无损检测研究的主要方向将是利用近红外光谱技术直接分析青贮饲料湿样品质。青贮种类、加工以及储存方式多样。为实现 NIR 在青贮品质检测精准应用，首先，应继续扩大对代表性青贮样本数据收集与分析，拓宽近红外光谱检测技术在青贮饲料品质分析领域，加强对青贮样品中活性物质的研究。其次，推进 NIR 光谱仪的研发，尤其是提升便携式光谱仪硬件性能，同时在软件上，改进传统建模方法，利用化学计量学的最新成果提高模型精度。最重要的是要充分发挥现代技术作用，让近红外光谱分析技术更好地用于青贮饲料品质分析。

参考文献

巴吐尔·阿不力克木，帕提姑·阿布都可热，布丽布丽·俄力木汗，等，2011. 羊品种和解剖部位与羊肉嫩度关系的研究［J］. 农产品加工（创新版）（11）：55-58+72.

巴吐尔·阿不力克木，赵立男，申萍，2015. 贮藏温度对马肉不同部位嫩度变化的影响［J］. 食品工业科技，36（4）：339-343.

毕重朋，侯晓亮，张广宁，等，2017. 发酵饲料中霉菌毒素的危害及其防控措施［J］. 中国饲料（15）：5-7.

蔡辉益，2019. 中国生物发酵饲料研究与应用技术发展趋势［J］. 中国畜牧业（16）：81-83.

蔡辉益，2021. 生物发酵饲料研究与应用技术发展趋势［J］. 北方牧业（10）：25-26.

蔡兴旺，吴鹏，郎倩，等，2003. 生物发酵饲料及其发酵剂的研究［J］. 饲料工业（12）：37-39.

朝鲁孟其其格，贾玉山，格根图，等，2009. 柠条与苜蓿混合制粒成型性研究［J］. 安徽农业科学，37（12）：5504-5505.

陈光吉，彭忠利，宋善丹，等，2015. 发酵酒糟对舍饲牦牛生产性能、养分表观消化率、瘤胃发酵和血清生化指标的影响［J］. 动物营养学报，27（9）：2920-2927.

陈雷，田斐，陈甜甜，等，2022. 微生态制剂在畜牧业上的应用研究进展［J］. 饲料博览（3）：22-24+28.

陈亮，张凌青，罗晓瑜，等，2013. 饲喂柠条包膜青贮饲料对肉牛育肥效果的影响［J］. 饲料研究（7）：40-42.

陈帅，2017. 膨化秸秆生物发酵饲料对辽育白牛血液生化指标、免疫指标及胃肠道菌群影响［D］. 沈阳：沈阳农业大学.

程方，李巨秀，来航线，等，2015. 多菌种混合发酵马铃薯渣产蛋白饲料［J］. 食品与发酵工业，41（2）：95-101.

崔彦召，黄克和，徐国忠，2013. 不同乳酸菌剂对发酵全混合日粮霉菌毒素含量的影响［J］. 上海交通大学学报（农业科学版），31（1）：82-87.

邓雪娟，于继英，刘晶晶，等，2019. 我国生物发酵饲料研究与应用进展［J］. 动物营养学报，31（5）：1981-1989.

丁良，原现军，闻爱友，等，2016. 添加剂对西藏啤酒糟全混合日粮青贮发酵品质及有氧稳定性的影响［J］. 草业学报，25（7）：112-120.

冯健，同仲彬，金鑫，等，2015. 饲喂生物发酵饲料对延边黄牛屠宰性能及氨基酸、脂肪酸的影响［J］. 饲料工业，36（17）：51-54.

高妍，2013. 我国对生物发酵饲料的研究与应用［J］. 畜牧与兽医，45（11）：93-95.

高优娜，2006. 鄂尔多斯高原锦鸡儿属几个种的营养价值与饲用价值研究［D］. 呼和浩特：内蒙古农业大学.

戈娜，袁慧，2008. 霉菌毒素免疫抑制作用的研究进展［J］. 中国畜牧兽医（3）：126-128.

格根图，2005. 非常规粗饲料柠条、猪毛菜、杨树叶的饲用研究［D］. 呼和浩特：内蒙古农业大学.

弓剑，曹社会，2005. 柠条叶粉与苜蓿草粉瘤胃降解特性比较研究［J］. 饲料工业（11）：32-35.

郭盼盼，严昌国，高青山，等，2015. 日粮精粗比对延边黄牛瘤胃发酵特性及微生物区系的影响［J］. 饲料研究（21）：36-41.

郭同军，臧长江，王连群，等，2016. 去势对西门塔尔牛不同部位牛肉品质的影响［J］. 中国畜牧兽医，43（1）：210-218.

何江波，姚志芳，吴国芳，等，2021. 羊瘤胃源乳酸菌的分离鉴定及其生物学特性分析［J］. 动物营养学报，33（6）：3365-3379.

何若方，李绍钰，金海涛，等，2008. 常见微量矿物元素对肉品质的影响［J］. 中国畜牧兽医（9）：12-15.

胡瑞，陈艳，王之盛，等，2013. 复合益生菌发酵豆粕生产工艺参数的优化及酶菌联合发酵对豆粕品质的影响［J］. 动物营养学报，25（8）：1896-1903.

黄波，赵斌，陈鹏，等，2018. 生物发酵饲料的生产及其应用［J］. 农产品加工（21）：68-70.

霍振华，方热军，2007. 单宁对反刍动物的抗营养作用机理及其消除措施［J］. 中国饲料（20）：20-23.

姜柏翠，2020. 饲料霉菌毒素的危害及防控策略［J］. 山东畜牧兽医，41（10）：73-75.

金鹿，李胜利，桑丹，等，2021. 沙蒿多糖组合制剂对滩羊羔羊瘤胃菌群多样性的影响［J］. 动物营养学报，33（1）：317-329.

雷剑，王敏奇，2007. 单宁酸在动物营养上应用的前景［J］. 湖南饲料（1）：15-17.

雷元培，周建川，王利通，等，2020. 2018年中国饲料原料及配合饲料中霉菌毒素污染调查报告［J］. 饲料工业，41（10）：60-64.

黎智峰，高腾云，周传社，2007. 单宁对反刍动物养分利用的营养机制［J］. 家畜生态学报（6）：97-103.

李长青，金海，薛树媛，等，2015. 柠条全混合发酵日粮发酵饲料资源的开发利用
[J]. 畜牧与饲料科学，36（1）：57-59.

李蒋伟，侯生珍，王志有，等，2021. 饲粮精粗比对早期断奶藏羔羊小肠细菌多样
性的影响 [J]. 西南农业学报，34（9）：2025-2031.

李九月，金海，薛树媛，等，2010. 灌木类植物抗营养成分的研究 [J]. 畜牧与饲
料科学，31（2）：29-31.

李林，赵宇，陈群，等，2017. 秸秆生物发酵饲料对肉羊生产性能与血液生化指标
的影响 [J]. 东北农业科学（6）：41-44.

李龙，陈小连，徐建雄，2010. 复合益生菌发酵饲料工艺参数及品质研究 [J]. 上
海交通大学学报（农业科学版），28（6）：530-533.

李龙，高林青，蔡锋隆，等，2023. 发酵饲料发酵品质评定的研究进展 [J]. 中国
饲料（2）：13-16.

李如珍，施啸奔，俞建良，等，2017. 生物发酵饲料菌株专利分析 [J]. 当代化
工，46（10）：2101-2103+2107.

李世易，张怀丹，刘震坤，等，2023. 发酵饲料在牛羊生产上的应用研究进展
[J]. 饲料工业，44（9）：63-66.

李维炯，倪永珍，黄宏坤，等，2003. 微生态制剂在生态畜牧业中应用效果 [J].
中国农业大学学报（S1）：85-92.

李蔚，杨晓萍，胡学哲，2021. 新疆部分地区规模化鸡场饲料中霉菌毒素污染状况
检测与分析 [J]. 动物医学进展，42（8）：131-134.

李希，毛杨毅，罗惠娣，等，2021. 饲粮纤维水平对育肥羔羊瘤胃微生物组成及多
样性的影响 [J]. 中国畜牧兽医，48（4）：1251-1263.

李笑樱，孙铁虎，郭杰，等，2020. 饲粮中霉菌毒素快速检测技术研究现状及发展
方向 [J]. 饲料博览（1）：12-15+19.

梁泽毅，张剑搏，郑娟善，等，2020. 单宁的生物学功能及其在反刍动物营养中的
研究进展 [J]. 动物营养学报，32（11）：5059-5068.

林标声，黎进，林巧雪，等，2013. 生物发酵饲料工艺条件优化的研究 [J]. 湖北
农业科学，52（21）：5272-5275.

吝常华，刘国华，常文环，等，2018. 豆粕微生物固态发酵工艺优化及其营养物质
含量变化 [J]. 动物营养学报，30（7）：2749-2762.

刘光伟，王海，任冰冰，等，2014. 四川部分地方鸡种肌苷酸和肌内脂肪含量比较
分析 [J]. 江苏农业科学，42（7）：218-221.

刘国丽，牛世伟，徐嘉翼，等，2019. 基于高通量测序分析优化施氮对养蟹稻田土
壤细菌多样性的影响 [J]. 吉林农业大学学报，41（6）：686-694.

刘佳，倪志鹤，庄二林，等，2017. 干/湿饲喂对小尾寒羊行为及生产性能的影响
[J]. 家畜生态学报，38（6）：18-23.

刘瑞玲，张江，班晖琼，等，2022. 不同精粗比例全混合发酵日粮颗粒饲料在肉羊

生产中的应用研究 [J]. 中国饲料 (22)：25-30.

刘岩，叶建敏，孙凯晶，等，2018. 发酵天数对裹包全混合日粮发酵品质及有氧稳定性的影响 [J]. 中国畜牧杂志，54 (3)：73-78.

刘艳玲，2009. 添加 PEG 对绵羊柠条日粮采食量、消化率及瘤胃发酵参数的影响 [D]. 呼和浩特：内蒙古农业大学.

刘艳新，刘占英，倪慧娟，等，2017. 生物发酵饲料的研究进展与前景展望 [J]. 饲料博览 (2)：15-22.

刘志刚，汪满珍，2017. 饲料制粒技术简介 [J]. 饲料工业，38 (15)：13-14.

龙定彪，罗敏，肖融，等，2015. 霉菌毒素及其毒性效应的研究进展 [J]. 黑龙江畜牧兽医 (11)：77-79.

卢慧，2017. 生物发酵饲料对奶牛生产性能和饲粮养分表观消化率的影响 [J]. 工程技术研究 (9)：254，256.

鲁春灵，李军国，杨洁，等，2021. 湿态发酵豆粕不同添加比例和预处理工艺对颗粒饲料质量的影响 [J]. 饲料工业，42 (5)：19-25.

吕远平，姚开，贾冬英，2003. 饲料中植物单宁的抗营养性及其生物降解 [J]. 中国畜牧杂志 (2)：41-42.

罗惠娣，牛西午，毛杨毅，等，2005. 柠条的营养特点与利用方法研究 [J]. 中国草食动物 (5)：35-38.

麻名汉，2017. 酒糟秸秆微生物饲料对肉牛的育肥效果 [J]. 畜牧兽医科技信息 (3)：76.

马吉锋，张俊丽，于洋，等，2019. 柠条不同添加比例颗粒日粮对滩羊生产性能影响的研究 [J]. 宁夏农林科技，60 (9)：69-72.

马文智，赵丽莉，姚爱兴，2004. 柠条饲用价值及其加工利用研究进展 [J]. 宁夏农学院学报 (4)：72-75.

马晓宇，李斌，林英庭，2020. 含水率及发酵时间对新鲜稻草发酵全混合日粮发酵品质的影响 [J]. 中国畜牧杂志，56 (2)：130-135.

穆秀明，2014. 柠条的饲用价值 [J]. 黑龙江畜牧兽医 (15)：133-135.

邱小燕，姚元枝，潘润泽，等，2019. 双乙酸钠和糖蜜对秸秆 TMR 青贮发酵品质及有氧稳定性的影响 [J]. 草业科学，36 (10)：2705-2713.

曲强，2018. 平菇菌糠饲料发酵研究及绒山羊饲喂试验 [J]. 辽宁农业职业技术学院学报 (1)：16-18.

盛明，于斯琴高娃，2011. 柠条饲料利用的途径浅析 [J]. 内蒙古水利 (4)：42-43.

侍宝路，王计伟，刘春雪，等，2018. 混菌固态发酵豆渣生产酸化饲料工艺条件研究 [J]. 饲料工业，39 (2)：51-55.

宋云鹏，李建云，2009. 霉菌毒素毒性效应及其影响因素 [J]. 饲料工业，30 (17)：51-53.

孙红霞，黄峰，张春江，等，2016. 肉品嫩度的影响因素以及传统炖煮方式对肉制品嫩度的影响［J］. 食品科技, 41（11）: 94-98.

孙宏, 2009. 微生物发酵法对菜粕脱毒及蛋白品质改良的研究［D］. 武汉: 华中农业大学.

陶维华, 胡春明, 2018. 柠条饲料机械化生产技术与效益［J］. 农机科技推广（10）: 53-55.

田英, 许喆, 朱丽珍, 等, 2022. 生长季不同月份平茬对柠条人工林地土壤细菌群落特性的影响［J］. 草业学报, 31（5）: 40-50.

王峰, 吕海军, 温学飞, 等, 2005. 提高柠条饲料利用率的研究［J］. 草业科学（3）: 35-39.

王锦, 张连全, 王文亮, 等, 2022. 饲粮中添加黄花菜茎叶青贮对滩羊瘤胃菌群多样性的影响［J］. 动物营养学报, 34（7）: 4550-4561.

王锦, 张连全, 王文亮, 等, 2023. 柠条发酵饲料对宁夏滩羊生长性能及瘤胃微生物区系的影响［J］. 动物营养学报, 35（2）: 1035-1045.

王晶, 王加启, 国卫杰, 等, 2009. 全混合日粮裹包贮存效果及对奶牛生产和血液生化指标的影响［J］. 中国农业大学学报, 14（3）: 69-74.

王立艳, 周玉香, 蒋万, 等, 2018. 早期断尾对滩羊羔羊肥育性能及肉品质的影响［J］. 畜牧与兽医, 50（9）: 22-25.

王宁, 刘铜, 靳亚忠, 等, 2018. 木霉菌对土壤微生物多样性及草莓生长和发病的影响［J］. 江苏农业科学, 46（18）: 108-112.

王帅, 李得禄, 楼金, 2021. 灌木饲料四翅滨藜的饲用价值及加工利用研究进展［J］. 畜牧与饲料科学, 42（6）: 28-34.

王小明, 杨在宾, 刘晓明, 等, 2017. 饲料复合微生物发酵菌种比例的筛选研究［J］. 猪业科学, 34（9）: 50-53.

王晓飞, 乌日勒格, 田丰, 等, 2021. 膨化秸秆生物发酵饲料对杜寒杂交肉羊瘤胃发酵的影响［J］. 畜牧与饲料科学, 42（2）: 32-36.

王勇, 薛海鹏, 亓宝华, 等, 2021. 生物发酵饲料在生长育肥猪中的应用［J］. 中国动物保健, 23（9）: 70+72.

王勇峰, 郎玉苗, 黄必志, 等, 2017. 云岭牛不同解剖部位肉品质评价［J］. 中国畜牧兽医, 44（3）: 708-716.

王珍喜, 2004. 柠条对牛、羊饲用价值的研究［D］. 太谷: 山西农业大学.

王争贤, 格日乐, 崔天民, 等, 2021. 固沙先锋树种沙柳枝条力学特性及其影响因素［J］. 中国农业大学学报, 26（11）: 84-96.

乌仁塔娜, 2008. 内蒙古地区奶牛粗饲料分级指数的测定及其组合效应的研究［D］. 呼和浩特: 内蒙古农业大学.

吴小燕, 郭春华, 王之盛, 等, 2014. 生物发酵饲料对泌乳奶牛生产性能和饲粮养分表观消化率的影响［J］. 动物营养学报（8）: 2296-2302.

吴延兵, 丁立人, 2009. 霉菌毒素的危害及其脱毒剂的研究进展［J］. 安徽农业科学, 37（27）: 12921-12923+12926.

伍文宪, 张蕾, 黄小琴, 等, 2019. 川西北高寒牧区不同人工草地对土壤微生物多样性影响 [J]. 草业学报, 28 (3): 29-41.

武海霞, 常春, 贾玉山, 等, 2010. 助膨化剂——碳酸氢钠在柠条膨化中适宜添加量研究 [J]. 内蒙古草业, 22 (1): 36-40.

谢恺舟, 陈书琴, 李洋静, 等, 2011. 海门山羊羊肉中肌苷酸与肌内脂肪沉积规律的研究 [J]. 中国畜牧杂志, 47 (23): 18-21.

徐生阳, 吴哲, 玉柱, 2020. 全混合发酵日粮青贮技术研究进展 [J]. 饲料工业, 41 (9): 40-43.

徐晓明, 黄克和, 徐国忠, 2011. 不同含水率对奶牛 TMR 发酵过程中饲料品质的影响上海交通大学学报 (农业科学版) [J]. 29 (1): 81-87.

徐祗瑞, 黄志远, 任小杰, 等, 2017. 饲料发酵前后营养物质含量变化分析 [J]. 猪业科学 (8): 90-92.

薛树媛, 金海, 李长青, 等, 2011. 荒漠地区主要饲用灌木类植物酚类物质含量及动态变化 [J]. 饲料工业, 32 (21): 26-29.

薛树媛, 李九月, 金海, 等, 2011. 荒漠地区几种牧草和灌木中营养成分含量的动态变化 [J]. 饲料工业, 32 (1): 44-47.

阎占卿, 金争平, 苗宗义, 等, 1999. 秸秆草块饲料育肥肉牛试验初报 [J]. 水土保持通报 (3): 3-4.

杨文艳, 于锦皓, 高阳, 等, 2016. 益生菌对秸秆型全混合日粮发酵效果的影响 [J]. 吉林农业大学学报 [J]. 38 (5): 623-628.

杨永胜, 卜崇峰, 高国雄, 2012. 平茬措施对柠条生理特征及土壤水分的影响 [J]. 生态学报, 32 (4): 323-332.

易中华, 2009. 饲料中常见霉菌毒素对猪的毒害作用及其毒性互作效应 [J]. 广东饲料, 18 (11): 43-46.

易中华, 吴兴利, 2009. 饲料中常见霉菌毒素间的毒性互作效应 [J]. 饲料研究 (1): 15-18.

尹晓燕, 魏世平, 2019. 复合乳酸菌制剂对发酵全混合日粮营养价值、发酵指标及霉菌毒素含量的影响 [J]. 饲料研究, 42 (8): 63-67.

尤佩华, 王晓成, 李益勇, 等, 2019. 颗粒配合饲料在奶山羊饲养中的应用 [J]. 中国乳业 (8): 78-80.

尤萍, 2023. 日粮中添加茴香秸秆对羊肉品质和风味的影响 [J]. 甘肃畜牧兽医, 53 (5): 79-84+88.

余淼, 严锦绣, 彭忠利, 等, 2013. 生物发酵饲料对肉牛免疫机能的影响 [J]. 中国畜牧兽医 (4): 114-117.

袁飞, 2013. 不同处理对内蒙古草原优势牧草次生代谢产物含量的影响 [D]. 扬州: 扬州大学.

曾勇庆, 孙玉民, 王慧, 等, 1999. 青山羊肉品理化性状及其食用品质的研究 [J]. 山东农业大学学报 (4): 384-389.

曾钰，高彦华，彭忠利，等，2020. 饲粮中添加酵母培养物对舍饲牦牛瘤胃发酵参数及微生物区系的影响 [J]. 动物营养学报，32（4）：1721-1733.

占英，李金梅，李新瑞，等，2023. 肠溶性植物乳杆菌微胶囊的制备及其环境耐受性和贮藏稳定性研究 [J]. 现代食品科技，39（7）：110-119.

张昌莲，汪超，2018. 生物发酵床技术的应用现状与发展趋势简析 [J]. 上海畜牧兽医通讯（6）：60-62+64.

张广凤，朱凤华，王利华，等，2014. 全混合发酵日粮的生产及应用 [J]. 黑龙江畜牧兽医（19）：108-111.

张杰，李浩，孔令卓，等，2018. 肉羔羊育肥秸秆配合颗粒饲料加工工艺参数优化 [J]. 农业工程学报，34（5）：274-281.

张俊瑜，王加启，王晶，等，2009. 裹包全混合发酵日粮饲喂对奶牛生产性能及消化特性的影响 [J]. 东北农业大学学报，40（8）：63-67.

张俊瑜，王加启，王晶，等，2009. 裹包全混合日粮中添加双乙酸钠对奶牛生产性能及消化特性的影响 [J]. 中国饲料 4（9）：22-25.

张俊瑜，王加启，工晶，等，2010. 裹包全混合日粮瘤胃降解特性的研究 [J]. 草业科学，27（3）：136-143.

张孟阳，毕付提，李洁，等，2019. 发酵饲料对仔鸡肠道微生物群落多样性影响 [J]. 中国家禽，41（13）：30-36.

张敏，2017. 生物饲料开发与应用前景 [J]. 饲料与畜牧（7）：1.

张硕，孟庆翔，吴浩，等，2020. 生物发酵饲料在反刍动物生产中的应用研究进展 [J]. 中国畜牧杂志，56（1）：25-29.

张文静，吴雨豪，熊勇华，2017. 饲料及原料中霉菌毒素的免疫层析快速检测技术 [J]. 中国猪业，12（9）：74-77.

张雄杰，盛晋华，赵怀平，2010. 柠条饲用转化技术研究进展及内蒙古柠条饲料产业前景 [J]. 畜牧与饲料科学，31（5）：21-23.

张旭，马芳，韩晓玲，等，2009. 内蒙古柠条饲料加工利用现状及前景分析 [J]. 农机化研究，31（2）：231-234.

张延和，吴明浩，杨帅，等，2021. 发酵浓缩料 S8 对育肥牛生产性能的影响 [J]. 吉林畜牧兽医，42（9）：3-4.

张养东，杨军香，王宗伟，等，2016. 青贮饲料理化品质评定研究进展 [J]. 中国畜牧杂志，52（12）：37-42.

张永根，张广宁，房新鹏，等，2019. 全混合发酵日粮的研究进展 [J]. 饲料工业，40（20）：1-5.

张瑜，郑士光，贾黎明，等，2013. 晋西北低效柠条林老龄复壮技术及能源化利用 [J]. 水土保持研究，20（2）：160-164.

张志亭，周春凤，刘吉山，等，2024. 我国肉牛产业发展初探 [J]. 中国畜牧业（13）：34-35.

赵萍，夏文旭，赵瑛，等，2015. 微生物与酶制剂在秸秆发酵饲料生产中的应用

［J］. 中国酿造, 34（7）：121-124.

赵雪平, 温雅娇, 李正英, 等, 2020. 内蒙古乌海地区沙漠葡萄发酵醪液中酿酒酵母菌的筛选与鉴定［J］. 食品研究与开发, 5：164-170.

周振峰, 王晶, 王加启, 等, 2010. 裹包 TMR 饲喂对泌乳中期奶牛生产性能、养分表观消化率及血液生化指标的影响［J］. 草业学报, 19（5）：31-37.

朱春红, 2020. 霉菌毒素种类及脱霉方法概述［J］. 养殖与饲料（5）：65-66.

朱霞云, 陈前岭, 倪俊芬, 2017. 全混合发酵日粮技术在湖羊育肥期应用试验［J］. 中国畜禽种业, 13（5）：64-65.

FAUCITANO L, BERTHIAUME R, D'AMOURS M, et al., 2011 Effects of corn grain particle size and treated soybean meal on carcass and meat quality characteristics of beef steers finished on a corn silage diet［J］. Meat Science, 88（4）：750-754.

KIM T I, MAYAKRISHNAN V, LIM D H, et al., 2017 Effect of fermented total mixed rations on the growth performance, carcass and meat quality characteristics of Hanwoo steers［J］. Journal of Animal Science, 89（3）：606-615.

PROMKOT C, NITIPOT P, PIAMPHON N, et al., 2017 Cassava root fermented with yeast improved feed digestibility in Brahman beef cattle［J］. Animal Production Science, 57（8）：1613-1617.

ZHENG L, LI D, LI Z L, et al., 2017 Effects of Bacillus fermentation on the protein microstructure and anti-nutritional factors of soybean meal［J］. Letter in Applied Microbiology, 65（6）：520-526.

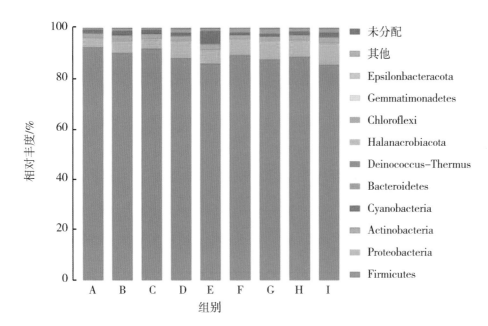

图 5-4　细菌门水平的群落组成

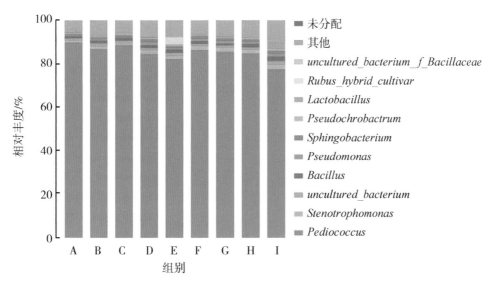

图 5-5　细菌属水平的群落组成

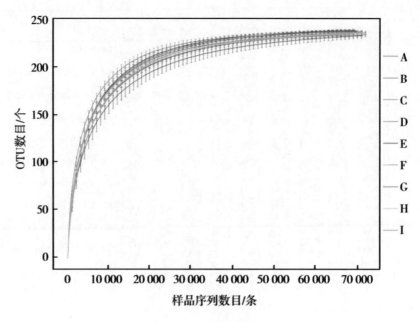

图 5-6　样品稀释曲线

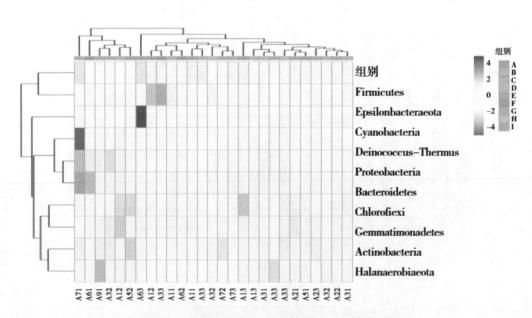

图 5-7　样品在门水平上的细菌物种丰度聚类分析

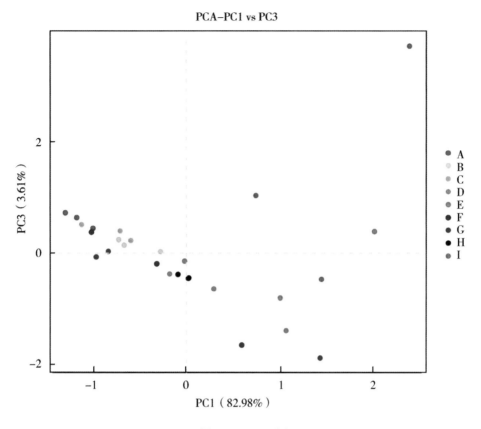

图 5-8　PCA 分析图

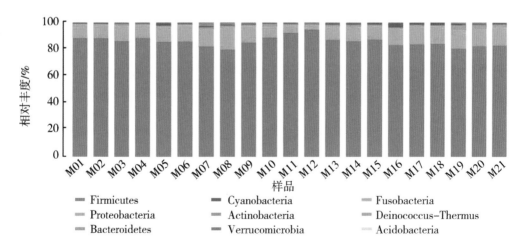

图 5-11　门水平排序前十的物种分布图

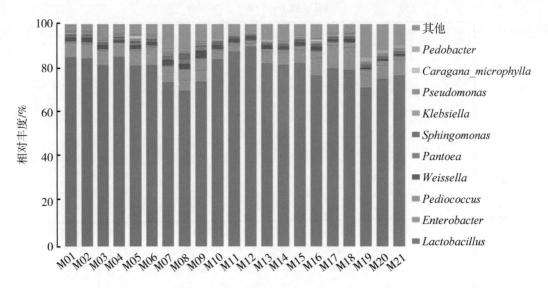

图 5-12　属水平排序前十的物种分布图

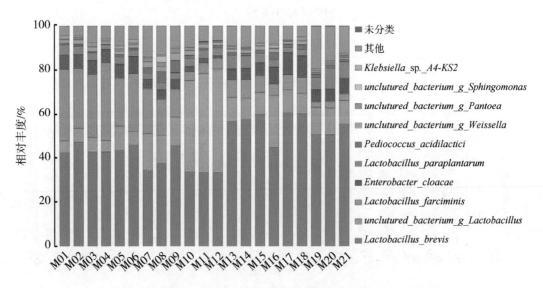

图 5-13　种水平排序前十的物种分布图

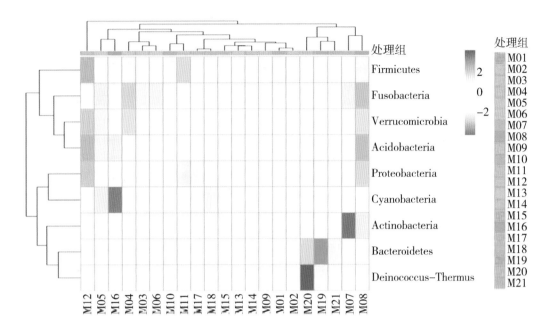

图 5-14　不同菌种处理在门水平物种热图

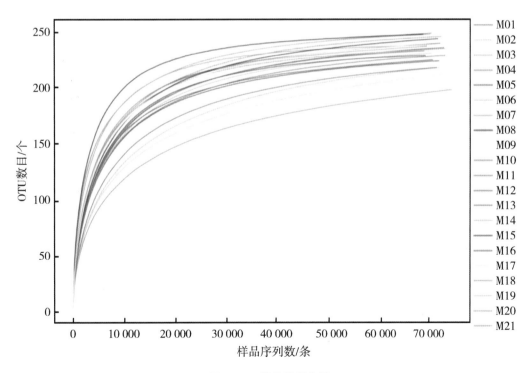

图 5-15　样品稀释曲线

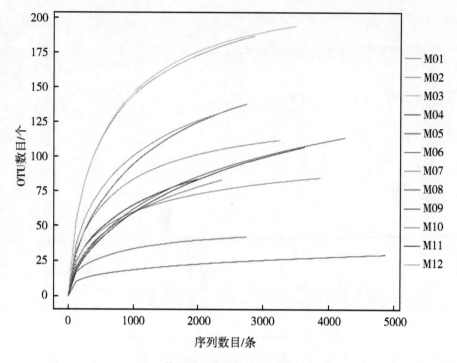

A. OTU 数量稀疏曲线（97%相似度水平）

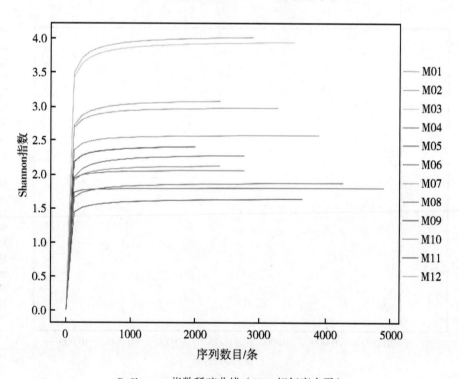

B. Shannon 指数稀疏曲线（97%相似度水平）

图 7-3　Alpha 多样性稀释曲线

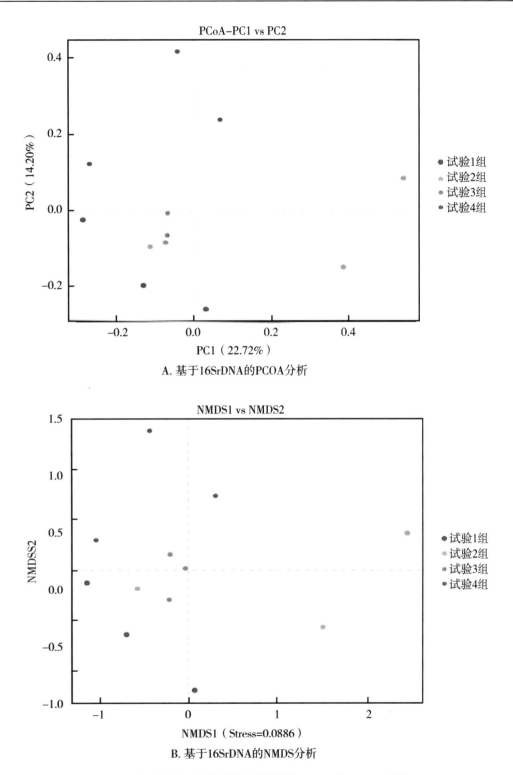

图 7-5　发酵饲料对滩羊瘤胃菌群影响的 PCoA 和 NMDS 分析

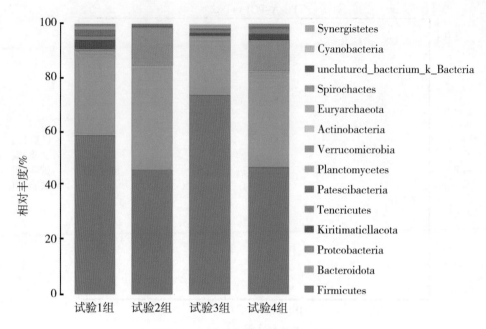

图 7-6　门水平上瘤胃菌群分布图

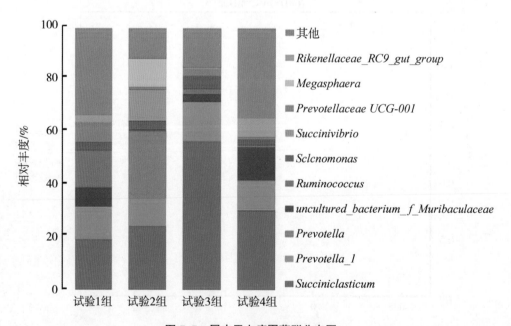

图 7-7　属水平上瘤胃菌群分布图